教育部高职高专规划教材

建筑装饰构造

（建筑装饰技术专业适用）

本系列教材编审委员会组织编写

陈卫华　主编

杜军　李胜才　编

中国建筑工业出版社

图书在版编目（CIP）数据

建筑装饰构造/陈卫华主编. —北京：中国建筑工业出版社，2000（2024.7重印）
教育部高职高专规划教材
ISBN 978-7-112-04014-8

Ⅰ. 建... Ⅱ. 陈... Ⅲ. 建筑装饰-建筑构造-高等教育：技术教育-教材 Ⅳ. TU238

中国版本图书馆 CIP 数据核字（2000）第 15273 号

本书是根据高职高专建筑装饰技术专业的教学基本要求编写的。书中详细阐述了建筑装饰构造的基本原理和构造方法，突出反映了当前建筑装饰新技术、新材料、新工艺。内容包括：建筑装饰构造的基本原则和原理、墙面、楼地面、顶棚、隔墙与隔断、幕墙与玻璃顶、其他构配件装饰构造和建筑装饰构造设计与表达等。

本书既可作为建筑装饰专业教材，也可供从事建筑设计、室内设计及建筑装饰工程施工等工程技术人员参考。

* * *

责任编辑 朱首明 杨虹

教育部高职高专规划教材
建筑装饰构造
（建筑装饰技术专业适用）
本系列教材编审委员会组织编写
陈卫华 主编
杜 军 李胜才 编
*
中国建筑工业出版社出版、发行(北京西郊百万庄)
各地新华书店、建筑书店经销
建工社（河北）印刷有限公司印刷
*
开本：787×1092 毫米 1/16 印张：13¾ 字数：330 千字
2000 年 6 月第一版 2024 年 7 月第二十九次印刷
定价：**24.00** 元
ISBN 978-7-112-04014-8
（20878）

高职高专建筑装饰技术专业系列教材
编审委员会名单

前　言

随着21世纪的到来，我国将步入一个经济、信息、科技、文化高度发展的兴旺时期，人民的物质和精神生活水平将提高到一个新的高度。

由于人们对所处的生活、生产活动环境质量要求的不断提高，对建筑装饰的要求也越来越高。建筑装饰构造是建筑装饰设计的重要组成部分，也是保证建筑装饰设计质量的重要技术手段。实践证明，一个好的装饰设计，必须要有好的装饰材料、合理的构造方式和先进的施工工艺来配合，才能获得好的效果。

建筑装饰构造主要是指装修、装饰构造，本书作为"建筑装饰构造"课程的教材，是在先期了解了建筑自身构造的基础上，再系统地介绍建筑装饰设计中的构造问题。在编写本书过程中，参阅和学习了国内外关于建筑装饰方面的许多资料，并结合工程实例，编写了切实可行的建筑装饰构造的原理和做法。

本书由福建建筑高等专科学校陈卫华主编，扬州大学李胜才、天津建筑职业大学杜军参加编写，各章编写执笔人：第1、7章——陈卫华；第2、3章——杜军；第4、6、8章——李胜才；第5章——李胜才、陈卫华。全书由陈卫华统稿。

由于我国建筑装饰事业发展很快，新材料、新工艺不断出现，我们所收集的资料毕竟有限，且限于编者的水平，书中难免有不合宜之处，恳请读者批评指正。

本书在审稿过程中，得到了重庆石油高等专科学校张长友、河南省建筑职工大学童霞的大力支持和帮助，谨此表示感谢。

目　　录

第1章　建筑装饰构造概论

建筑装饰是指建筑物主体工程完成后所进行的装潢与修饰处理。建筑装饰不是单纯的装饰面，它是建筑物不可缺少的有机组成部分。建筑物无论室内、室外，都不可避免地要遭受风吹、日晒、雨淋和周围有害介质的侵蚀。对建筑物进行装饰，可以保护主体，使之延长寿命。同时房屋内部温度、湿度、光照、声响的调节，灰尘、射线等的防御，也是装饰工程所具有的功能。不仅如此，通过装饰，可再现艺术的魅力，使建筑物清新典雅、明快富丽，展现时代风貌及民族风格，带给人们精神上的享受和快乐。因此，建筑装饰是工程技术与艺术的统一体，具有使用功能和装饰功能的两重性。

建筑装饰构造是指使用建筑装饰材料和制品对建筑物内外表面以及某些部位进行装璜和修饰的构造做法，是实施装饰设计的重要手段，是装饰设计不可缺少的组成部分。

建筑装饰构造必须与建筑、艺术、结构、材料、设计、施工等方面密切配合，因此，是一门综合的工程技术学科。

第1节　装饰构造设计的原则

建筑装饰构造设计是建筑装饰设计总体目标的细化，必须对多种因素加以考虑和分析比较，才能从中确定出一种对于特定的建筑装饰工程来说最佳的方案，以求达到保证装饰质量、提高施工速度、节约材料和降低造价的目的。

建筑装饰构造一般应遵循以下原则：

一、必须满足使用功能要求

建筑装饰的主要使用功能有：

1. 保护建筑构件

在建筑物内外表面做装饰层，使建筑构件不和大气直接接触，可以避免建筑构件直接受到风吹、雨淋、日晒、霜雪的袭击和空气中腐蚀性气体及微生物的破坏作用，从而保护这些建筑构件。当装饰层受损后，可以在不更换结构构件的条件下重新做装饰，使建筑物焕然一新，达到延长使用年限的目的。

2. 改善空间环境

对建筑物室内外做装饰，使建筑物清洁、光亮、平整，不仅提高了防水、防火、防腐、防锈等性能，还可以丰富环境色彩，改善建筑物热工、声响、光学等物理性能，为人们创造良好的生产、生活和工作环境。

3. 空间利用

利用墙体挖洞，安置各种搁板、壁橱；在多余的空间架设阁楼、吊柜，可提高建筑有效面积，充分利用空间，为工作和生活创造方便条件。

4. 协调各工种之间的关系

现代化设备的建筑物，尤其是一些有特殊要求的或大型的公共建筑，它们的结构空间大，功能要求多，各种设备错综布置，相互位置关系复杂。在这种情况下，装饰的目的之一就是将各种设施进行有机的组织，如风口、窗帘盒、灯具等设施与顶棚或墙面的有机组合。因此，它具有统一协调各项工种之间矛盾的作用，不仅可以减少这些设备所占据的空间，还可以节省材料，同时也起到了美化空间的作用。

二、必须满足精神功能的要求

建筑装饰还必须遵循美学的原则，创造出具有提高生命意义的优美的空间环境。建筑装饰构造设计就是通过构造方法、材料色彩与质地、细部处理，改变建筑物室内外的空间感，将工程技术与艺术融合于一体，创造出使人身心得到平衡，心绪得到调解，心智得到发展，灵性得以发挥的高品位的空间环境。建筑装饰工程中各部分的细部处理，采用不同的处理手法，可以取得不同的装饰效果，但是，如果处理不当，则会破坏装饰效果。

不同性质和功能的建筑，运用不同的建筑装饰构造处理措施，能形成不同的气氛，表现出不同功能空间和使用者的情调内涵，并以其强烈的艺术感染力影响着人们的精神生活。

三、必须安全可靠，坚固耐久

建筑装饰工程，无论是室内还是室外，都应确保其在施工阶段和使用阶段的安全可靠性及一定的耐久性，一般应考虑以下几个方面：

1. 装饰构件自身的强度、刚度和稳定性

装饰构件自身的强度、刚度和稳定性不但直接影响装饰效果，而且还影响人身的安全。例如：玻璃幕墙的覆面玻璃和骨架以及它们之间的连接，在正常荷载的作用下，如果它们的强度、刚度等不足，可能会导致玻璃破碎坠落，危及人们的生命和财产安全。

2. 装饰构件与主体结构的连接安全

连接节点承担外界作用的各种荷载，并传递给主体结构，如果连接节点强度不足，会导致整个装饰构件坠落而造成伤害，例如：吊顶、大型灯具等构件，就要确保其与主体结构的连接安全可靠。

3. 主体结构的安全

建筑装饰往往给主体结构增加很大荷载，当荷载过大时，会使其安全度降低。另外，有时为了重新装饰室内空间，往往需要取消或增加部分隔墙，甚至承重墙，这不但会改变荷载的大小，还会导致主体结构受力性能的变化，有可能影响主体结构的安全。

4. 装饰构件的耐久性

装饰构件应保证一定的耐久性，才能确保在使用期间完美地发挥其功能。

四、必须满足施工方便的要求

装饰工程的施工工期约占整个施工过程的30%～40%，而高级建筑装饰的施工工期可达50%，甚至更多。因此，装饰构造方法应便于施工制作，便于各工序工种之间协调配合。施工机械化运用的程度高，对装饰工程质量、工期、造价都有着重要的意义。建筑装饰构造设计还应考虑检修的方便。例如：吊顶内部设备应有进出顶棚的上人孔，必要的高度和行走走道等。

五、必须满足经济要求

建筑装饰标准相差较大，所用装饰材料、构造方案、施工方法的不同对造价均产生很大影响。现阶段，我国一般民用建筑的装饰工程费用约占工程造价的30%～40%，标准较高的工程可达60%～65%，特殊建筑甚至更高，因此，要根据建筑物的性质和用途确定装饰标准，选择合理构造方法及装饰材料。这里应注意两个问题：一是装饰并不意味着多花钱和多使用贵重材料，节约也不是单纯地降低标准；二是考虑经济性要有一个总体观念，既要考虑一次性投资，也应考虑维修费用，在关键性问题上宁可加大投资，以延长使用年限，保证总体上的经济。

表1-1为建筑装饰等级和建筑物类型范围，各级建筑装饰可根据现阶段国家或地方规定的建筑装饰标准来确定各种房间、各个部位的装饰标准及装修材料。

建筑装饰等级 表1-1

建筑装饰等级	建筑物类型
一	高级宾馆，别墅，纪念性建筑，大型博览、观演、交通、体育建筑，一级行政机关办公楼，市级商场
二	科研建筑，高教建筑，普通博览、观演、交通、体育建筑，广播通讯建筑，医疗建筑，商业建筑，旅馆建筑，局级以上行政办公楼
三	中学、小学、托儿所建筑，生活服务性建筑，普通行政办公楼，普通居住建筑

第2节 影响装饰效果的因素

影响建筑装饰效果的主要因素有装饰材料的材性及其应用的问题，有色彩的特性及其应用的问题，有施工工艺及其质量的问题，也有构造细部处理本身是否完善的问题等。以下主要介绍在选材和用色方面对其的影响，至于施工和构造的影响在后面各章中反映。

一、装饰材料的质感及其影响

装饰材料是装饰工程的物质基础，不同的材料有不同的构造，因此，选材是否合适，在很大程度上决定着装饰工程质量、造价和装饰效果。轻质高强、性能优良和易于加工，是理想装饰材料所具备的特点。

装饰效果很大程度上取决于装饰材料的质感、线条和色彩。所谓质感就是对材料质地的真实感觉。有的材料表面光滑如镜，有的则凹凸不平，有的线条粗犷，有的则纹理细腻，有的呈金属光泽，有的则为乳浊状。不同的凹凸表面，通过对光线不同程度的吸收和反射而产生了不同的观感，光亮照人的镜面则可以延伸和扩大空间。如玻璃、镜面、磨光大理石、花岗石等作墙面、地面或顶棚，可以获得扩大空间的效果，消除小空间的局促闭塞感。

质地特别坚实的金属材料，如不锈钢、铜、铝经过抛光，表面光亮，反射率大，常用于醒目位置作为重点装饰，如作门把手能使人迅速看到，铜制的楼梯防滑条、不锈钢或蜡克罩面的扶手，不仅引人注意，又易于清洁，坚固耐磨。

光滑的表面对声、光、热的反射强，吸收率小；粗糙的表面对声、光、热有扩散作用，反射均匀。因此，应善于利用装饰表面的质地，达到一定的物理效果。如：影剧院、音乐厅的室内墙面或顶棚多采用扩散反射或吸收不同频率的构造。电视台、广播电台的播音室、录音室，体育馆中的练习房、儿童游戏室等室内墙面多采用麻布、纤维物、皮革等具有吸声性能又有柔软接触感的材料。

二、色彩的特性及其影响

色彩通过视觉器官为人们感知后，可产生多种作用和效果，这些作用不仅有物理作用，还包含心理作用、生理作用及标志作用等等。在装饰设计中，除了应利用色彩的上述特性以外，还应注意光影对色彩的影响，以及色彩的变色问题。

1. 色彩特性的利用

色彩的物理作用表现为色彩的温度感、距离感、重量感和体量感，即体现冷暖、远近、轻重、大小的感觉。色彩的物理作用在装饰构造设计中起着积极的作用，如常利用色彩的温度感创造空间气氛；利用色彩的距离感来改善空间的大小和形态；利用色彩的重量感达到构图的平衡、稳定，以及表现性格的需要；利用色彩的体量感特性来改善尺度和体积，使各部分之间关系更为协调。

色彩的心理反应，一方面表现在它能给人美感，另一方面表现在它能影响人的情绪，引起联想。这种联想可以是具体的，如看到红色，联想到太阳、火光。也可以是抽象的，联想起某事物的品格和属性，如看到黑色，联想到黑夜、黑纱，从而感到悲哀、不祥、绝望等。在装饰设计中可利用色彩的心理作用来营造符合使用功能需要的环境氛围。

色彩的生理反应，也常常被用到建筑装饰的用色中。视觉器官对颜色也有一个适应问题，由于颜色的刺激而引起的视觉变化称为色适应，这种色适应的原理经常被运用到装饰色彩设计中。当被观察的物体具有色彩的时候，其背景应为物体颜色的补色，使眼睛在背景上获得平衡的休息。例如：医院的手术室，外科医生在动手术时注视着鲜红的血液，最好把周围墙体做成淡绿色（红色的补色），使医生的的眼睛得到休息。

色彩的标志作用可用来强调识别性。用不同的色彩表示不同的安全标志，如红色表示危险、消防；黄色表示要注意；绿色表示要注意安全。用不同的色彩进行空间分区，如商场内常用带有色彩的柜台进行分区；用重点色彩起到空间导向的作用，如常在走道和门厅等交通空间装饰设计中采用有一定方向性的色彩地面，或铺设色彩鲜艳的地毯，以明确交通空间。此外，色彩还常起到管道识别作用，如不同管道涂上不同的颜色以示区别，有助于管道和设备的使用和维修管理。

2. 光影照明的影响

光线和照明是人类生产和生活必不可少的条件，物体在自然光条件下显示出它的自然显色性。在人工照明条件下，由于人工光源的颜色各不相同，它们照射到物体表面上的显色性也有区别，也就是说光源的颜色及其显色性能会改变室内空间的表现颜色。因此，在装饰构造设计用色中，应注视光源的投射方面、角度、照度和色温等的影响，利用光影、光色和物体色的互相配合，共同构成色彩效果。

3. 用色的调整

在调配色彩的过程中，颜料的品种、数量、掺合剂、溶剂等使色彩发生变化，而装饰用色的数量、环境、条件等也将对最后呈现的色彩效果产生影响。在装饰用色上虽有一般规律，但在具体情况下还要进行具体分析，欲获得准确理想的色彩，要求通过做样板，根据不同光线、不同面积、不同部位反复推敲，不断调整。应特别注意由于面积大小引起的色差和施工过程中的变色。

当色彩的面积加大，在感觉上纯度增强，明度也升高，做样板时看来是合适的色彩，到大面积实物施工完毕后，将显得太深。可见，同样的色彩，涂在小面积上看起来浅，大面积应用则显得深。这种现象称为面积效应，这一点应予特别注意，以免在设计中对色彩的结果作出错误的判断。

各种颜料的色彩，在调色过程、施工过程、完工后长期暴露在大气中，均不断地变化。一般水溶液色浆类的涂料在施工刚结束，水分未完全蒸发时纯度较高，看起来显深；在干燥过程中，纯度不断降低，经完全干透，长期在紫外线作用下会不断变浅。而油性涂料（铅油除外）与水性涂料相反，在施工刚完，未干透显浅淡，经完全干透后，纯度上升，逐渐变深。

在装饰设计施色中，要充分把握色彩变化的规律，做到有效控制色彩效果，确保用色的准确性。

第3节　建筑装饰构造的类型

装饰构造一般可分为两大类：一类是通过覆盖物，在建筑构件的表面起保护和美化的作用，称为饰面构造或覆盖式构造；另一类是通过组装，构成各种制品或设备，兼有使用功能和装饰品的作用，称为配件构造或装配式构造。

一、覆盖式构造

覆盖式构造的基本问题是处理饰面和结构构件表面两个面的连接构造方法。如在砖墙外做一层木护壁板，在钢筋混凝土结构楼板上加一层木地板，或在楼板下做一层吊顶，均属于覆盖式构造。墙面与护壁板，钢筋混凝土楼板与木地板、吊顶之间的连接，均是处理两个面结合的构造。

1. 饰面的部位及特性

饰面附着于构件的表面，随着构件部位的不同，饰面的部位也不同。如吊顶是处在楼盖或屋盖的下部，墙的饰面位于墙体的两侧面。因此，顶棚、墙面的饰面，应有防止脱落伤人的要求。地面饰面是铺在楼地层上面，构造上要求耐磨。各饰面的部位和特性见表1-2。由于所处的部位不同，虽选用同样的材料，构造要求也将改变，如大理石地面可采用铺贴构造，而大理石墙面则大多要采用钩挂式的构造方法。

各种饰面的部位及其特性　　表1-2

名　称	部　位	构造要求	饰面作用和特性
顶棚	吊顶　下位	防止剥落	对一般室内光照起反射作用；大厅的顶棚对声音有反射或吸收作用；屋面下的顶棚有保温隔热作用。其他还有隐蔽设备管线作用

续表

名　称	部　位	构造要求	饰面作用和特性
外墙面（柱面）	外墙面　内墙面　侧位	防止剥落	对外墙饰面起保护作用，要求具有耐风雨和耐大气侵蚀作用，要求具有不污染易于清洁的特性
内墙面（柱面）			要求不挂灰、易清洁，有良好的接触感和舒适感；对光有良好的反射；在湿度大的房间应具有防潮、收湿的性能
楼地面	楼面　地面　上位	耐磨等	要求具有一定蓄热性能和行走的舒适感；有良好的隔声性能；具有耐磨、不起尘、易清洁、耐冲击等特性。特殊用途地面还要求耐水、耐酸、碱、油脂等特性

2. 覆盖式构造的基本要求

覆盖式构造应解决以下三个问题：

（1）附着与剥落。覆盖式构造处理不当，面层材料与基层材料膨胀系数不一，粘结材料选择有误或老化，将使面层易于出现剥落。饰面的剥落不仅影响美观，而且还危及人身安全。因此对覆盖式构造的要求首先是饰面应附着牢固可靠，严防开裂剥落。

（2）厚度与分层。饰面的厚度往往与材料的耐久性、坚固性成正比。但是饰面层厚度的增加，会带来构造方法与施工技术的复杂化，因此，覆盖式构造要求进行分层施工或采用其他加固构造措施。

（3）均匀与平整。饰面完工的质量鉴定，除了附着牢固外，还应该均匀而又平整。往往要求反复分层操作，才能获得理想的装饰效果。

3. 覆盖构造的分类

覆盖式构造根据材料的加工性能和饰面部位特点可分成三类，即罩面类、贴面类和钩挂类，见表 1-3。

覆盖式饰面构造分类　　表 1-3

构造分类		图形		说　明
		墙　面	地　面	
罩面	涂料			将液态粉状涂料喷涂固着成膜于构件表面。常用涂料有油漆及水性涂料。其他类似的覆盖层还有电镀、电化、搪瓷等
	抹灰			抹灰砂浆是由胶凝材料、细骨料和水（或其他溶液）拌合而成。常用的有石膏、白灰、水泥、镁质胶凝材料；有砂、细炉渣、石屑、大理石屑、蛭石屑

续表

构造分类		图形		说明
		墙面	地面	
贴面	铺贴			各种面砖、缸砖、瓷砖等陶土制品，厚度小于12mm，面积小于600mm×600mm，为了加强粘结力，在背面开槽用水泥砂浆粘结在墙上。地面可用不小于20mm×20mm小瓷砖至600mm×600mm见方大型石板用水泥砂浆铺贴
	胶贴			饰面材料呈薄片或卷材状，厚度在5mm以下，如粘于墙面的塑料墙纸、玻璃布、绸缎等；地面粘贴油地毡、橡胶板或各种塑料板等，可直接贴在找平层上
	钉嵌			自重轻，或厚度小，面积大，如木制品、石棉板、金属板、石膏、矿棉、玻璃等可直接钉固于基层，或借助压条、嵌条、钉头等固定，也可用涂料粘贴
钩挂	系			当饰面厚度为20～30mm，面积约$1m^2$的石料或人造石等，可在板材上方两侧钻小孔，用铜丝将板材与结构层上的预埋铁件连系，板与结构间灌砂浆固定
	钩			饰面材料厚40～50mm以上，常在结构层包砌。饰面块材上口可留槽口，用与结构固定的铁钩在槽内搭住。用于花岗石、空心砖等饰面

二、装配式构造

根据材料的加工性能、装配式构造的配件成型方法有三类：

1. 塑造与浇铸

塑造与铸造的基本程序是先制模胎，后制阴模（或砂型），再用阴模或砂型复制花饰或构件，例如，用水泥、石灰、石膏等制成各种花格和花饰，用生铁、钢、铜、铝等浇铸成各种金属花饰和零件。

2. 加工与拼装

木材与木制品具有可锯、刨、削、凿等加工性能，还可能通过粘、钉、开榫等方法，拼装成各种配件；一些人造材料，如石膏板、珍珠岩板等具有与木材相类似的加工性能和拼装性能。金属薄板具有剪、切、割的加工性能，并具有焊、钉、卷、铆的拼装性能。此外，铝合金门窗、塑钢门窗，也属于加工拼装的构件。加工与拼装的构造在装饰工程中应用广泛。

3. 搁置与砌筑

水泥制品、陶瓷制品、玻璃制品等，往往通过一些粘结材料，将这些分散的块材，相互搁置垒砌，可胶结成完整的砌体。各种块材可组合成不同的图案，还可组织成镂空的花格。如玻璃空心砖隔断就是用玻璃制品胶结而成的一种富有特殊装饰效果的装配式构造。

第4节 建筑内外装饰的耐久性

建筑装饰中的耐久性问题，是一个非常复杂的、涉及面很广的问题。在有些情况下，讨论的是装饰材料、装饰部件本身的损坏，即其寿命问题；而在另一些情况下，则是对于这些材料及装饰部件的装饰效果、装饰质量的寿命所作的讨论。有些耐久性问题涉及到建筑周围的环境和使用条件的影响；而另一些耐久性问题所研究的则是在环境条件影响下所形成的污染等等。另外，相当一部分耐久性问题，还与建筑装饰中的细部构造有关，涉及建筑设计、施工中的细部构造处理问题。从这个意义上说，建筑装饰中的耐久性问题，是一个涉及多种因素的、复杂的、值得认真研究和需要谨慎处理的问题。

对于在建筑装饰中所碰到的耐久性问题，从大的方面，可以将其区分为两种类型：一类考虑的是装饰材料、装饰部件和装饰做法本身的寿命问题，即使用的耐久性；另一类是从这些装饰材料、装饰部件、装饰做法的装饰质量、装饰效果的角度来研究其寿命问题，即装饰作用的耐久性。上述的建筑装饰中耐久性问题的两种类型，是在建筑装饰中对耐久性问题考虑的两个不同的侧面，在处理实际问题时，必须对这两个方面都给予仔细地考虑，综合平衡各种因素。

影响建筑装饰饰面耐久性的因素很多，主要包括大气稳定性、变色问题及污染问题等等。

一、大气稳定性

大气中的阳光、水分、温度、空气及各种有害气体、杂质等因素综合作用于建筑物，可以造成饰面的损坏或功能衰退。当然，实际上大气作用并不是哪一种具体因素孤立活动的结果。为了分析研究的方便，我们将这种综合作用分解为以下具体因素。

1. 冻融作用的影响

多数建筑材料都有一定的孔隙率，可以吸入水分。而当孔隙中的水冻结后，体积将会膨胀10%左右，从而对材料的孔隙壁产生很大的压力，导致材料破坏。这种作用在寒冷地区的外墙饰面层中显得更为严重，因为外墙饰面面大而薄，易于冻透，易于解冻，所经受的实际冻融次数要比墙体本身更多，故对饰面层应比对墙体材料的抗冻要求更高。

这种冻融破坏作用的大小视地区气候条件而异，同时又是随着材料中含水率多少而异，受冻时材料中含水率高，破坏作用就大，反之则小。另外，由于水的冻结温度随其体积的缩小而降低，在建筑材料的孔隙中，水的冻结温度为－15℃左右。所以，冬季最低温度不超过－15℃的江南地区，或虽然达到－15℃以下却又比较干燥，在使用条件下材料孔隙中所含水分很少的地区，均可以不考虑或少考虑抗冻问题。

2. 盐析作用的影响

多数建筑材料都含有一定的可溶性游离盐、碱，如镁、钾、钠、钙等金属类的化合物。即使某种材料自身所含游离盐、碱少，外界的盐分也会随同雨水流淌等被带入墙体。施工中使用抗冻剂、速凝剂等各种外加剂时，如所用盐类在水中的溶解度不高，也会大大增加饰面层中所含游离盐、碱。这些均匀分布的盐、碱能够被材料中的水分所溶解，并随同水分的运动而向材料的外侧迁移。当水分在材料表面蒸发时，盐、碱就会因失水而在墙体表面上或在表面附近结晶。一般来说，短期表面析盐对墙体没有破坏作用，对其外观也无多大影响。但更多的情况是盐、碱部分或全部滞留、积聚在墙体表层附近的孔隙结构中。盐、碱结构结晶时其体积将膨胀10%左右，如果高度集中，同样会对材料的孔隙壁起破坏作用。其作用的大小决定于盐分集中的程度、材料孔隙构造情况和材料强度。当墙体的外侧面有饰面层时，盐析结晶的膨胀破坏力就主要作用于饰面层。如果饰面层本身及其与基层间的粘附强度较大，就不致出现破损现象。反之，则可能使面层材料破坏，或引起饰面层的脱落。

3. 干湿温度作用的影响

多数建筑材料的体积随其含水率的大小及所处环境温度的高低而程度不同地有所变化。当膨胀收缩引起的应力大于材料结构抗张能力时，即会出现破裂现象。这种破坏作用的大小，视建筑物所处地区气候条件及有关材性特点而异。例如，夏季在阳光曝晒后突然下阵雨，墙体表面迅速由干燥变湿而且瞬间的温度变化可多达15℃左右，此时所产生的胀缩应力比较大。这种变化一时不易影响到里层，而集中作用于面层上，因而对饰面破坏作用就比较大，往往引起表面龟裂或面层与基层之间相互位移、脱开。

温度胀缩对刚性材料饰面层的影响是很大的。例如，一个二十几层高的现浇钢筋混凝土外墙，因温度变化引起的伸缩可达2～3cm。由于重量的制约作用，这种伸缩有可能集中反映在顶部几层中，从而带来使贴面块材脱落等后果。为了减少这种影响，克服脱落现象，在外墙贴天然石板、预制饰面板等时，应采用加金属挂钩等柔性连接措施。

温度胀缩对于各种现制做法的影响也是很大的，因为水泥制品、石灰制品等都是在水饱和状态下成型的，硬固过程随着水化与蒸发，要出现很大的干收缩，容易引起干裂。当其配比与操作恰当并经适当养护时可以不出现裂纹。反之，干燥太快或粘附条件不好，蠕变不能抵消收缩应力，就会出现裂纹。当这种大裂纹产生后，其两侧的砂浆必然要向相反的方向收缩与位移，从而导致面层与基层脱开，影响了抹灰层的耐久性。

4. 老化作用的影响

以有机聚合物为主的饰面材料在使用过程中因受大气中光、热、臭氧诸因素作用，丧失原有外观与性能的过程就叫老化。这是由于聚合物的结构发生降解与交联反应所引起的。在材料的种种老化问题中，热老化问题是最突出的一种。

5. 水的溶蚀作用的影响

雨水等对建筑的冲刷，除了机械力的作用外，还有溶蚀的作用，但这种作用的影响程度依不同的材料而不同。例如，花岗石、玻璃、陶瓷制品等材料在水中的溶解度极小或基本不溶解，而石灰石、大理石等碳酸盐类材料及水泥制品，根据其化学成分及密实程度的不同，而有不同的水溶性。至于水溶性大的材料，例如石膏制品，除非予以改性，否则完全不能用于有水的场合。但水的溶蚀作用过程比较缓慢，除了采用水溶性材料，或是对于特别重要的纪念性建筑，一般可不考虑这个因素。

水的破坏作用还表现为对立面上铁件或配筋产品中钢筋的锈蚀作用。铁锈体积膨胀，会挤裂周围的砂浆或混凝土，锈水流淌会污染墙面。而且含铁量多的石料也不能用作墙面装饰。

6. 大气中有害气体腐蚀作用的影响

城市上空，特别是工业区的大气中含有各种有害气体，如锅炉房、汽车等排出的二氧化硫、二氧化碳和化工工业排出的二氧化氮等，在大气条件下遇水会形成硫酸、碳酸或硝酸，对碱性无机材料有腐蚀作用。例如，本来基本上不溶于水的石灰石和硬化的石灰质材料在硫酸作用下变成溶于水的硫酸钙，在碳酸的反复作用下形成可溶于水的重碳酸钙等等。多数有机饰面材料抗酸性能较强，对它们来说这个因素不是主要的。但空气中的游离氧在大气中可能变成臭氧（O_3），化工工业也可能直接排出对有机材料有老化作用的臭氧。

二、机械磨损作用

1. 人的影响

人们走动、搬运实物、靠墙摆放物件、堆放材料、停靠自行车，甚至儿童刻划墙面都会损坏墙、地饰面。这主要发生在室内和室外首层及外廊、阳台等人们活动的范围内。

首层外墙饰面要选择耐机械磨损性能好的材料或做法。涂料做法一般也不宜用于首层。

内墙、地面与外墙不同之处是比较容易维护、更新，在选择饰面做法耐磨损性能时可以更多地考虑经常维护与适当时期翻新的因素。

2. 风雨冲刷的影响

暴雨和风沙对外墙面有冲刷磨损作用。对涂层等比较薄的饰面做法及表面材质比较松软的饰面材料来说，应该考虑这种“水滴石穿”因素对耐久性的影响。一般来说，风雨对建筑立面的冲刷是不均匀的，且遵循着一定的规律。实际落到立面上的雨水要比降雨量小得多，主要分布在建筑物的上部及两端，窄的、矮的立面受雨水相对较多，凸出于立面上的水平面，尽管尺度不大，也能淋到较多的雨水，而垂直凸出体的侧面受雨量往往比其正面大。

3. 变形与振动的影响

建筑物在使用过程中不是静止的，而是处于不断的运动中。温度变化可使装配式壁板内外接缝的缝隙冬季扩大，夏季合拢。风荷载能使摩天大楼顶层位移达数十厘米之多。建筑物因受力不匀，地基沉陷不均等都会引起墙体的变形和位移。更有甚者，附近有重型车辆高速通过或机器运转时也可引起建筑物的振动。所有这些变形与振动都可能使饰面（特别是刚性饰面）受到损伤，至于地震对建筑物（包括饰面在内）的破坏就更明显了。

三、变色作用

阳光中的紫外线、空气中的各种有害气体、水分等作用于建筑材料时会使材料中的某些成分起化学反应，或导致材料发生变形，使其表面变色、失光，如水泥制品泛黄析白，天然石材或颜料的变色等等。在实际的建筑装饰工程中，色彩变化的现象是多种多样，十分复杂的。诸如条件变色、瞬时变色、暂时变色以及永久性变色等等，而如按变色的机理区分，又可分为化学作用导致的变色、物理作用导致的变色、电化学作用及迁移作用导致的变色以及所谓的热色效应、光致褪色、二色性等问题。在从事建筑装饰的过程中，应注意判断材料的色彩在使用中是否发生变化，怎样变化，变化的程度如何等等。可以这么说，考虑到材料的变色去选择材料和设色，才是建筑装饰中的用色之道。表 1 - 4 所示的是一些常见材料的变色规律。

常用材料的变色规律性　表1-4

变色类型	化学作用	物理作用	电化作用	迁移作用	热色效应	光致褪色	二色性问题	材料变色程度
釉面砖								不易
彩色瓷粒砖		极易		容易				不易
无釉外墙面砖		极易		不易				不易
玻璃		不易					极易	不易
天然石材	极易	容易		容易				不易
金属装饰材料	极易	不易	容易					不易
石碴类饰面	容易	极易		容易		不易		
白水泥	不易	极易		极易				容易
钙塑板	不易	极易			容易	极易		容易
有机玻璃	不易			容易			极易	容易
溶剂型涂料	容易	不易		容易	容易	极易		容易
普通塑料壁纸	极易	不易		容易	容易	容易		容易
贴墙布及发泡壁纸	容易	极易		极易		容易		容易
其他塑料制品	不易			容易	容易	容易		容易
彩色水泥	容易	极易		极易		容易		容易
装饰混凝土	容易	极易		极易		容易		容易
乳液型涂料	不易	极易		容易	不易	极易		容易
透明清漆	容易	容易		容易	容易		极易	容易

注：空白表示基本可不考虑。

四、污染作用

对建筑物的污染来自大气因素与人为污染两个方面，但对饰面的装饰质量起主要作用的污染来自大气方面。根据饰面表面材质特点及污染性质的不同，建筑物被大气因素污染的机理大致可分为以下几方面：

1. 沉积性污染

灰尘颗粒因重力作用的影响，能停留在即使是非常小的平面或斜面上，因此，当外饰面表面比较粗糙，凹凸不平时，饰面上所挂积的尘土一般不能被风雨冲洗掉，从而造成了对饰面的污染。如果内墙饰面的垂直度、平整度不高时，日久也难免出现局部挂灰。

2. 侵入性污染

由于有的饰面材料表面有开放性孔结构，因而下雨时颗粒小的尘埃有可能随同雨水侵入材料内部，雨水蒸发后，尘埃就滞留在表面形成污染。窗台两角下侧挂流的胡子状污染主要属于这种类型。

3. 粘附性污染

任何材料的分子接近到一定程度时，相互间都会产生一定的吸引力，当尘埃颗粒与饰面表面接触时，相互之间也具有一定吸力，从而污染了饰面，玻璃墙面或釉面瓷砖上的蒙灰就是这种吸引力的表现。

4. 静电吸引性污染

在顶棚、墙角，甚至在垂直墙面都有可能挂附丝网状的尘土，这是因为尘埃一般都带有电荷。当其电荷的极性与饰面材料所带电荷的极性相反时，相互之间就会产生静电吸引力，将尘埃附在材料表面形成污染，若饰面为高分子材料，将更为严重，而且不易将尘埃除去。

5. 霉变污染

在室内阴面空气不流通的部位，墙面凸凹较大造成局部集水的部位，都有可能使霉菌繁衍，从而使饰面破坏，局部变色，影响装饰效果。这种现象在我国南部及西南地区经常发生，因此，这些地区在采用有机饰面材料时，应更加注意材料的防霉性能。一般来说，适合北方地区应用的品种和配方，不一定也适用于这些湿热地区。

通过以上分析可知，影响建筑装饰耐久性的因素多而复杂，建筑装饰构造设计应确定合适的耐久年限，针对主要影响因素，设计选择适当的装饰材料和构造做法、细部处理方法，考虑经常维护的种种措施，从而消除和减少各种因素对建筑装饰的耐久性的影响。

第5节 建筑装饰防火设计技术

火灾是一种失去控制的燃烧现象。形成燃烧的三要素是：存在能燃烧的物质；有助燃的氧化剂或氧气；火源、火种。建筑防火设计的目的在于降低火灾发生的概率和所造成的损失。1995年国家颁发了《建筑内部装饰设计防火规范》(GB 50222—95)，对建筑装饰工程的装饰材料的选用和防火措施，作了详细的规定。只有严格执行规范，按规范要求进行设计和施工，才能够消灭火灾隐患，有效控制此类灾害的发生。

一、装饰材料的燃烧性能等级及应用范围

装饰材料按使用部位和功能，可划分为顶棚装饰材料、墙面装饰材料、地面装饰材料、隔断装饰材料、固定家具、装饰织物、其他装饰材料等七类。装饰织物系指窗帘、帷幕、床罩、家具包布等；其他装饰材料系指楼梯扶手、挂镜线、踢脚板、窗帘盒、暖气罩等。

装饰材料燃烧性能等级的划分

装饰材料燃烧性能划分为A、B_1、B_2、B_3四个等级，见表1-5。

装饰材料燃烧性能的等级划分 表1-5

等级	A	B_1	B_2	B_3
燃烧性能	不燃烧	难燃烧	可燃性	易燃性

根据《建筑内部装饰设计防火规范》规定，按燃烧性能等级规定使用装饰材料时，须注意的方面为：

(1) A、B_1、B_2级装饰材料须按材料燃烧性能等级的规定要求，由专业检测机构检测确定，B_3级装饰材料可不进行检测；

(2) 安装在钢龙骨上的纸面石膏板，可作为A级装饰材料使用；

(3) 当胶合板表面涂覆一级饰面型防火涂料时，可作为B_1级装饰材料使用；

(4) 单位重量小于 300g/m^2 的纸质、布质壁纸，当直接粘贴在 A 级基材上，可作为 B_1 级装饰材料使用；

(5) 施涂在 A 级基材上的无机装饰涂料，可作为 A 级装饰材料使用；涂刷于 A 级基材上，湿涂覆比小于 1.5kg/m^2 的有机装饰涂料，可作为 B_1 级装饰材料使用；施涂于 B_1、B_2 级基材上时，应将涂料连同基材一起按燃烧性能等级规定确定其燃烧性能等级；

(6) 当采用不同装饰材料进行分层装饰时，装饰材料的燃烧性能等级均应事先规定要求。复合型装饰材料应由专业性检测机构进行整体测试并划分其燃烧性能等级。

常用建筑内部装饰材料燃烧性能等级划分举例见表 1-6。

常用建筑内部装饰材料燃烧性能等级划分举例 表 1-6

材料分类	级别	材料燃烧性能等级划分举例
各部位材料	A	花岗石、大理石、水磨石、水泥制品、混凝土制品、石膏板、石灰制品、粘土制品、玻璃、瓷砖、锦砖、钢铁、合金等
顶棚材料	B_1	纸面石膏板、纤维石膏板、水泥刨花板、矿棉装饰吸声板、玻璃棉装饰吸声板、珍珠岩装饰吸声板、难燃胶合板、难燃中密度纤维板、岩棉装饰板、难燃装饰板、难燃木材、铝箔复合材料、难燃酚醛胶合板、铝箔玻璃钢复合材料等
墙面材料	B_1	纸面石膏板、纤维石膏板、水泥刨花板、矿棉板、玻璃棉板、珍珠岩板、难燃胶合板、难燃中密度纤维板、防火塑料装饰板、难燃双面刨花板、多彩涂料、难燃墙纸、难燃墙布、难燃仿花岗岩装饰板、氯氧镁水泥装配式墙板、难燃玻璃钢平板、PVC 塑料护墙板、轻质高强复合墙板、阻燃模压木质复合板材、彩色阻燃人造板、难燃玻璃钢等
墙面材料	B_2	各类天然木材、木制人造板、竹材、纸制装饰板、装饰微薄木贴板、印刷木纹人造板、塑料贴面装饰板、聚酯装饰板、复塑装饰板、塑纤板、胶合板、塑料壁纸、无纺贴墙布、墙布、复合壁纸、天然材料壁纸、人造革等
地面材料	B_1	硬质 PVC 塑料地板、水泥刨花板、水泥木丝板、氯丁橡胶地板等
地面材料	B_2	半硬质 PVC 塑料地板、PVC 卷材地板、木地板、纸张地毯等
装饰织物	B_1	经阻燃处理的各类燃织物等
装饰织物	B_2	纯毛装饰布、纯麻装饰布、经阻燃处理的其他织物等
其他装饰材料	B_1	聚氯乙烯料、酚醛塑料、聚碳酸酯塑料、聚四氟乙烯塑料、三聚氰胺、脲醛塑料、硅树脂塑料装饰型材、经阻燃处理的各类织物等。其他见顶棚材料和墙面材料中的有关材料
其他装饰材料	B_2	经阻燃处理的聚乙烯、聚丙烯、聚氨酯、聚苯乙烯、玻璃钢、化纤织物、木制品等

二、建筑装饰防火设计要求

1. 建筑装饰防火设计控制原则

(1) 认真分析理解原建筑防火设计意图，根据国家现行有关防火规范的要求评判原建筑防火性能。不得擅自改变或移动原有消防设施，确有需要，须采取相应保证措施。不得降低原建筑防火等级。

（2）建筑物改变用途，应按新用途重新审查建筑防火等级。

（3）根据建筑防火等级要求，按规范选用装饰材料。为保障建筑内部装饰的消防安全，防止和减少建筑物火灾的危害，在进行建筑内部装饰设计中，应妥善处理装饰效果和使用安全两者的关系，积极采用不燃性材料和难燃性材料，尽量避免采用在燃烧时产生大量浓烟或有毒气体的材料。

（4）根据建筑装饰材料的特性及施工工艺，在施工期间采取相应防火措施。

2. 民用建筑装饰材料选用与防火设计要求

（1）一般规定

1）当顶棚或墙面表面局部采用多孔或泡沫塑料时，其厚度不应大于15mm，面积不得超过该房间顶棚或墙面面积的10%。

2）除地下建筑外，无窗房间的内部装饰材料的燃烧性能等级除A级外，应在本书的燃烧性能等级规定的基础上提高一级。

3）图书馆、资料室、档案室和存放文件的房间，其顶棚、墙面应采用A级装饰材料，地面应采用不低于B_1级的装饰材料。

4）大中型电子计算机房、中央控制室、电话总机房等放置特殊贵重设备的房间，其顶棚和墙面应采用A级装饰材料，地面及其他装饰应使用不低于B_1级的装饰材料。

5）消防水泵房、排烟机房、固定灭火系统、钢瓶室、配电室、变压器室、通风和空调机房等，其内部所有的装饰均应采用A级装饰材料。

6）无自然采光楼梯间、封闭楼梯间、防烟楼梯间的顶棚、墙面和地面均应使用A级装饰材料。

7）建筑物内设有上下层相连通的中庭、走马廊、开敞楼梯、自动扶梯时，其连通部位顶棚、墙面应采用A级装饰材料，其他部位应采用不低于B_2级的装饰材料。

8）防烟分区的挡烟垂壁，其装饰材料应使用A级装饰材料。

9）建筑内部的变形缝（沉降缝、伸缩缝、抗震缝）两侧的基层应采用A级材料，表面装饰应采用不低于B_1级的装饰材料。

10）建筑内部的配电箱不应直接安装在低于B_1级的装饰材料上。

11）照明灯具的高温部位，当靠近非A级装饰材料时，应采取隔热、散热等防火保护措施。灯饰所用材料的燃烧性能等级不应低于B_1级。

12）公共建筑内不宜设置采用B_3级装饰材料制成的壁挂、雕塑、模型、标本，当需要设置时，不应靠近火源或热源。

13）地上建筑的水平疏散走道和安全出口厅，其顶棚装饰材料应使用A级，其他部位应采用不低于B_1级的装饰材料。

14）建筑内部消火栓的门不应被装饰物遮掩，消火栓门的颜色应有明显的区别。

15）建筑内部装饰不应遮挡消防设施和疏散指示标志及出口，并且不应妨碍消防设施和疏散走道的正常使用。

16）建筑物内部的厨房，其顶棚、墙面、地面均应采用A级装饰材料。

17）经常使用明火器具的餐厅、科研试验室等房间，装饰材料的燃烧性能等级，除A级外，应在规定基础上提高一级。

（2）单层、多层民用建筑

单层、多层民用建筑内部各部位装饰材料的燃烧性能等级见表 1-7。

单层、多层民用建筑面积小于 $100m^2$ 的房间，当采用防火墙和耐火极限不低于 1.2 小时的防火门窗与其他部位分隔时，其装饰材料的燃烧性能等级可在表 1-7 规定的基础上降低一级；当建筑内部装有自动灭火系统时，除顶棚外，其内部装饰材料的燃烧性能等级可在表 1-7 规定的基础上降低一级；但当同时装有自动报警装置和自动灭火系统时，其顶棚装饰材料的燃烧性能等级可在表 1-7 规定的基础上降低一级，其他装饰材料的燃烧性能等级可不限制。

单层、多层建筑内部各部位装饰材料的燃烧性能等级 **表 1-7**

建筑物及场所	建筑规模	装饰材料燃烧性能等级							
		顶棚	墙面	地面	隔断	固定家具	装饰织物		其他装饰材料
							窗帘	帷幕	
候机楼的大厅、贵宾室、售票厅、商店、餐厅等	建筑面积＞$10000m^2$ 的候机楼	A	A	B_1	B_1	B_1	B_1		B_1
	建筑面积≤$10000m^2$ 的候机楼	A	B_1	B_1	B_1	B_2	B_2		B_2
汽车站、火车站、轮船客运站的候车室餐厅、商场等	建筑面积＞$10000m^2$ 的车站、码头	A	A	B_1	B_1	B_2	B_2		B_1
	建筑面积≤$10000m^2$ 的车站、码头	B_1	B_1	B_1	B_2	B_2	B_2		B_2
影院、会堂、礼堂、剧院、音乐厅	＞800 座位	A	A	B_1	B_1	B_1	B_1	B_1	B_1
	≤800 座位	A	B_1	B_1	B_1	B_2	B_1	B_1	B_2
体育馆	＞3000 座位	A	A	B_1	B_1	B_1	B_1	B_1	B_2
	≤3000 座位	A	B_1	B_1	B_1	B_2	B_2	B_2	B_2
商场营业厅	每层建筑面积＞$3000m^2$ 或总建筑面积＞$9000m^2$ 的营业厅	A	B_1	A	A	B_1	B_1		B_2
	每层建筑面积 1000～$3000m^2$ 或总建筑面积 3000～$9000m^2$ 的营业厅	A	B_1	B_1	B_1	B_2	B_1		
	每层建筑面积＜$1000m^2$ 或总建筑面积＜$3000m^2$ 的营业厅	B_1	B_1	B_1	B_2	B_2	B_2		
饭店、旅馆的客房及公共活动用房等	设有中央空调系统的饭店、旅馆	A	B_1	B_1	B_1	B_2	B_2		B_2
	其他饭店、旅馆	B_1	B_1	B_2	B_2	B_2	B_2		
歌舞厅、餐馆等娱乐餐饮建筑	营业面积＞$100m^2$	A	B_1	B_1	B_1	B_2	B_1		B_2
	营业面积≤$100m^2$	B_1	B_1	B_1	B_2	B_2	B_2		B_2

续表

建筑物及场所	建筑规模	装饰材料燃烧性能等级							
		顶棚	墙面	地面	隔断	固定家具	装饰织物		其他装饰材料
							窗帘	帷幕	
幼儿园、托儿所、医院病房楼、疗养院、养老院		A	B_1	B_1	B_1	B_2	B_1		B_2
纪念馆、展览馆、博物馆、图书馆、档案馆、资料馆等	国家级、省级	A	B_1	B_1	B_1	B_2	B_1		B_2
	省级以下	B_1	B_1	B_2	B_2	B_2	B_2		B_2
办公楼、综合楼	设有中央空调的办公楼、综合楼	A	B_1	B_1	B_1	B_2	B_2		B_2
	其他办公楼、综合楼	B_1	B_1	B_2	B_2	B_2			
住宅楼	高级住宅	B_1	B_1	B_1	B_1	B_2	B_2		B_2
	普通住宅	B_1	B_2	B_2	B_2	B_2			

(3) 高层民用建筑

高层民用建筑内部各部位装饰材料的燃烧性能等级，不应低于表 1 - 8 的规定。

高层建筑内部各部位装饰材料的燃烧性能等级 **表 1 - 8**

建筑物及场所	建筑规模、性质	装饰材料燃烧性能等级									
		顶棚	墙面	地面	隔断	固定家具	装饰材料燃烧性能等级				其他装饰材料
							窗帘	帷幕	床罩	家具软包	
高级旅馆	＞800 座位的观众厅、会议厅；顶层餐厅	A	B_1	B_1	B_1	B_1	B_1	B_1		B_1	B_1
	≤800 座位的观众厅、会议厅	A	B_1	B_1	B_1	B_2	B_1	B_1		B_2	B_1
	其他部位	A	B_1	B_1	B_2	B_2	B_1	B_2	B_2	B_2	B_1
商业楼、展览楼、综合楼、商住楼、医院病房楼	一类建筑	A	B_1	B_1	B_1	B_2	B_1	B_1		B_2	
	二类建筑	B_1	B_1	B_2	B_2	B_2	B_2	B_2		B_2	
电信楼、财贸金融楼、邮政楼、广播电视楼、电力调度楼、防灾指挥调度楼	一类建筑	A	A	B_1	B_1	B_1	B_1	B_1		B_2	
	二类建筑	B_1	B_1	B_2	B_2	B_2	B_1	B_2		B_2	
教学楼、办公楼、科研楼、档案楼、图书馆	一类建筑	A	B_1	B_1	B_1	B_2	B_1	B_1		B_1	
	二类建筑	B_1	B_1	B_2	B_1	B_2	B_1	B_2		B_2	

续表

建筑物及场所	建筑规模、性质	装饰材料燃烧性能等级									
		顶棚	墙面	地面	隔断	固定家具	装饰材料燃烧性能等级				其他装饰材料
							窗帘	帷幕	床罩	家具软包	
住宅、普通旅馆	一类建筑普通旅馆高级住宅	A	B_1	B_2	B_1	B_2	B_1		B_1	B_2	
	二类建筑普通旅馆普通住宅	B_1	B_1	B_2	B_2	B_2	B_2		B_2	B_2	

注：1. “顶层餐厅”包括在高空的餐厅、观光厅等；

2. 建筑的类别、规模、性质应符合国家现行标准《高层民用建筑设计防火规范》(GB 50045—95) 的有关规定。

除 100m 以上的高层民用建筑及大于 800 座的观众厅、会议厅、顶层餐厅外，当设有火灾自动报警装置和自动灭火系统时，除顶棚外，其内部装饰材料的燃烧性能等级可在表1 - 8的规定基础上降低一级。

电视塔等特殊高层建筑的内部装饰，均应采用 A 级装饰材料。

(4) 地下民用建筑

地下民用建筑内部部位装饰材料的燃烧性能等级，不应低于表 1 - 9 的规定。地下民用建筑是指单层、多层和高层民用建筑的地下部位，单独建造在地下的民用建筑以及平时战时结合的地下人防工程。

地下民用建筑的疏散走道和安全出口的门厅，其顶棚、墙面和地面的装饰材料应采用 A 级装饰材料。单独建造的地下民用建筑的地上部分，其门厅、休息室、办公室等内部装饰材料的燃烧性能等级可在表 1 - 9 规定的基础上降低一级要求。地下商场、地下展览厅的售货台、固定货架、展览台等应采用 A 级装饰材料。

地下民用建筑内部各部位装饰材料的燃烧性能等级 **表 1 - 9**

建筑物类别及场所	装饰材料燃烧性能等级						
	顶棚	墙面	地面	隔断	固定家具	装饰织物	其他装饰材料
旅馆客房及公共活动用房、休息室、办公室等	A	B_1	B_1	B_1	B_1	B_1	B_2
娱乐旱冰场、舞厅、展览厅、医院的病房、医疗用房等	A	A	B_1	B_1	B_1	B_1	B_2
电影院的观众厅、商场的营业厅	A	A	A	B_1	B_1	B_1	B_2
停车库、人行通道、图书资料库、档案库	A	A	A	A	A		

复习思考题

1. 建筑装饰构造设计应遵循哪些原则？

2. 建筑装饰构造如何分类？饰面构造要注意解决哪些问题？
3. 为什么装饰材料的质感、线条、色彩会影响装饰效果？
4. 影响建筑装饰耐久性的主要因素是什么？
5. 装饰材料的燃烧性能等级如何划分？

第 2 章　楼地面装饰构造

楼地面是对楼层地面和底层地面的总称。它是建筑工程中的一个重要部位，是人们日常生活、工作、生产、学习时必须接触的部位，也是建筑中直接承受荷载，经常受到磨擦、清扫和冲洗的部位。楼地面在人的视线范围内所占的比例很大，对室内整体装饰设计起十分重要的作用，因而，楼地面装饰设计除了要符合人们使用上、功能上的要求外，还必须考虑人们在精神上的追求和享受，做到美观、舒适。

第 1 节　概　　述

一、楼地面的构造层次及其作用

建筑物的地坪、楼板层一般是由承担荷载的结构层和满足使用要求的饰面两个主要部分组成。为满足找平、结合、防水、防潮、隔声、弹性、保温隔热、管线敷设等功能上的要求，往往还要在基层与面层之间增加若干中间层。楼地面的主要构造层示意如图 2 - 1 所示。

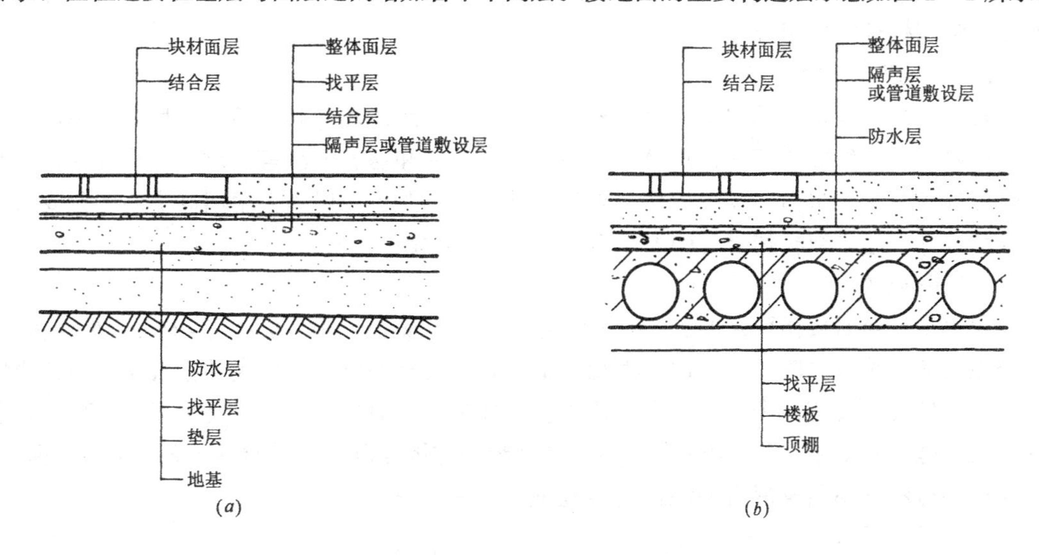

图 2 - 1　楼地面构造层示意
(*a*) 地面各构造层；(*b*) 楼面各构造层

1. 结构层

结构层是楼层和地层的承重部分，承受面层传来的各种使用荷载及结构自重，要求该层应坚固稳定，具有足够刚性，以保证安全与正常使用，底层地坪的基层通常是夯实的回填土，楼面的结构层是楼板。它的设计与选用一般由土建设计确定。

2. 中间层

中间层的设置应考虑实际需求，各类中间层虽然所起的作用不同，但都必须承受并传递由面层传来的荷载。要有较好的刚性、韧性和较大的蓄热系数，有防潮、防水的能力。根据中间层所选用的材料不同，可分为刚性和非刚性两类。刚性中间层的整体刚度好，受力后不易产生塑性变形。刚性中间层一般采用C7.5～C10混凝土。非刚性中间层一般由松散的材料组成。例如：砂、炉渣、矿渣、碎石、灰土等材料，具有较好的保温隔热性能及弹性。有特殊要求的中间层，尚应设置其他能有效满足特殊要求的材料。如沥青玛䁔脂、油毡或PVC防潮层等。

3. 面层

面层是地面承受各种物理、化学作用的表面层。因此，使用要求不同，面层的构造也各不相同，但一般都应具有一定的强度、耐久性、舒适性和安全性，以及有较好的美化作用。

二、楼地面饰面的功能

1. 保护楼板或地坪

保护楼板或地坪是楼地面饰面应满足的基本要求。建筑结构的使用寿命与使用条件及使用环境有很大的关系。楼地面的饰面层在一定程度上缓解了外力对结构构件的直接作用，起到一种保护作用。它可以起到耐磨、防碰撞破坏以及防止水渗透而引起楼板内钢筋锈蚀等作用，这样就保护了结构构件，尤其是材料强度较低或材料耐久性较差的结构构件，从而提高结构构件的使用寿命。

2. 满足正常使用要求

楼地面除应满足上述的基本要求外，人们使用房屋的楼面和地面，因房间的不同而有不同的要求，一般要求坚固、耐磨、平整、不易起灰和易于清洁等。对于居住和人们长时间停留的房间，要求面层具有较好的蓄热性和弹性，对于厨房和卫生间等房间，则要求耐火和耐水等。还必须根据建筑的要求考虑以下一些功能：

（1）隔声要求

隔声主要是对楼面而言的。它包括隔绝空气声和撞击声两个方面。其中后者更为重要。当楼地面的质量较大时，空气声的隔绝效果较好，且有助于防止发生共振现象。撞击声的隔绝，其途径主要有两个：一是采用浮筑或弹性夹层地面的做法，二是采用弹性地面。前一种构造施工较复杂，而且效果也一般。弹性地面主要是利用弹性材料作面层，做法简单，而且弹性材料的不断发展为隔绝撞击声提供了条件。

（2）吸声要求

在标准较高，室内音质控制要求严格，使用人数较多的公共建筑中，对于有效地控制室内噪声，合理地选择和布置地面材料，具有积极的作用。因此应合理地选择和布置地面材料。一般来说，表面致密光滑，刚性较大的地面，如大理石地面，对于声波的反射能力较强，吸声能力极小。而各种软质地面，可以起到较大的吸声作用，如化纤地毯的平均吸声系数达到0.55。

（3）保温性能要求

从材料特性的角度考虑，水磨石地面、大理石地面等都属于热传导性较高的材料，而木地板、塑料地面等则属于热传导性较低的地面。从人的感受角度加以考虑，就是要注意人会以某种地面材料的导热性能的认识来评价整个建筑空间的保温特性。因此，对于地面做法的保温性能的要求，宜结合材料的导热性能，暖气负载与冷气负载的相对份额的大小，人的感受以及人在这一空间活动的特性等因素加以综合考虑。如：起居室、卧室等采用水磨石、缸砖、锦砖等作地面材料时，因这些材料在冬季容易传导人们足部的热量而使人感到不舒服。即使在采暖或空调建筑中，为保证楼地面的温度与该房间的温度相差不超过规定的数值，应在楼地面垫层中设置保温材料，以减少能量损失。

（4）弹性要求

当一个不太大的力作用于一个刚性较大的物体，如混凝土楼板时，此时楼板将作用于它上面的力全部反作用于施加这个力的物体之上。与此相反，当作用于一个有弹性的物体，如橡胶板时则反作用力要小于原来所施加的力。这是因为弹性材料的变形具有吸收冲击能量的性能，冲力很大的物体接触到弹性物体其所受到的反冲力比原先要小得多。因此，人在具有一定弹性的地面上行走，感觉比较舒适，对于一些装饰标准较高的建筑室内地面，应尽可能地采用具有一定弹性的材料作为地面的装饰面层。

3. 满足装饰方面的要求

楼地面的装饰是整个工程的重要组成部分，对整个室内的装饰效果有很大影响。它与顶棚共同构成了室内空间的上下水平要素，同时通过二者巧妙的组合，可使室内产生优美的空间序列感。楼地面的装饰与空间的实用机能也有紧密的联系，例如，室内行走路线的标志具有视觉诱导的功能。楼地面的图案与色彩设计，对烘托室内环境气氛具有一定的作用。此外，楼地面饰面材料的质感，可与环境构成对比统一的关系。例如，环境要素中质感的主基调若精细，楼地面饰面材料应选择较粗的质感，则可产生鲜明的效果。

可见，处理好楼地面的装饰效果及与功能之间的关系，是多方面的因素共同促成的，因此，必须考虑到诸如空间的形态、整体的色彩协调、装饰图案、质感的效果、家具饰品的配套、人的活动状况及心理感受等因素。

三、楼地面饰面的分类

楼地面的种类很多，可从不同的角度进行分类。

地面根据饰面材料的不同可以分为水泥砂浆地面、水磨石地面、大理石地面、地砖地面、木地板地面、地毯地面等。这种分类方法比较直观易懂，但由于材料品种繁多，因而显得过细过多，缺乏归纳性。地面根据构造方法和施工工艺的不同，可以分为整体式地面、块材式地面、木地面及人造软质制品铺贴式楼地面等。

本书先以后一种方法归类，再在分类中根据面层材料的不同，有选择地加以介绍。

第2节　整体式楼地面构造

整体式楼地面的面层无接缝，它可以通过加工处理，获得丰富的装饰效果，一般造价较低，施工简便。它包括水泥砂浆楼地面、细石混凝土楼地面、现浇水磨石楼地面、涂布楼地面等。

一、水泥砂浆楼地面

水泥砂浆楼地面是应用最普及、最广泛的一种地面做法，是直接在现浇混凝土垫层水泥砂浆找平层上施工的一种传统整体地面。水泥砂浆楼地面属低档地面，造价较低且施工方便，但不耐磨，易起砂、起灰。

水泥砂浆楼地面是以水泥砂浆为面层材料，其主要做法有两种，即单层和双层做法，单层做法是在面层抹一层15～25mm厚1∶2.5水泥砂浆；双层做法是先抹一层10～12mm厚1∶3水泥砂浆找平层，再抹5～7mm厚的1∶1.5～1∶2水泥砂浆面层。有防滑要求的水泥地面，可将水泥砂浆面层做成各种纹样，以增大摩擦力。

二、细石混凝土楼地面

细石混凝土是用水泥、砂和小石子级配而成，石子的粒径为0.5～1.0mm。细石混凝土地面的强度高，干缩性小，与水泥砂浆地面相比，它的耐久性和防水性更好，且不易起砂，但厚度较大，一般为35mm。细石混凝土可以直接铺在夯实的素土上或100mm厚的灰土上，也可以直接铺在楼板上作为楼面，不需要做找平层。细石混凝土面层有两种类型，即细石混凝土面层和随打随抹面层。

细石混凝土面层构造做法：先铺一层30～35mm厚的由1∶2∶4的水泥、砂子、小石子配制而成的C20细石混凝土，然后再做10～15mm厚1∶2水泥砂浆面层。随打随抹面层的构造做法：混凝土强度等级不低于C15，在现浇混凝土楼地面浇捣之后，待其表面略有收水后，即提浆抹平、压光。这种做法面层可兼垫层。对防水要求高的房间，还可以在楼面中加做一层找平层，而后在其上做一毡二油或二毡三油防水层。

三、现浇水磨石地面

水磨石地面与普通水泥地面不同，它具有色彩丰富，图案组合多样的饰面效果。其中面层平整光洁、坚固耐用、整体性好、耐污染、耐腐蚀和易清洗。现浇水磨石地面按材料配制和表面打磨精度，分为普通水磨石地面和高级美术水磨石地面。目前，水磨石面层施工普遍存在打磨精度不高，表面反光率达不到设计要求以及现场湿作业时间长、工序多等问题，限制了其在较高级装修场所的应用。

现浇水磨石地面是在水泥砂浆或混凝土垫层上按设计要求分格、抹水泥石子浆，凝固硬化后，磨光露出石碴，并经补浆、细磨、打蜡后制成。水磨石地面一般用于对清洁度要求较高的场所，如理发、美容厅、公共浴池、售货厅及旅店门厅和医疗用房的楼地面、踢脚板、楼梯等。为保证现浇水磨石地面的质量，对所用材料有如下要求：

1. 水泥

为保证掺颜色后水泥的色泽一致，深色面层宜采用大于425号的硅酸盐水泥、普通硅酸盐水泥、矿渣硅酸盐水泥；白色或浅色面层宜采用高于425号的白水泥。水泥应符合有关质量要求。

2. 石碴

水磨石面层应采用质地密实、磨面光亮而硬度不高的大理石。白云石、云解石或硬度较高的花岗石、玄武岩、辉绿岩等。硬度过高的石英岩、长石、刚玉等不宜采用，石碴的最大粒径应比水磨石面层厚度小1～2mm为宜。二者关系见表2-1。石碴粒径过大，不易压平，石粒之间也不易挤密实。

水磨石面层石碴粒径要求（mm） 表2-1

水磨石面层厚度	石子最大粒径
10	9
15	14
20	18
25	23
30	28

3. 颜料

掺入水泥拌合物中的颜料用量不应大于水泥重量的12%，颜料对水磨石面层质量及装饰效果所起的作用是不可低估的。要求颜料具有色光、着色力、耐光性、耐候性、耐水性和耐酸碱性。因此应优先选用矿物颜料，如氧化铁红（俗称铁红）、氧化铁黄（俗称铁黄）、氧化铁黑、氧化铁棕、氧化铬绿及群青等。

4. 分格条

分格条要求平整、厚度均匀。常用分格条有铜条、铝条和玻璃条三种，还有不锈钢、硬质聚氯乙烯制品。其中铜分格条装饰效果与耐久性最好，一般用于美术水磨石地面。玻璃分格条的装饰效果与耐久性差，一般用于普通水磨石地面。铝合金分格条的耐久性较好，但由于铝合金不耐酸碱，遇混凝土拌合物会发生反应，从而影响地面的装饰效果，甚至影响地面质量。因此，一般不要采用铝合金分格条，否则，应采取相应保护措施。分格条的规格见表2-2。

分格条种类及规格（mm） 表2-2

种类	规格
铜条	1000×12×1.5
	1000×14×1.5
	1000×12×2.0
	1000×12×2.5
铝条	1200×10×(1.0～2.0)
玻璃条	1200×10×3.0

现浇水磨石地面的构造做法是：首先在基层上用1∶3水泥砂浆找平10～20mm厚。当有预埋管道和受力构造要求时，应采用不小于30mm厚的细石混凝土找平。为实现装饰图案，防止面层开裂，常需给面层分格，因此，应先在找平层上镶嵌分格条，如图2-2所示。然后，用1∶1.5～1∶2.5的水泥石子浆浇入整平，待硬结后用磨石机磨光。最后补浆、打蜡、养护。现浇水磨石地面的一般构造如图2-3所示。

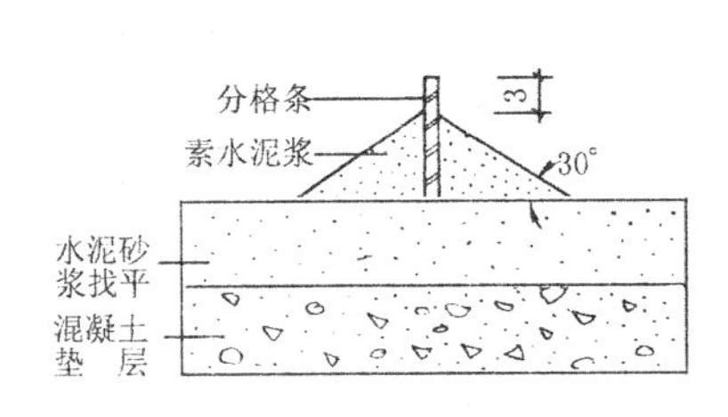

图 2-2 分格条固定示意

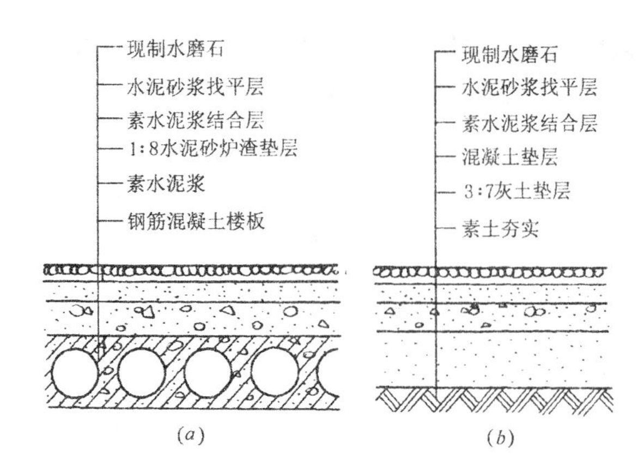

图 2-3 现浇水磨石地面构造

(*a*) 楼面做法；(*b*) 地面做法

四、涂布楼地面

涂布楼地面主要是由合成树脂代替水泥或部分水泥，再加入填料、颜料等混合调制而成的材料，再加入涂布施工，硬化以后形成整体无接缝的地面。它的突出特点是无接缝，易于清洁，并具有施工简便、工效高、更新方便、造价低等优点。

涂布楼地面根据胶凝材料可以分为两大类：一类是单纯的合成树脂为胶凝材料的溶剂型合成树脂涂布材料，如环氧树脂涂布地面、不饱和聚酯涂布地面、聚氨酯涂布地面等。另一类是以水溶性树脂或乳液，与水泥复合组成胶凝材料的聚合物水泥涂布地面，如聚醋酸乙烯乳液涂布地面，聚乙烯醇甲醛胶涂布地面等。前一类具有优越的耐磨性、耐腐性、抗渗性、弹韧性、整体性，但造价偏高，施工较复杂，适用于卫生或耐腐蚀要求较高的地方，如实验室、医院手术室、食品加工厂等。后一类地面的耐水性优于单纯的同类聚合物涂布地面，同时粘结性、抗冲击性也优于水泥涂料，且价格便宜，施工方便，适用于一般要求的地面，如教室、办公室等。

涂布楼地面一般采用涂刮方式施工，故对基层要求较高，基层必须平整、光洁、充分干燥。基层的处理方法是清除浮砂、浮灰及油污，地面含水率控制在6%以下（采用水溶性涂布材料者可略高）。为保证面层质量，基层还应进行封闭处理。一般根据面层涂饰材料调配腻子，将基层孔洞及凸凹不平的地方填嵌平整，而后在基层满刮腻子若干遍，干后用砂纸打磨平整，清扫干净。面层根据涂饰材料及使用要求，涂刷若干遍面漆，层与层之间前后间隔时间，以前一层面漆干透为准，并进行相应处理。面层厚度应均匀，不宜过厚或过薄，控制在1.5mm左右。后期可根据需要，进行装饰处理，如磨光、打蜡、涂刷罩光剂等。

第3节 块材式楼地面构造

块材地面，是指由各种不同形状的块状材料做成的装修地面，主要包括陶瓷锦砖、瓷砖、缸砖、水泥长砖以及预制水磨石板、天然大理石、花岗石、碎拼大理石等。这类地面属于中高档做法，应用十分广泛。其特点是花色品种多样，耐磨损、易清洁、强度高、刚性大。但具有造价偏高、工效偏低的缺点，一般适用于人流活动较大、地面磨损频率高的地面及比较潮湿的场所。块材地面属于刚性地面，适宜铺在整体性、刚性较好的细石混凝土或混凝土预制板基层上。

一、块材式楼地面的基本构造

块材式楼地面的构造层次如图 2-4 所示。各层构造要点如下：

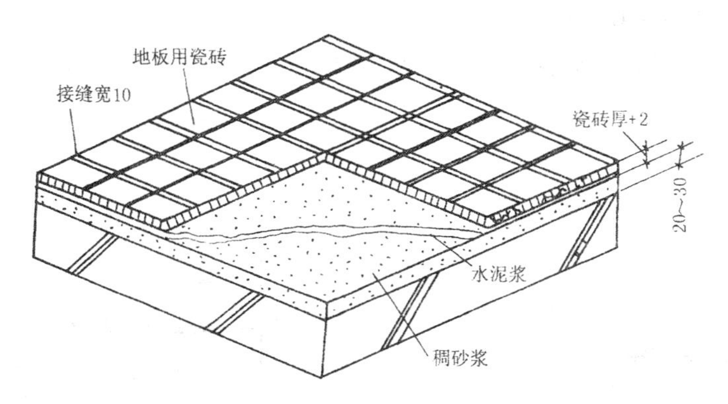

图 2-4 块材地面构造层次示意

1. 基层处理

块材楼地面铺砌前，应清扫基层，使其无灰碴，并刷一道素水泥浆以增加粘结力。

2. 摊铺水泥砂浆结合层

水泥砂浆结合层又是找平层，应严格控制其稠度，以保证粘结牢固及面层的平整度。结合层宜采用干硬性水泥砂浆，因干硬性水泥砂浆具有水分少、强度高、密实度好、成型早及凝结硬化过程中收缩率小等优点，因此，采用干硬性水泥砂浆配合比常用 1∶1～1∶3（水泥：砂子），针入度为 2～4cm，铺至厚度为 10～15mm。对于需要经常清洗并排水的地面，应做泛水。

3. 面砖铺贴

首先进行试铺。试铺的目的有四点：

（1）检查板面标高是否与构造设计标高相吻合；

（2）砂浆面层是否平整或达到规定的泛水坡度；

（3）调整块材的纹理和色彩，避免过大色差；

（4）检查板面尺寸是否一致，并调整板缝（板缝处理形式有密缝和离缝两种）。

正式铺贴前，在干硬性水泥砂浆上浇一层 0.5mm 厚素水泥浆。

4. 细部处理

板缝修饰，贴踢脚板，磨光打蜡养护。

二、块材类楼地面构造做法

（一）陶瓷锦砖、缸砖楼地面

陶瓷锦砖（又称马赛克）、缸砖均为高温烧成的小型块材，它们的共同特点是表面致密光滑、坚硬耐磨、耐酸耐碱、防水性好、一般不易变色。其构造做法为：在基层上做10～20mm厚 1∶3～1∶4 水泥砂浆找平层，然后浇素水泥浆一道，以增加其表面粘结力。缸砖等较大块材的背面另刮素水泥浆，然后粘贴拍实。最后用水泥砂浆嵌缝。陶瓷锦砖（马赛克）整张铺贴后，用滚筒压平，使水泥砂浆挤入缝隙。待水泥砂浆硬化后，用草酸洗去牛皮纸，然后用白水泥浆嵌缝。

上述块材若铺在不要垫层找泛水和基层表面平整的情况下，还可以先对基层表面清扫、湿润，刷 1～2mm 厚掺 20%107 胶的水泥浆，然后用掺 5%～10%107 胶的水泥砂浆直接粘贴。这种做法与前者相比，掺 107 胶后的水泥砂浆保水及防止开裂的性能好，故不需作较厚的砂浆层，且粘结强度高，便于施工，容易铺平。

图 2-5 为陶瓷锦砖楼地面构造做法示意。图 2-6 为地砖楼地面构造做法示意。

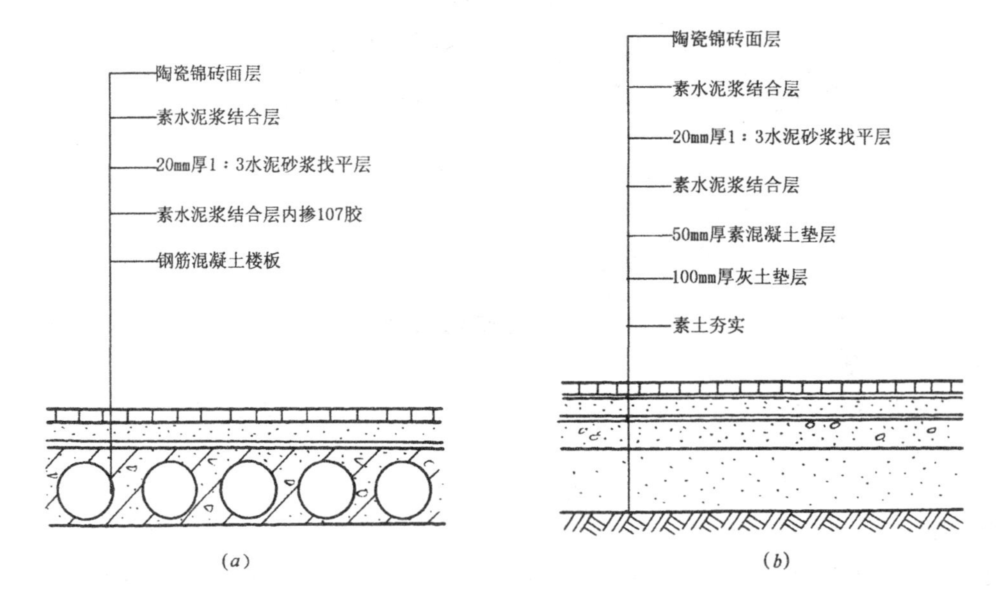

图 2-5 陶瓷锦砖楼地面构造示意

(a) 楼面；(b) 地面

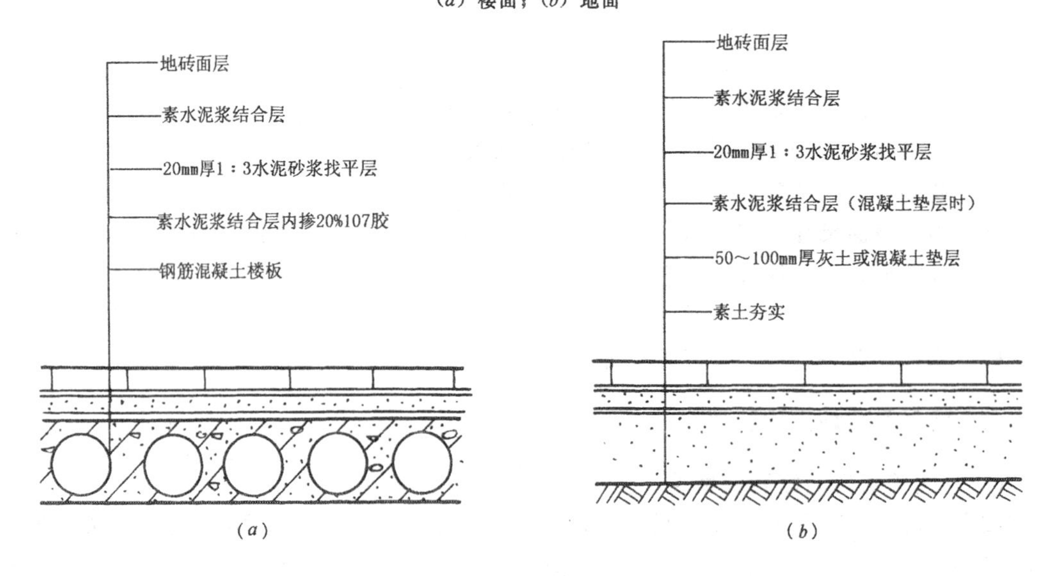

图 2-6 地砖楼地面构造示意

(a) 楼面；(b) 地面

（二）预制水磨石板、水泥砂浆砖、混凝土预制块楼地面

这类预制板块具有质地坚硬、耐磨性能好等优点，是具有一定装饰效果的大众化地面饰面材料。主要适用于室外地面。

预制板块与基层粘贴的方式，一般有两种：一种做法是在板块下干铺一层20～40mm厚砂子，待校正平整后，于预制板块之间用砂子或砂浆填缝，如图2-7（*a*）所示。另一种做法是在基层上抹以10～20mm厚1∶3水泥砂浆，然后在其上铺贴块材，再用1∶1水泥砂浆嵌缝，如图2-7（*b*）所示。前者施工简便，易于更换，但不易平整，适用于尺寸大而厚的预制板块；后者则坚实、平整，适用于尺寸小而薄的预制板、块。

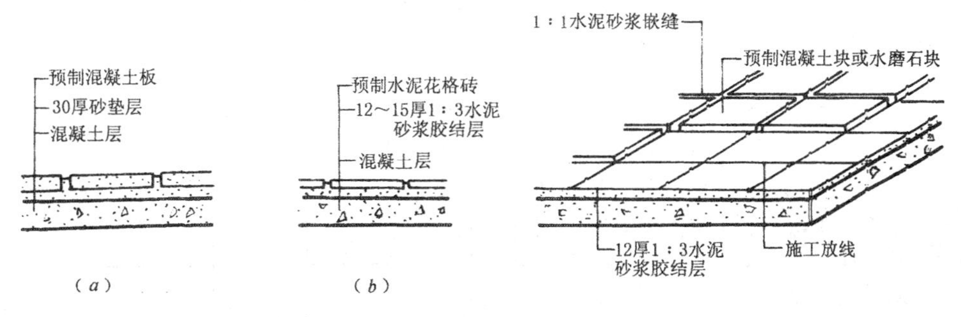

图 2-7 预制块地面构造

（*a*）干铺做法；（*b*）胶结做法

（三）大理石板、花岗岩板楼地面

大理石、花岗岩是从天然岩体中开采出来的。经过加工成块材或板材，再经粗磨（细磨）、抛光、打蜡等工序，就可加工成各种不同质感的高级装饰材料，一般用于宾馆的大厅或要求较高的卫生间，公共建筑的门厅、休息厅、营业厅等房间楼地面。

大理石板、花岗岩板一般为20～30mm厚，每块大小一般为300mm×300mm～600mm×600mm，其构造做法是：先在刚性平整的垫层上抹30mm厚1∶3干硬性水泥砂浆，然后在其上铺贴板、块，并用素水泥浆填缝，如图2-8所示。

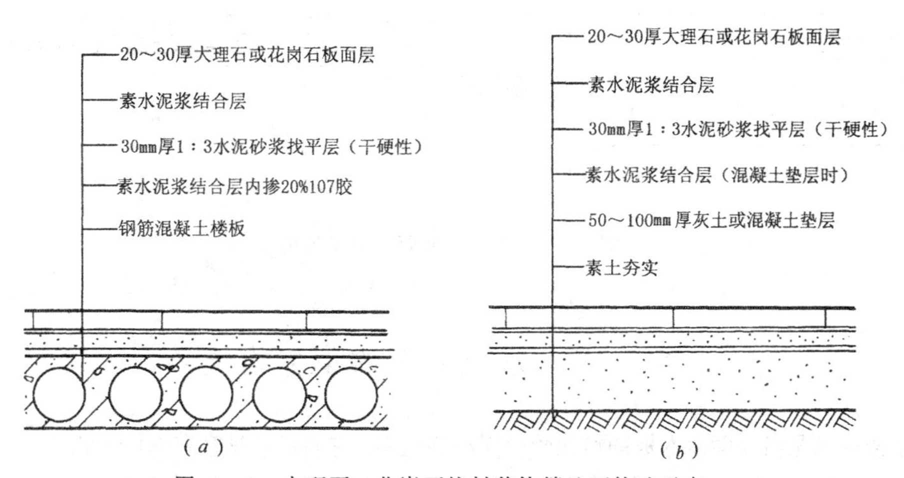

图 2-8 大理石、花岗石块材装饰楼地面构造示意

（*a*）楼面；（*b*）地面

（四）碎拼大理石楼地面

碎拼大理石楼地面是现浇水磨石楼地面和大理石相结合的施工，碎拼大理石面层是利用色泽鲜艳、品种繁多的大理石碎块，无规则地拼接起来，这种地面具有别具一格、清新雅致的特点。它采用经挑选过的不规则碎块大理石，铺贴在水泥砂浆结合层上，并在碎拼大理石面层的缝隙中，铺抹水泥砂浆或石碴浆，经磨平、磨光，成为整体的地面面层。通常做法为：先做基层处理，洒水湿润基层，在基层上抹 1∶3 水泥砂浆找平层，厚度为 20～30mm，在找平层上刷一遍素水泥浆，用 1∶2 水泥砂浆铺贴碎大理石标筋，间距为 1.5m，然后铺碎大理石块。缝隙可用同色水泥色浆嵌拌做成平缝；也可以嵌入彩色水泥石碴浆，如图 2-9 所示。大理石铺砌后，表面应粘贴纸张或覆盖麻袋加以保护，待结合层水泥强度达到 60%～70%后，方可进行细磨和打蜡。

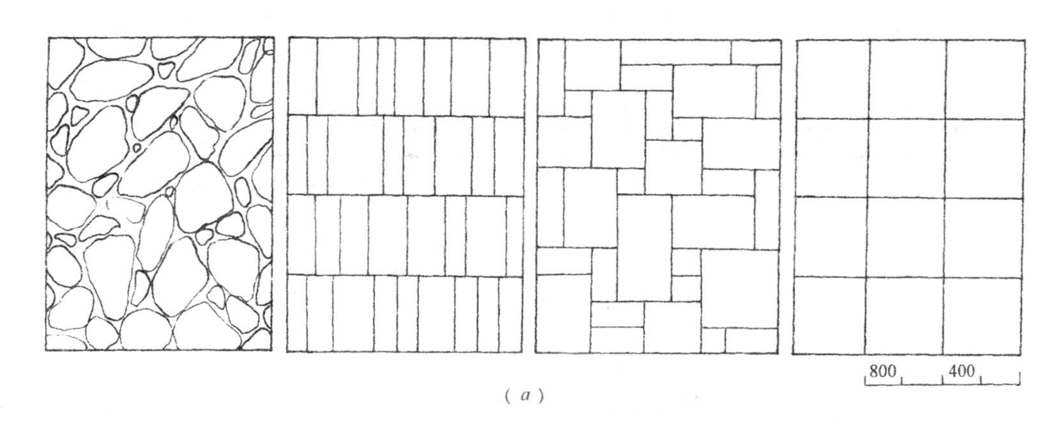

（a）

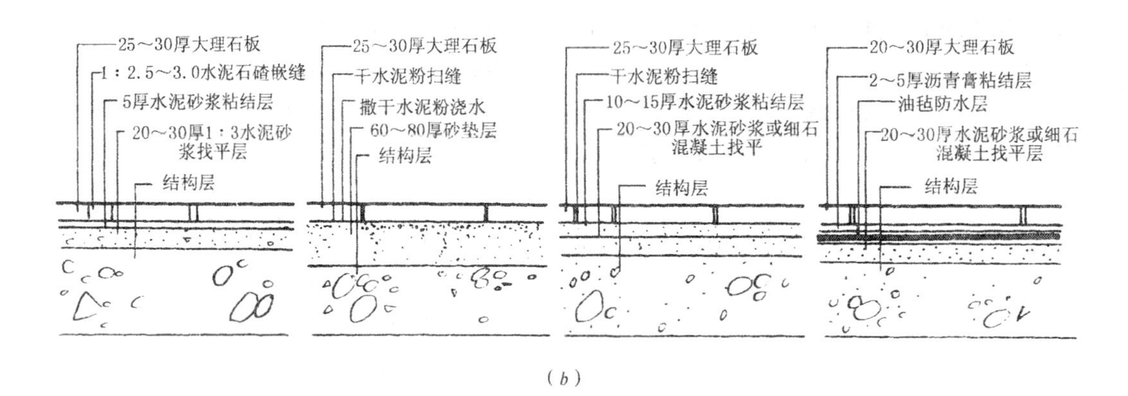

（b）

图 2-9　大理石地面的砌式与构造

（a）砌式；（b）构造

第 4 节　木楼地面的装饰构造

木楼地面是指表面由木板铺钉或胶合而成的地面。它的优点是富有弹性、耐磨、不起灰、易清洁、不泛潮、纹理及色泽自然美观，蓄热系数小。但也存在耐火性差，潮湿环境下易腐朽、易产生裂缝和翘曲变形等缺点。木楼地面常用于高级住宅、宾馆、剧院舞台等室内装饰。

一、木楼地面的类型

（一）根据面层材料的材质不同分类

根据材质不同，木楼地面可分为普通纯木地板、复合木地板、软木地板。

1. 普通纯木地板

普通纯木地板可分为条形地板、拼花地板。常用普通条形地板多选用优质松木加工而成，不易腐朽、开裂和变形，耐磨性尚好，但装饰效果一般。普通拼花地板多选用水曲柳、柞木、枫木、柚木、榆木、樱桃木、核桃木等硬质树种加工而成，其耐磨性好，纹理优美清晰，有光泽，经过处理后，耐腐性尚好，开裂和变形可得到一定控制。

拼装地板可以在现场拼装，也可以在工厂预制成 200mm×200mm～400mm×400mm 的板材，然后运到工地进行铺钉，拼花形式可参见图 2-10。拼板应选择耐久、防腐的胶水粘贴。

图 2-10 硬木拼花形式

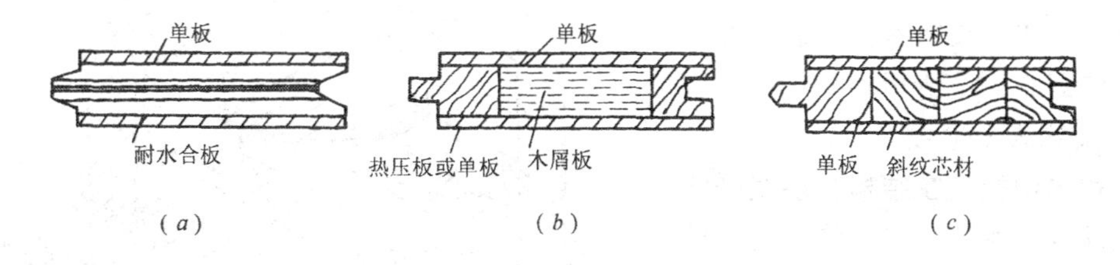

图 2-11 复合木地板结构构造示意

(a) 合板芯；(b) 木屑板芯；(c) 斜纹板芯

2. 复合木地板

复合木地板是一种两面贴上单层面板的复合构造的木板，如图 2-11 所示。

复合木地板克服了普通纯木地板易腐朽、开裂和变形的缺点，装饰效果多样，耐磨性较好，纹理优美清晰。这种地板由树脂加强，又是热压成型，因此质轻高强，收缩性小，克服了木材易于开裂、翘曲等缺点，且保持了木地板的其他特性。同时取材广泛，各种软硬木材的下脚料都可利用，成本低。

3. 软木地板

软木地板与普通纯木地板相比，具有更好的保温性、柔软性与吸声性，其吸水率接近于零，防滑效果好，但造价较高，产地较少，产量亦不高，目前国内市场上的优质软木地板主要依靠进口。

（二）按照结构构造形式不同分类

木楼地面按照结构构造形式不同，可分为三种形式：即粘贴式木地板、架空式木地板和实铺式木地板。

1. 粘贴式木地板

这种木地板是在钢筋混凝土结构层（楼层）上，或底层地面的素混凝土结构层上，做好找平层。然后用粘结材料将木板直接粘贴上，如图 2-12 所示，这是木地板施工中最简便实用的构造做法。不但省去了木龙骨，降低了造价，又提高了工效，同时还可减少木地板所占空间高度。

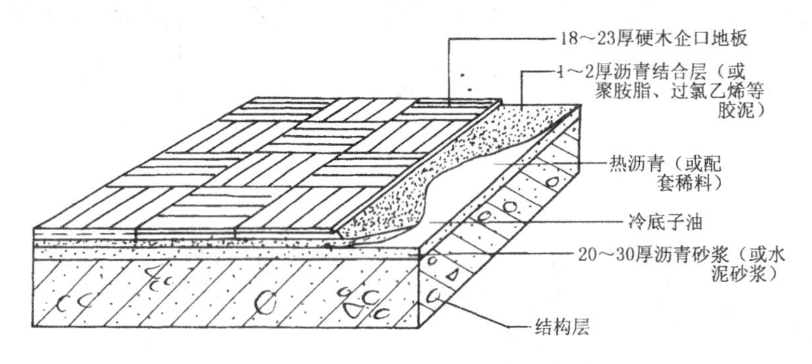

图 2-12 粘贴式木地板构造组成示意

2. 架空式木地板

这种木地板是传统上多为采用的空铺木地板的构造形式，其突出优点是使木地板富有弹性，脚感舒适，隔声和防潮，地板面距建筑地面高度是通过地垄墙、砖墩或钢木支架的支撑来实现，如图 2-13 所示。

3. 实铺式木地板

这种木地板是在结构基层找平的基础上固定木搁栅，然后将木地板铺钉在木搁栅上，如图 2-14 所示。实铺木地板可以单层铺钉或双层铺钉。由于这种做法具有架空式木地板的大部分优点，所以实际工程中应用较多。

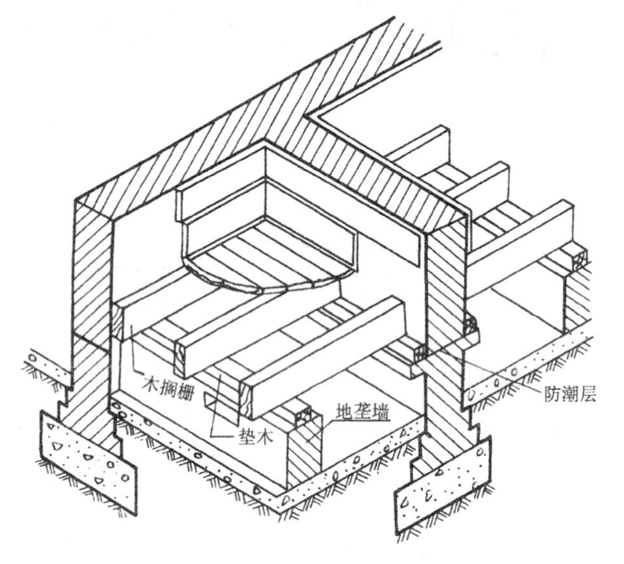

图 2-13 架空式木地板

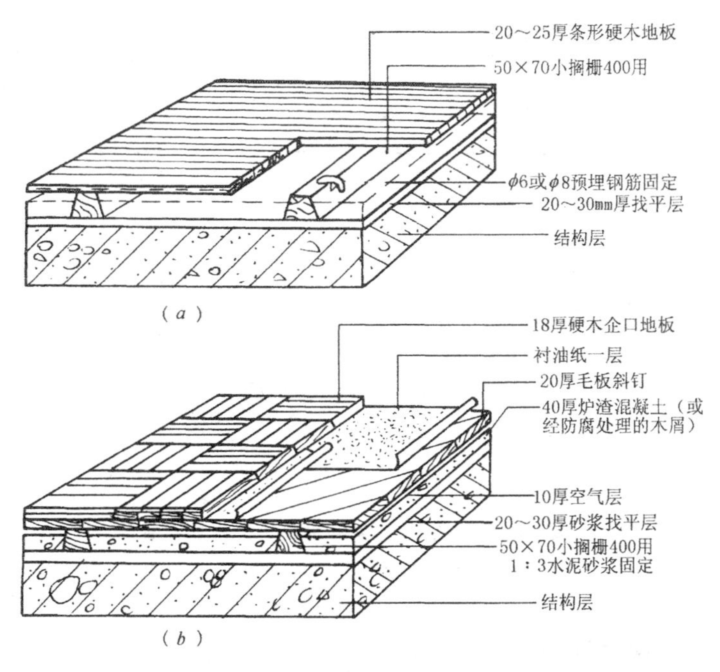

图 2-14 实铺式木地面构造

（a）单层；（b）双层

二、木楼地面的构造层次

木楼地面的构造层次是由面层和基层组成的。

（一）面层

面层是木楼地面直接承受磨损的部位，也是室内装饰的重要组成部分。因而要求面层材料的耐磨性好，纹理优美清晰，有光泽，不易腐朽、开裂和变形，并利用板块形状，通过不同的组合，创造出多种多样的拼板图案。

（二）基层

基层是承托和固定面层的结构构造层。基层可分为水泥砂浆（或混凝土）基层和木基层。水泥砂浆（或混凝土）基层，一般多用于粘贴式木地面。木基层有架空式和实铺式两种。由木搁栅、剪刀撑、垫木、压檐木和毛地板等部分组成。木基层一般选用松木和杉木作为用料。

三、木楼地面的构造做法

（一）粘贴式木楼地面

粘贴式木楼地面通常做法：先在钢筋混凝土结构层上或底层地面的素混凝土结构层上用 15mm 厚 1∶3 水泥砂浆找平，上面刷冷底子油一道，然后做 5mm 厚沥青玛琋脂（或其他胶粘剂），最后粘贴木地板。常用木地板为拼花小木块板。长度不大于 450mm，构造做法如图 2-15 所示。如果是软木地面，粘贴时应采用专业胶粘剂，做法与木地板面层粘贴固定相似。高级地面可先铺钉一层夹板，再粘贴软木面层。

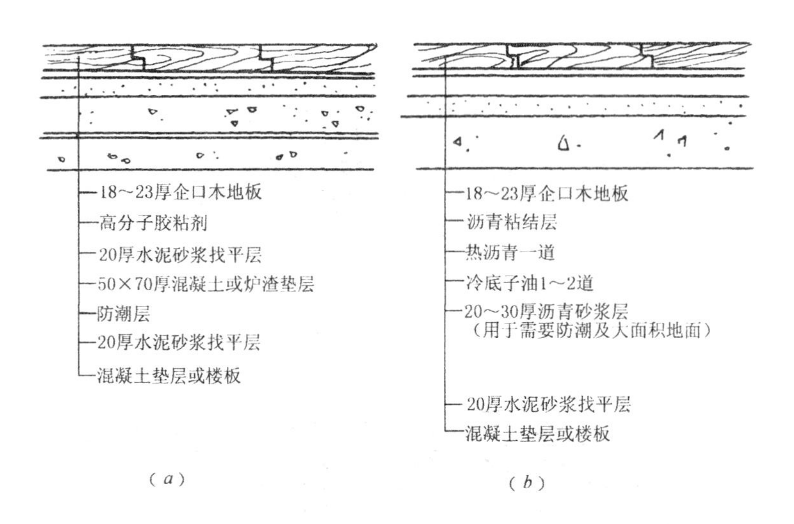

图 2-15 粘贴式实木地板固定构造示意

(a) 高分子胶粘贴；(b) 沥青粘贴

（二）架空式木楼地面

架空式木楼地面主要用于舞台地面，为满足使用的要求，通常通过地垄墙或砖墩的支撑，使木地面达到设计要求的标高。另外，在建筑的首层为减少回填土方量或者由于管道设备的架设和维修，需要有一定的敷设空间时，通常也可考虑采用架空式木地面。

架空式木楼地面是由木搁栅、剪刀撑和木面板等组成。房屋建筑底层房间的木地板，其木搁栅一般是搁置于基础墙上，并在木搁栅上放通长的沿椽木。当木搁栅跨度较大时，在房屋的中间加设地垄墙或砖墩，地垄墙或砖墩顶部加铺油毡及垫木，将木搁栅架置在垫木上，以减小木搁栅的跨度，并相应减小木搁栅的断面。垫木的厚度一般为50mm。垫木与地垄墙的连接，通常采用以8号铅丝绑扎的方法，铅丝应预先埋设在砖砌体之中。在大多数情况下，垫木应分段直接铺设在搁栅之下，也可沿地垄墙通长布置。另外，垫木也可用混凝土垫板代替，方法是在地垄墙（或砖墩）上部现浇一道混凝土压顶，并在这一层混凝土内预埋"Ω"形铁件（或8号铅丝）。木搁栅上铺设企口木板。

当基础墙或地垄墙间距大于2m，在木搁栅之间应加设剪刀撑，剪刀撑断面多用38mm×50mm或50mm×50mm。这种木地板应采取通风措施，以防止木材腐朽，做法是设置通风孔洞，一般是将通风洞设在地垄墙上及外墙上，使架空层内保持空气对流，地垄墙上应在砌筑时留120mm×120mm的孔洞，外墙应每隔3～5m开设180mm×180mm的孔洞，外墙洞口加封铁丝网罩，如果该架空层内敷设管道设备，需做维修空间时，还要考虑预留过人孔。同时，为了防潮，其木搁栅、沿椽木、垫木及地板底面，均涂刷焦油沥青两道或防潮涂料。楼层房间内的木地板，其木搁栅两端搁置在墙内沿椽木上，搁栅之间设剪刀撑，在搁栅上铺设企口板。

架空木地板面层可做成单层或双层。单层架空木地板的构造是：在预先固定好的梯形截面小搁栅上钉20～30mm厚硬木长条企口板，板宽一般为70mm。双层架空木地板的构造是：在预先固定好的梯形截面小搁栅上铺一层毛板，毛板可用柏木或松木，20～25mm厚。在毛板上铺油毡或油纸一层，最后上面再铺钉20mm厚硬木长条企口板或拼花地板，板宽一般为 50～70mm。在铺设木地板面层时应注意两点：

1. 毛地板的铺放方向

毛地板的铺设方向与面层地板的形式及铺设方法有关。当面层采用条形木板或硬木拼花地板的席纹方式铺设时，毛地板宜斜向铺设，与木搁栅的角度一般为 30°或 45°，当面层采用硬木拼花地板且人字纹图案时，则毛地板与木搁栅成 90°垂直铺设。铺贴结构如图 2-16所示。

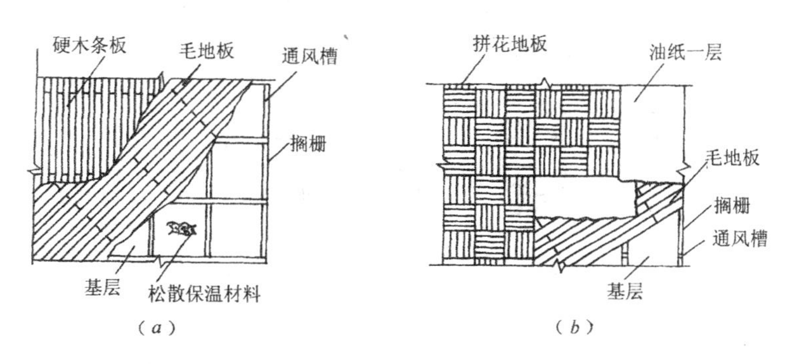

图 2-16 硬木条板及硬木拼花地板的铺贴结构
(a) 硬木条板；(b) 硬木拼花地板

2. 板与板之间的拼缝

板与板的拼缝有企口缝、销板缝、压口缝、平缝、截口缝和斜企口缝等形式。为了防止地板翘曲，在铺钉时应于板底刨一凹槽，并尽量使向心材的一面向下，如图 2-17 所示。

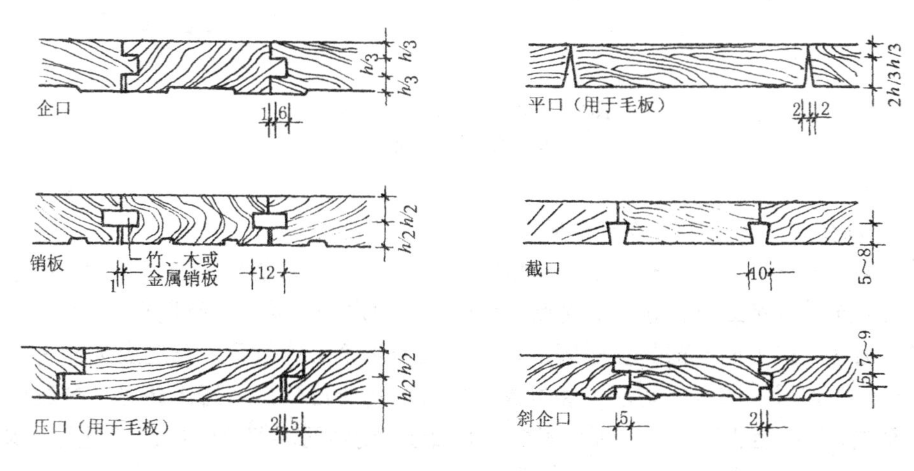

图 2-17 板面拼缝形式

（三）实铺式木楼地面

实铺式木楼地面是直接在实体上铺设的地面，这种地面不设地垄墙或砖墩及剪刀撑等，只设木搁栅。由于木搁栅直接放在结构层上，所以搁栅截面小，一般为 50mm×50mm，中距一般为 400mm。搁栅可借预埋在结构层内的 U 形铁件嵌固或用镀锌铁丝扎牢。有时为提高地板弹性质量，可做纵横两层搁栅，搁栅下面可以放入垫木，以调整不平坦的情况。为了防止木材受潮而产生膨胀，须在结构找平层上涂刷冷底子油和热沥青各一道。同时为保证搁栅层通风干燥，通常在木地板与墙面之间留有10～20mm的空隙，踢脚板或木地板上，也可设通风洞或通风箅子，如图2-18所示。

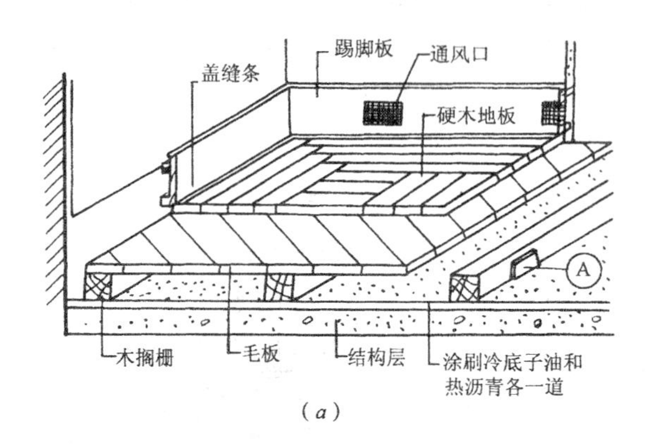

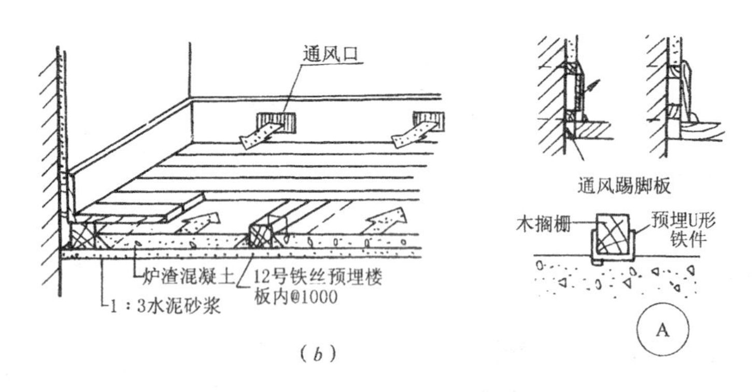

图 2-18 实铺式木地面通风

(*a*) 双层木地面；(*b*) 单层木地面

（四）新型复合强化木地板的铺装

近年来，一种来自欧洲的新型复合地板（金刚板），以其优异的使用特性、理想的装饰效果、快捷方便的施工安装等突出优点，受到广大用户的青睐。这类地板一般由四层组成：第一层为透明人造金刚砂的超强耐磨层；第二层为木纹装饰纸层；第三层为高密度纤维板的基材层；第四层为防水平衡层。经过高性能合成树脂浸渍后，再经高温、高压压制，四边开榫而成。这种地板精度高，特别耐磨，阻燃性、耐沾污性好，而且在感观上及保温、隔热等方面可与实木地板媲美。

复合强化木地板的规格一般为8mm×190mm×1200mm。复合强化木地板只能悬浮铺装，不能将地板粘固或者钉在地面上。铺装前需要铺设一层防潮层作为垫层，例如聚乙烯薄膜等材料。被铺装的地面必须保持平直，在1m的距离内高差不应超过3mm。在对接口施胶（复合地板专用的防水胶）时必须保持从上方溢出，且榫槽结合密封，保证不让水分从地面浸入。为保证地板在不同湿度条件下有足够的膨胀空间而不致于凸起，地板与墙面、立柱、家具等固定物体之间的距离必须保证大于或等于10mm。如果跨度超过10m，应加过渡压条，而这些空隙可使用专用踢脚板或装饰压条加以掩盖。

第5节　人造软质制品楼地面的装饰构造

人造软质制品楼地面是指以地面覆盖材料所形成的楼地面。常见的人造软质制品，主要有油地毡、橡胶制品、塑料制品及地毯等几类。由于制品成型的不同，人造软质制品，可分为块材和卷材两种。块材可以拼成各种图案，施工灵活，修补简单；卷材施工繁重，修理不便，适用于跑道、过道等连续的长场地。这些材料自重轻、柔软、耐磨、耐腐蚀，而且美观。

一、油地毡楼地面

油地毡，是在帆布或麻织物上涂抹特制胶状涂料做成的。由植物油、树脂，再加适量的填料、颜料及催化剂混合加热胶化。这种地面饰面具有一定弹性和韧性，耐热、耐磨、光面不滑。呈红棕色的宽窄幅卷材或大小块材，可做成各种图案，用于居住建筑和公共建筑，如医院、实验室等。

油地毡的厚度一般为2～3mm。它的铺贴方法非常简单，若是采用卷材一般为钉结，不用胶粘剂，块材则应用胶粘剂粘贴。

二、橡胶地毡楼地面

橡胶地毡，是指在天然橡胶或合成橡胶中掺入适量的填充料，加工而成的地面覆盖材料。这种楼地面具有较好的弹性、保温、隔撞击声、耐磨、防滑和不带电等性能，适用于展览馆、疗养院等公共建筑；也适用于车间、实验室的绝缘地面及游泳池边、运动场等防滑地面。

橡胶地毡表面有平滑和带肋之分，厚度为4～6mm，它与基层的固定一般用胶结材料粘贴的方法粘贴在水泥砂浆基层上。

三、塑料地板楼地面

塑料地板楼地面是指用聚氯乙烯树脂塑料地板作为饰面材料铺贴的楼地面。

塑料地板与石材、陶瓷地面相比，具有脚感舒适、噪声较小和防滑耐腐蚀等优点。与地毯相比，又具有不易沾灰、易于清洗、吸水性较小和绝缘性能好等优点。此外，塑料地板易于铺贴，价格相对较低，因而广泛用于住宅、旅店客房及办公场所，但不适宜人流较密集的公共场所。

1. 塑料地板的种类

塑料地板的种类很多，从不同角度可划分为不同类型。按结构可分为单层塑料地板、双层复合塑料地板、多层复合塑料地板。按材料性质可分为硬质塑料地板、软质塑料地板、半硬质塑料地板。按树脂性质，可分为聚氯乙烯塑料地板、氯乙烯-醋酸乙烯塑料地板和聚丙烯地板。按产品形状分为块状塑料地板和卷状塑料地板。按生产工艺分为热压法、压延法、注射法。我国绝大部分地区采用热压法。

我国现在主要生产单层、半硬质塑料地板。半硬质塑料地板厚2mm左右，可用胶粘剂粘贴在基层上，半硬质聚氯乙烯石棉塑料地板厚1.6～2mm，也可粘贴于水泥地面、木地面上。

2. 塑料地板楼地面的构造

塑料地板的铺贴有两种方式，即直接铺设与胶贴铺贴。

直接铺设，适用在人流量小及潮湿房间的地面铺设。大面积塑料卷材要求定位截切，足尺铺贴。同时应注意在铺设前 3～6 天进行截边，并留有 0.5%的余量。对不同的基层采取一些相应的措施。例如，在金属基层上，应加设橡胶垫层；在首层地坪上，则应加做防潮层。

胶粘铺贴，主要适用于半硬质塑料地板。胶粘铺贴采用粘贴剂与基层固定，胶结剂可使用氯丁胶、白胶、白胶泥（白胶与水泥配合比为 1∶2～1∶3）、醛水泥胶、8123 胶、404 胶等。当有其他固定方法可以适用时，设计中应尽量考虑不采用粘贴式，因为粘贴式封闭了地面潮气，容易导致卷材的局部破损。

塑料地板无论采用哪种方式，在铺贴前都应先处理基层，一般基层多为水泥地面。要求干燥、平整、无凸起凹陷。这是保证整个铺贴施工质量优劣的基础。对基层的要求是：平整、密实，有足够的强度，各阴阳角必须方正，无污垢灰尘和砂粒（砂粒可将地板顶起一个突点，局部受力而变白），基层干燥。图 2-19 为塑料块材地板楼地面构造示意图。

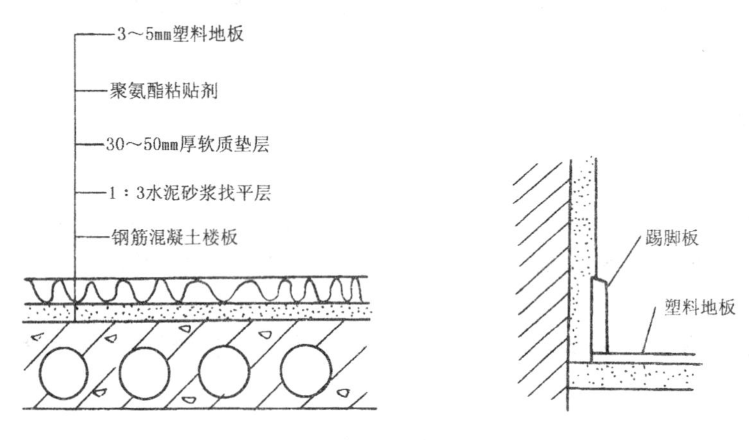

图 2-19 塑料地板楼地面构造示意

四、地毯楼地面

地毯是一种高级地面装饰材料。它分为纯毛地毯和化纤地毯两类。纯毛地毯柔软、温暖、舒适、豪华、富有弹性，但价格昂贵，易虫蛀霉变。化纤地毯经改性处理，可得到与纯毛地毯相近的耐老化、防污染等特性，价格较低，资源丰富，因此化纤地毯已成为较普及的地面铺装材料。再者化纤地毯颜色从鲜艳到淡雅；毯面从柔软到强韧；质感从羊绒到浮雕；使用从室内到室外，还可以做成人工草皮，都超过纯毛地毯的应用范围。

地毯铺设可分为满铺与局部铺设两种，如图 2-20 所示。铺设方式有固定式与不固定式之分。不固定式铺设是将地毯直接敷在地面上，不需要将地毯与基层固定。而固定式铺设是将地毯裁边，粘结拼缝成为整片，摊铺后四周与房间地面加以固定。固定方法又分为粘贴法与倒刺板固定法。由于不固定式铺贴简单，本书从略。主要讲固定式铺贴做法。

1. 粘贴式固定法

用胶粘剂粘结固定地毯，一般不放垫层，把胶刷在基层上，然后将地毯固定在基层上。

刷胶有满刷和局部刷两种，不常走动的房间多采用局部刷胶。在公共场所，由于人活动的

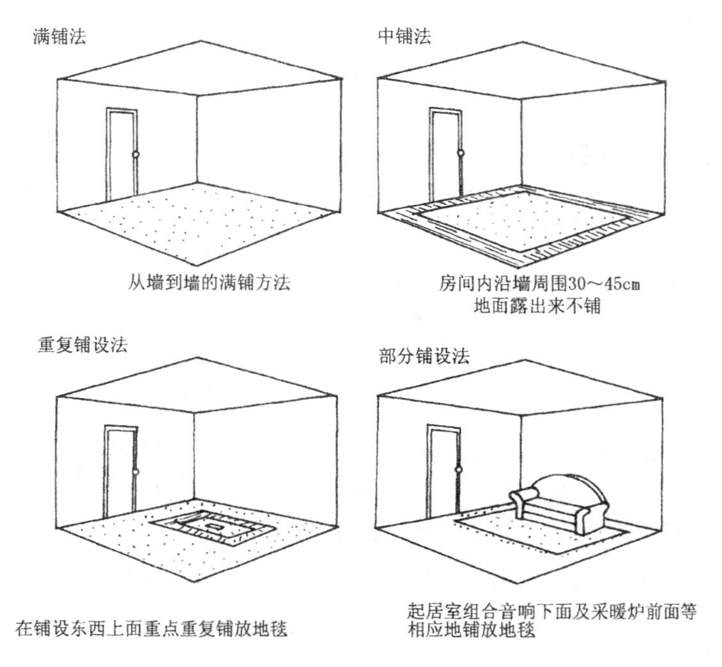

图 2-20　地毯的铺设形式

频繁，所用的地毯磨损较大，应采用满刷胶。

当用胶粘固定地毯时，地毯一般要具有较密实的基底层，常见的基底层是在绒毛的底部粘上一层 2mm 左右的胶，有的采用橡胶，有的采用塑胶，有的则使用泡沫胶层，不同的胶底层，对耐磨性影响较大。有些重度级的专业地毯，胶的厚度为 4～6mm，而且在胶的下面再贴一层薄毡片。

2. 倒刺板固定法

倒刺板一般可以用 4～6mm 厚、24～25mm 宽的三夹板条或五夹板条制作，板上平行地钉两行斜铁钉。一般宜使钉子按同一方向与板面成 60°或 75°角，如图 2-21 所示。

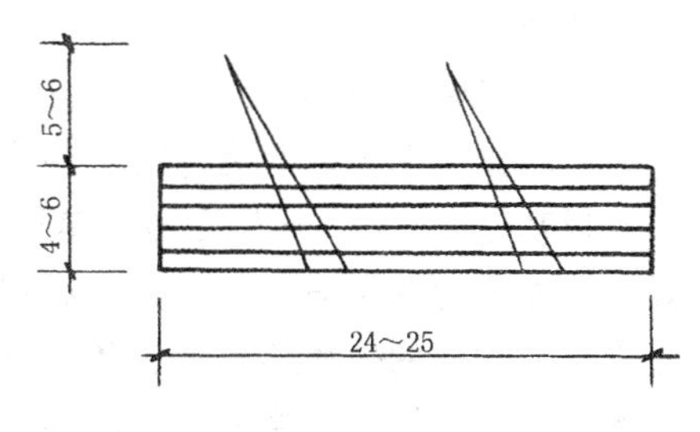

图 2-21　倒刺板加工示意

倒刺板固定板条也可采用市售的产品。目前市售的多为“L”形铝合金倒刺、收口条，如图 2-22 所

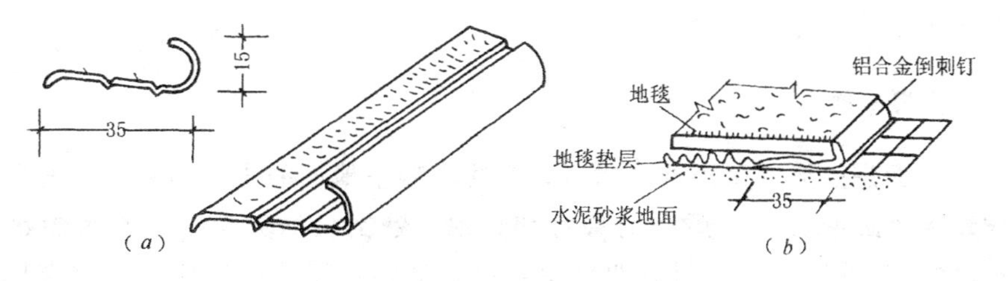

图 2-22　地毯收口固定示意

(a) 铝合金“L”形倒刺收口条；(b) 固定地毯示意

示。这种铝合金倒刺收口条兼具倒刺收口双重作用，既可用于固定地毯，也可用在两种不同材质的地面相接的部位或是在室内地面有高差的部位起收口的作用。

使用倒刺板固定地毯的做法是：首先将要铺设房间的基层清理干净，然后沿踢脚板的边缘用高强水泥钉将倒刺板钉在基层上，间距 40cm 左右。倒刺板要离开踢脚板 8～10mm，便于榔头砸钉子。当地毯完全铺好后，用剪刀裁去墙边多出部分，再用扁铲将地毯边缘塞入踢脚板下预留的空隙中，如图 2-23 所示。

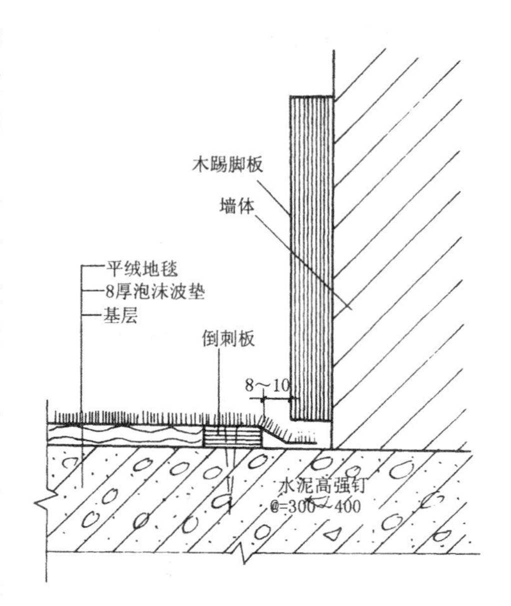

图 2-23 倒刺板、踢脚板与地毯的固定

采用倒刺板固定地毯，一般放波垫，波垫用胶粘到基层，用 107 胶或白乳胶均可。将波垫固定，垫层不要压住倒刺板条，应离开倒刺板 10mm 左右，以防铺设地毯时影响倒刺板上的钉点对地毯地面的勾结。

第 6 节 特种楼地面构造

一、防水楼地面

建筑中的某些房间，如盥洗室、厕所、浴室、厨房等，其使用功能决定了地面必须做防水处理。

防水地面的做法有很多。常见的处理方法有两种：一种是以防水水泥砂浆做防水层的处理，即在水泥砂浆中混合防水剂或具有防水性能的水泥砂浆，然后将防水水泥砂浆铺设在楼板基层上。另一种是在地面基层上粘贴铺设油毡或 PVC 等卷材防水层，并灌注轻质混凝土，以压持并保护防水层，然后在上面再做地面面层。这时不要忘记排水坡度及排水口的设计。类似的做法还有塑胶防水层，沥青也可用作室内地面防水层。施工时应保证底层干燥，充分清扫之后涂上沥青底油，并在其上加设轻质混凝土保护层。

另外，为防止水沿房间四周浸入墙身，应将防水层沿房间四周墙壁上卷埋入墙面构造层内，上卷高度不少于 100～150mm，但浴室内应上卷至墙裙或顶棚为止。

防水楼地面构造如图 2-24 所示。

二、发光楼地面

发光楼地面是指地面采用透光材料，光线由架空地面的内部向室内空间透射的一类地面。发光楼地面主要用于舞厅的舞台和舞池，歌剧院的舞台，大型高档建筑的局部重点处理地面。常用的透光材料有双层中空钢化玻璃、双层中空彩绘钢化玻璃、玻璃钢等。

发光楼地面的构造示意如图 2-25 所示。其构造做法大致分三步：

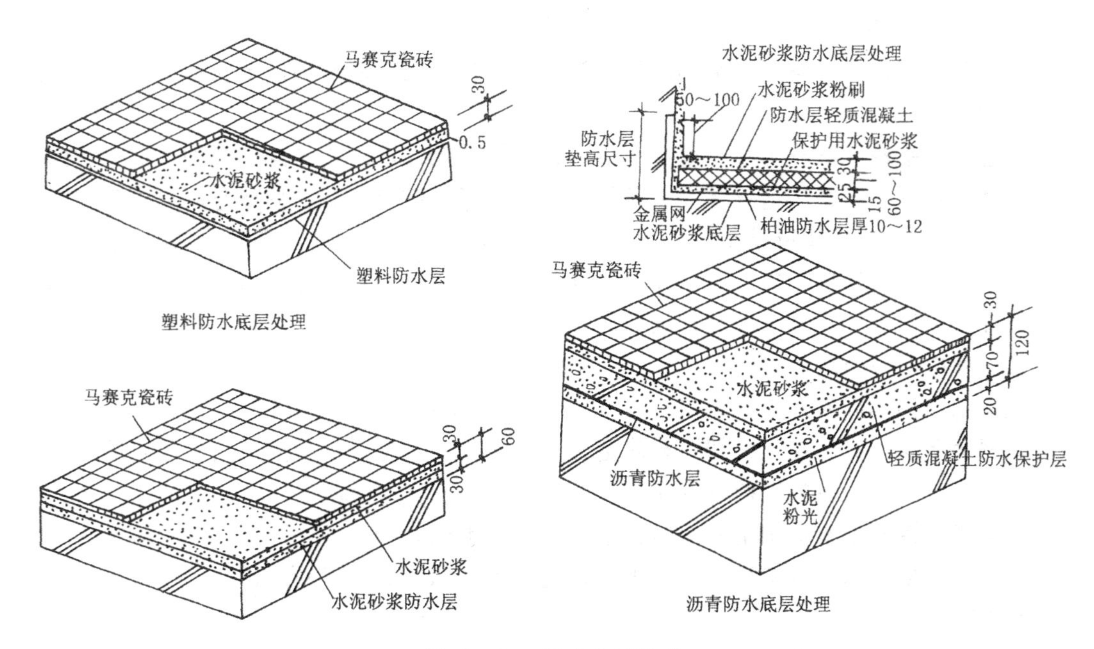

图 2-24 防水地面构造

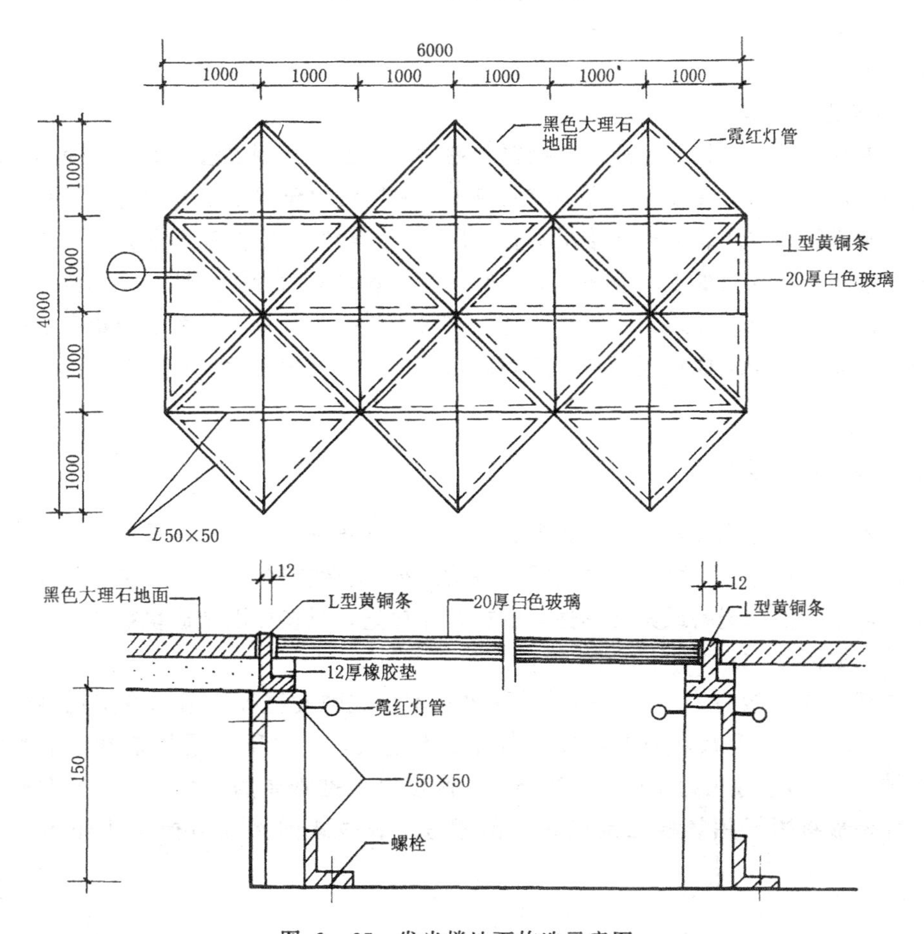

图 2-25 发光楼地面构造示意图

1. 设置架空基层

架空基层，包括架空支承结构、搁栅等几个部位。架空基层高度要保证光线能均匀投射到地面。

架空支承结构一般有砖墩、混凝土墩、钢结构支架或木结构支架等几种。前三种的耐火性能良好，宜尽量选用这三种支承结构。要预留通风散热孔洞，使架空层与外部之间有良好的通风条件。一般沿外墙应每隔 3～5m 开设 180mm×180mm 的孔洞，墙洞口加封铁丝网罩，或与通排风管道相连。由于架空层要敷设泛光灯具及管线等设备，因此，在使用空间条件许可的情况下，需考虑经常维修的空间，考虑预留进人孔。否则，只能通过设置活动面板来解决这一问题。

搁栅的作用是固定和承托面层。可采用木搁栅、型钢、T 型铝型材等。其断面尺寸的选择应根据地垄墙（或砖墙）的间距来确定。铺设找平后，将搁栅与支承结构固定即可，特别注意的是，木搁栅在施工前应预先进行防火处理。

砖支墩、混凝土支墩架空支承结构参见架空木地面。

钢结构支架、木结构支架架空支承结构构造示意如图 2 - 25 所示。

2. 安装灯具

地面内灯具应选用冷光源灯具，以免散发大量光热。灯具基座固定在楼盖基层上。灯具应避免与木构件直接接触，并采取相应隔绝措施，以免引发火灾事故。光珠灯带可直接敷设或嵌入地面。

3. 固定透光面板

透光面板与架空骨架固定连接有搁置与粘贴两种方法。搁置法节省室内使用空间，便于更换维修灯具线路，在实际工程中应用较多。粘贴法由于要设置专门的进人孔，架空层需考虑经常维修的空间。一般在楼层不宜采用，否则会影响室内使用空间。

发光楼地面在构造处理上应注意处理好透光材料之间的接缝处理及其他楼地面交接处的处理。前者处理方法可采用密封条嵌实，密封胶封缝。其目的是为了防止在使用过程中透光材料移动，防止地面灰尘、水渗入地面内部。后者处理可参见不同材质地面交接处的构造处理。

三、弹性木地板

弹性木地板因为弹性好，故在舞台、练功房、比赛场地等处广泛采用。

弹性木地板从构造上可分为衬垫式和弓式两种。衬垫式弹性木地面构造简单，可以选用橡皮、软木、泡沫塑料或其他弹性好的材料作衬垫。衬垫可以做成块状的，也可做成通长条形的，如图 2 - 26 所示。

弓式弹性木地板有木弓式、钢弓式两种。木弓式弹性地板是用木弓支托搁栅来增加搁栅弹性，搁栅上铺毛板、油纸，最后铺钉硬木地板。木弓下设通长垫木，垫木用螺栓固定在结构层上，木弓长约 1000～1300mm，高度可根据需要的弹性，通过试验确定。钢弓式弹性地板将搁栅用螺栓固定在特制的钢弓上。弓式弹性木地板构造如图 2 - 27 所示。

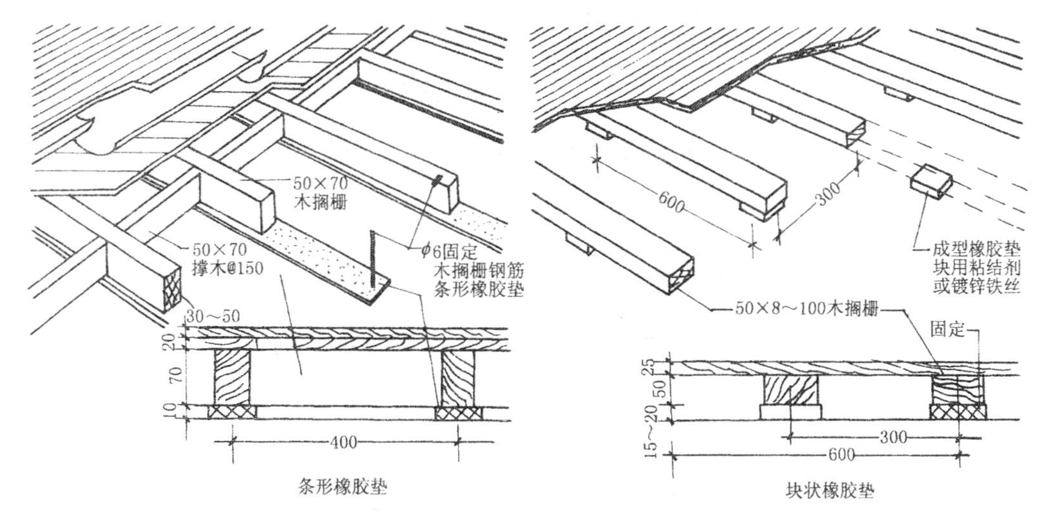

图 2-26 衬垫式弹性木地板构造示意

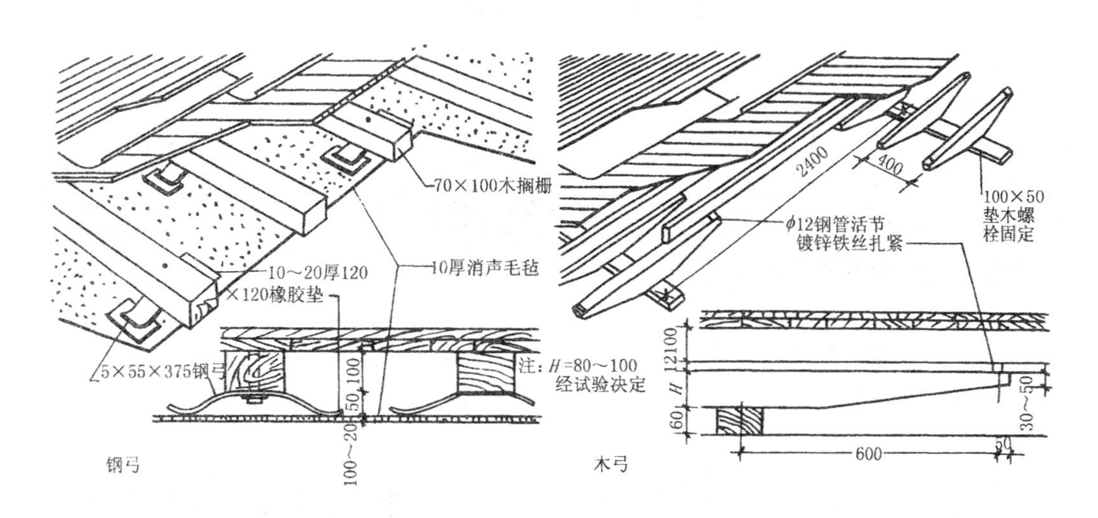

图 2-27 弓式弹性木地板构造示意图

四、活动夹层地板

活动夹层地板是一种新型的楼地面结构，是以各种装饰板材（如以特制刨花板为基材，表面覆以高压三聚氯胺优质装饰板）经高分子合成胶粘剂胶合而成的活动木地板、抗静电特性的铸铅活动地板和复合抗静电活动地板等，配以龙骨橡胶垫、橡胶条和可供调节的金属支架等组成，如图 2-28 所示。由于具有安装、调试、清理、维修简便，板下可敷设多条管道和各种管线，并可随意开启检查、迁移等优点，广泛用于计算机房、通讯中心、电化教室、展览馆、剧场、舞台等处。

活动夹层地板典型板材尺寸为 457mm×457mm，600mm×600mm，762mm×762mm。支架有联网式支架、全钢式支架两种，如图 2-29 所示。

安装活动地板时先将地面清理干净平整，按面板尺寸弹网格线，网络的交叉点上安放

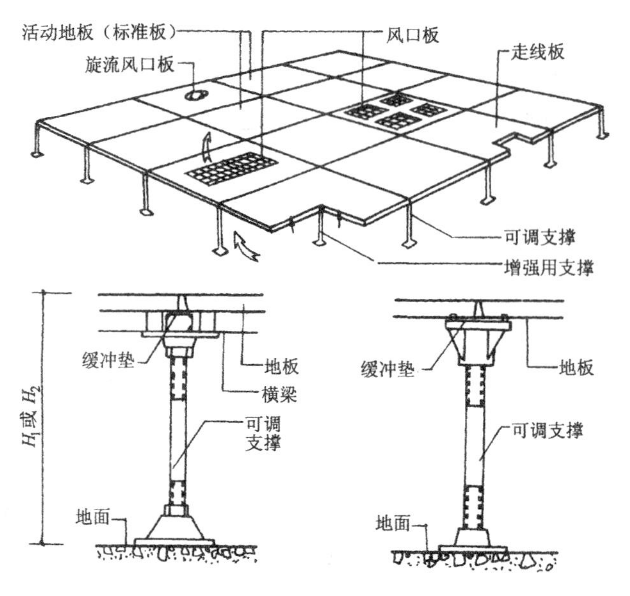

图 2-28 活动夹层地板组成

可调支架，架设桁条，调整水平度，摆放活动面板，调整缝隙，面板与墙面缝隙用泡沫塑料条填实。活动夹层地板的一般铺装构造，如图 2-30 所示。

由于活动地板有较高的架空层，故要注意以下几点：

(1) 活动地板应尽量与走廊内地面保持一致高度，以利于大

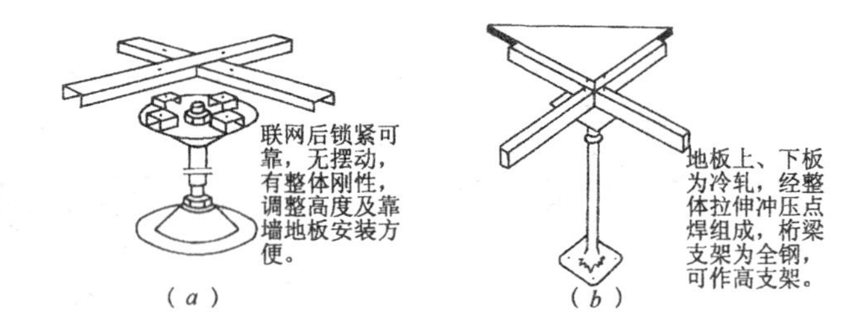

图 2-29 支架形式

(a) 联网式支架；(b) 全钢式支架

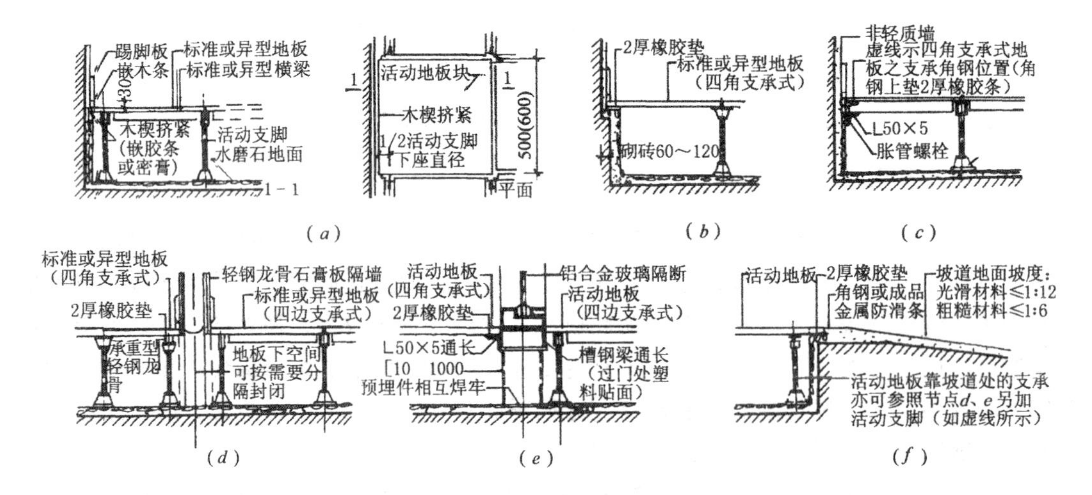

图 2-30 活动夹层地板的一般铺装构造

(a) 靠墙处处理方法 1；(b) 靠墙处处理方法 2；(c) 靠墙处处理方法 3；
(d) 石膏板隔墙处处理；(e) 玻璃隔断处处理；(f) 坡道处处理

型设备及人员进出；

（2）地板上有重物时，地板下部应加设支架；

（3）金属活动地板应有接地线，以防静电积聚和触电。

五、弹簧木地板地面

弹簧地板地面是由许多弹簧支承的整体式骨架地面。主要用于电话间和舞厅的舞池地面。该类地面应用于电话间是为了控制电路的并合，节省用电；应用于舞池地面，是为了增加地面的弹性，使跳舞者感到舒适。为使舞池地面在使用条件下整体起伏振动适度，弹簧的规格数量及分布必须根据舞池地面面积的大小和动荷载的大小来确定。

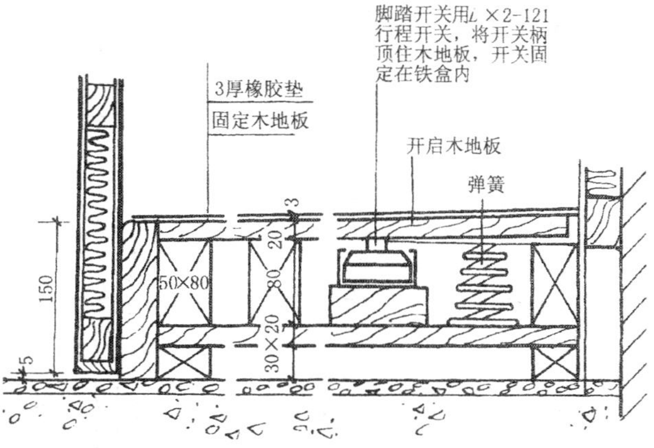

图 2-31 弹簧地板构造

弹簧地板主要由金属弹簧、钢架、厚木板、中密度板及饰面材料等几部分组成。图2-31为弹簧地板构造。

第7节 踢脚板的装饰构造

踢脚板是指楼地面与墙面交接处的构造处理。其作用不仅可以遮盖地面与墙面的接缝，增加室内美观，同时也可保护墙面根部及墙面清洁。踢脚板所用材料种类很多，一般与地面材料相同。如：水泥砂浆地面用水泥砂浆踢脚，石材地面用石材踢脚等，虽不是硬性规定，但实践经验证明是保证设计效果的较为稳妥的方法。踢脚板的高度一般为120～150mm。

踢脚板按构造形式分为三种：与墙面相平、凸出和凹进，如图2-32所示。踢脚板按材料和施工方式分为二种：粉刷类和铺贴类。

粉刷类地面，其踢脚做法与地面做法相同。当采用与墙面相平的构造方式时，为了与上部墙面区分，常做凹缝，凹缝宽度为10mm左右。粉刷类踢脚做法如图2-33所示。

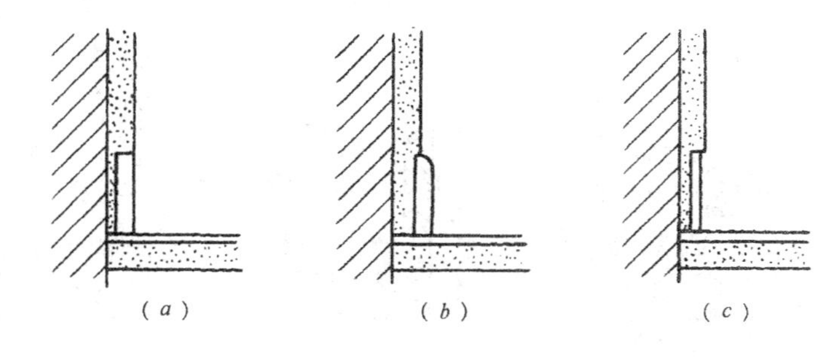

图 2-32 踢脚板的形式

(a) 相平；(b) 凸出；(c) 凹进

铺贴类地面踢脚因材料不同而有不同的处理方法。常见的预制水磨石踢脚、陶板踢脚、石板踢脚等做法相对简单，如图2-34所示。

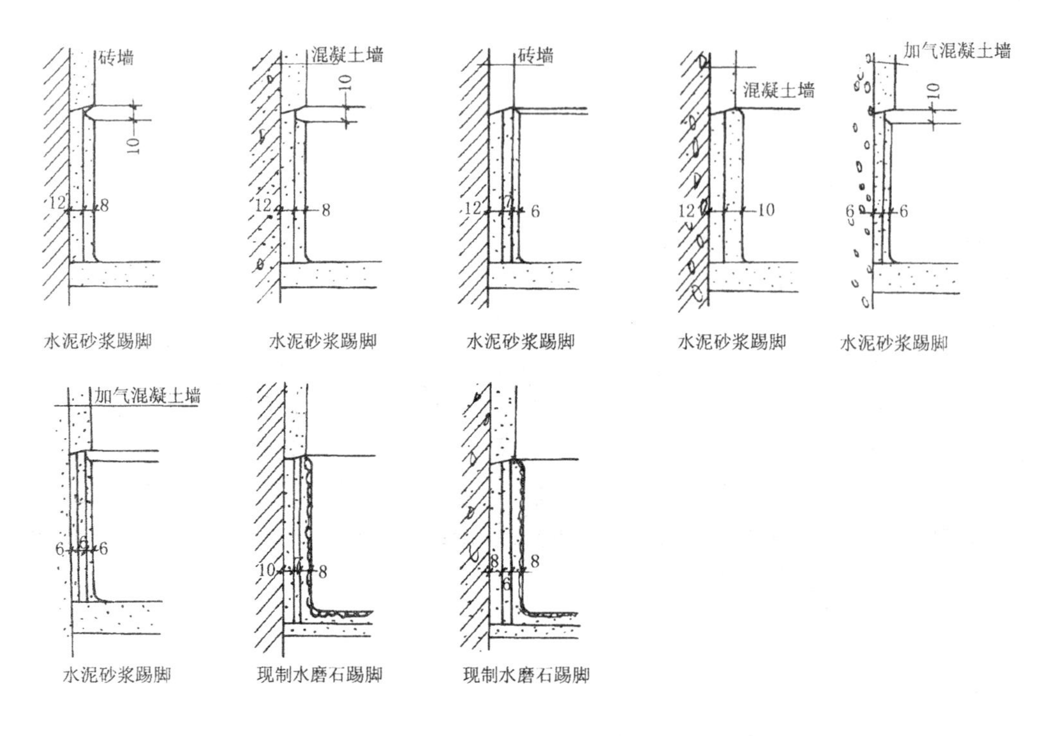

图 2-33 粉刷类踢脚做法

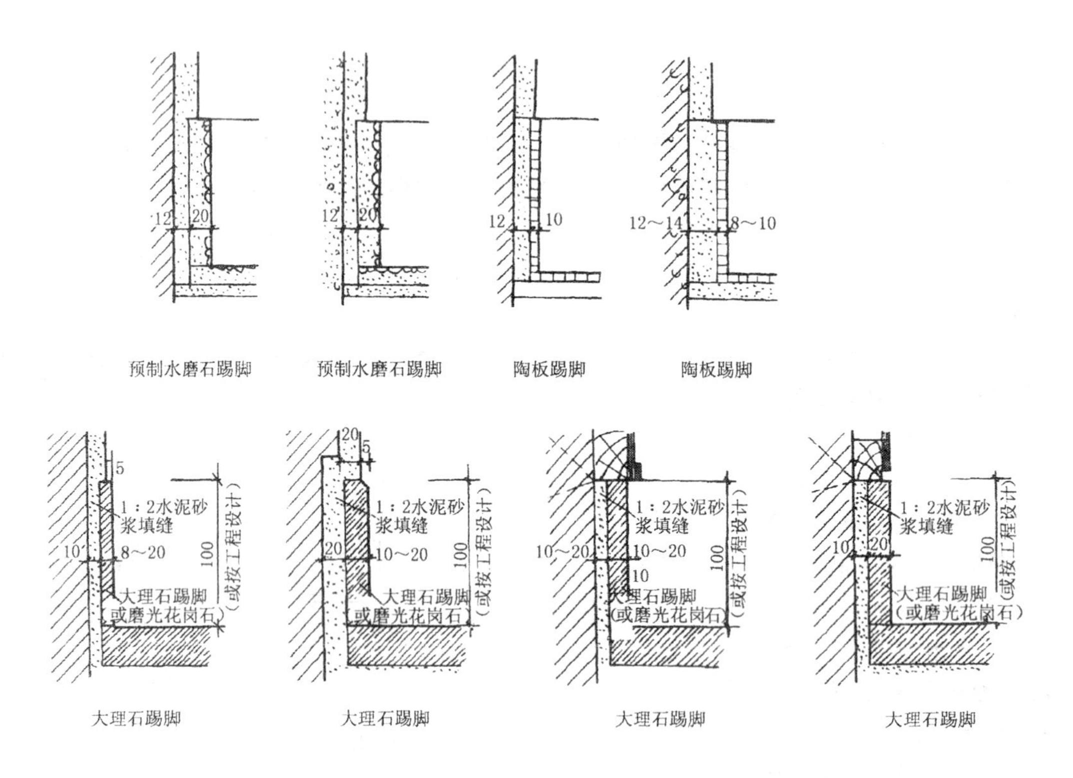

图 2-34 铺贴类踢脚做法

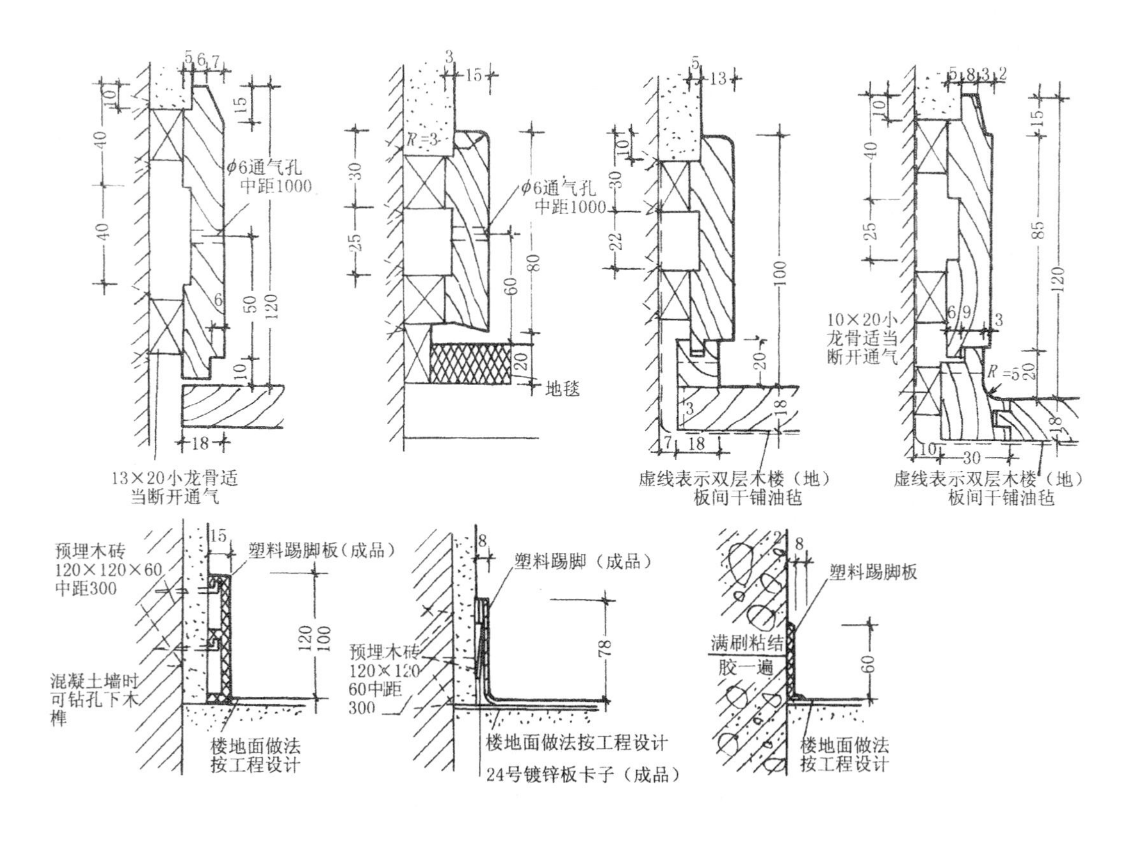

图 2-35 木质踢脚板与塑料踢脚板

木踢脚板和 PVC 塑料踢脚板做法较为复杂，多以墙体内预埋木砖来固定，PVC 塑料踢脚板还可以用胶粘剂粘贴。唯应注意的是踢脚板与地面的结合处，考虑到地板的伸缩及视觉效果，有多种处理方法，如图 2-35 所示。另外，木质踢脚为了避免受潮反翘而与上部墙面之间出现裂缝，应在靠近墙体一侧做凹口。

除此之外，踢脚板的形式也并非紧贴墙脚一种做法，如图 2-36 是车库内踢脚的做法。为了避免车体与墙面接触，踢脚做成凸出的斜面。

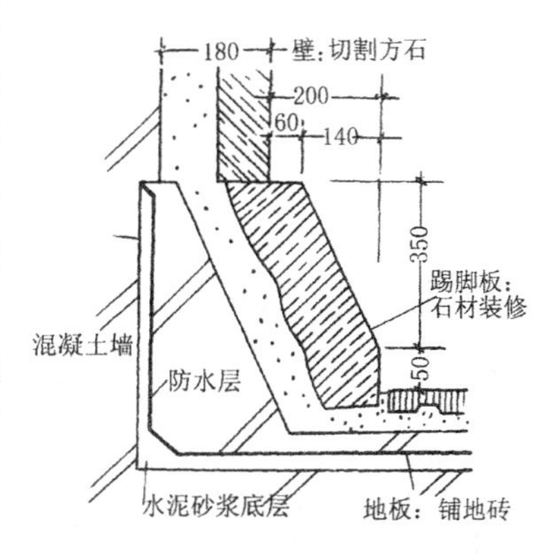

图 2-36 车库踢脚

复习思考题

1. 楼地面装饰有哪些功能作用？
2. 试画出楼地面的基本构造组成层次。
3. 什么是“美术水磨石”？
4. 现浇水磨石地面的构造要点及对所用材料有何要求？
5. 大理石为何不宜用于室外地面装饰？

6. 块材式地面有何构造特点？

7. 架空式木地面与实铺式木地面在构造上有何区别？

8. 固定式铺设地板时，为何要设置“倒刺板”？

9. 踢脚板有何作用？试画出几种常用踢脚板构造图。

第3章　墙面装饰构造

墙体装饰工程包括建筑物外墙饰面和内墙饰面两大部分。墙面是室内外空间的侧界面，是建筑和装修主要的立面设计部分。因此，墙体装饰构造处理得当与否对空间的环境气氛和美观影响很大。不同的墙面有不同的使用和装饰要求，应根据不同的使用和装饰要求选择相应的材料、构造方法和施工工艺，以达到设计的实用性、经济性、装饰性。

第1节　概　　述

一、墙体饰面的作用

（一）建筑外墙饰面的作用

1. 保护墙体

外墙是建筑物的重要组成部分。在建筑中，有的外墙不但要作为承重构件承担荷载，同时还要根据生产、生活的需要做成围护结构，达到遮风挡雨，保温隔热，防止噪声及保证安全等目的；有的外墙则只兼顾围护作用。外墙面由于直接接触外界，容易受到风、霜、雨、雪的直接侵袭和温度的剧烈变化以及腐蚀性气体和微生物的作用，使墙体耐久性受到严重的影响。外墙装饰工程在外保护墙体方面的功能与要求，根据不同的情况，是有所不同的。一般应包括：提高墙体的耐久性，弥补和改善墙体在功能方面的不足，不影响墙体材料正常功能的发挥三个方面。

2. 装饰立面

建筑物的外观效果，虽然主要取决于该建筑的总体效果，如建筑的体量、形式、比例、尺度、虚实对比等，但装饰所表现的质感、色彩、线型等也是构成总体效果的重要因素，采用不同的墙面材料有不同的构造，产生不同的使用和装饰效果。

3. 改善墙体的物理性能

墙体装饰除具有装饰、保护墙体的作用之外，还能改善墙体的物理性能。一是墙面经过装饰厚度加大，二是饰面层使用了一些有特殊性能的材料，从而提高了墙体保温、隔热、隔声等功能。如现代建筑中大量采用的吸热和热反射玻璃，能吸收或反射太阳辐射热能的50%～70%，从而可以大大节约能源，改善室内温度。

（二）建筑内墙饰面的作用

1. 保护墙体

建筑物的内墙饰面与外墙饰面一样，通常都有保护墙体的作用。内墙装饰虽然在室内，不会受到风、霜、雨、雪的侵袭，但室内的墙面在人们使用过程中，也会因各种因素受到影响。例如：浴室、厕所等处，室内相对湿度比较高，墙面会被溅湿或需用水洗刷，墙体会受潮，所以室内装饰材料的选用与构造也必须考虑保护墙体的作用。

2. 保证室内使用条件

室内墙面经过装饰，表面平整、光滑，不仅便于清扫和保持卫生，而且可以增加光线的反射，提高室内照度，保证人们在室内的正常工作和生活需要。

另外，当墙体本身热工性能不能满足使用要求时，可以在墙体内侧结合饰面做保温隔热处理，提高墙体的保温隔热能力。

内墙饰面的另一个重要作用是辅助墙体的声学功能，如反射声波、吸声、隔声等。如影剧院、音乐厅等公共建筑就是通过墙面、顶棚和地面上不同饰面材料所具有的反射声波及吸声的性能，达到控制混响时间、改善音质和改善使用环境的目的。另外，有一定厚度和质量的饰面层随墙体本身单位重量大小而异，可不同程度地提高隔墙隔声性能，避免声桥现象出现。

3. 美化装饰

建筑的内墙饰面在不同程度上起到装饰美化建筑内部环境的作用，但这种装饰美化应是对室内的家具、陈设等的陪衬，应与地面和顶棚的装饰效果相协调。由于人们有相当长的时间逗留在室内，与墙面的距离又非常近，甚至人体有可能与墙体接触。所以在选择室内墙面装饰材料时要特别注意质感、纹样、图案和色彩对人的生理状况和心理情绪的影响。另外，墙面上的一些特殊部位，如墙裙、窗帘盒、暖气罩、挂镜线等也要纳入整体设计之中，以取得统一效果。

二、墙体饰面分类

建筑的墙体饰面类型，按材料和施工方法的不同可分为抹灰类、贴面类、涂刷类、板材类、卷材类、罩面板类、清水墙面类、幕墙类等。其中卷材类应用于室内墙面，清水墙面类、幕墙类应用于室内外墙面，其他几类均可应用于室内、室外墙面。

本章主要介绍五种墙体饰面的有关构造问题，幕墙饰面将在第5章中介绍，涂刷类饰面由于构造简单，本书不予介绍。

第2节　抹灰类墙体饰面构造

抹灰类饰面是用各种加色的或不加色的水泥砂浆或石灰砂浆、混合砂浆、石膏砂浆、以及水泥石碴浆等做成的各种饰面抹灰层。这种做法的优点是材料来源广泛，取材较易，施工方便，技术要求低，造价较低，与墙体粘结力强，并具有一定厚度，对保护墙体、改善和弥补墙体材料在功能上的不足有明显的作用。这类做法存在不少缺点：多数为手工操作，工效低，湿作业量大，劳动强度高，砂浆年久易产生龟裂、粉化、剥落等现象。这类饰面属于中、低档装饰，可应用于室内外墙面。

一、抹灰类饰面的构造层次及类型

（一）抹灰类饰面的构造层次

为保证抹灰平整、牢固，避免龟裂、脱落，抹灰应分层进行，每层不宜太厚。各种抹灰层的厚度应视基层材料的性质、所选用的砂浆种类和抹灰质量的要求而定。抹灰类饰面一般应由底层、中间层、饰面层三部分组成，如图3-1所示。

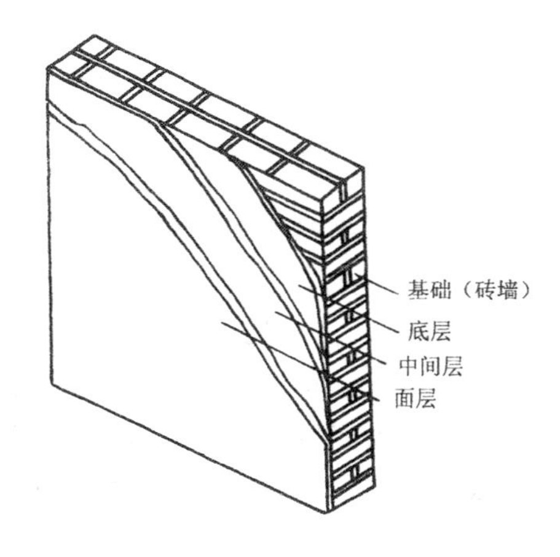

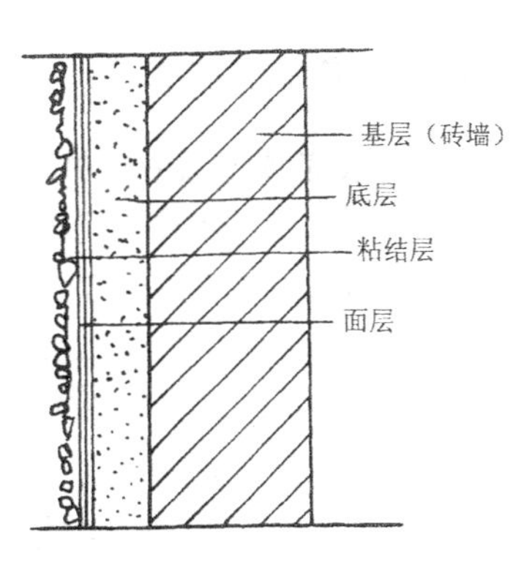

图 3-1 抹灰饰面构造层次示意

1. 抹灰底层

底层是对墙体基层的表面处理，其作用是保证饰面层与墙体连接牢固及饰面层的平整度。墙体基层的材料不同，底层处理的方法亦不相同。

（1）砖墙面的底层

砖墙面由于是手工砌筑，墙面灰缝中砂浆的饱和程度很难保证均匀，所以墙面一般比较粗糙，凹凸不平。这虽对墙体与底层抹灰间的粘接力有利，但若平整度相差过大，则对饰面不利。所以在做饰面之前，常用水泥砂浆或混合砂浆进行底层处理，厚度控制在 10mm 左右，配合比为 1∶1∶6 的水泥石灰砂浆是最普通的底层砂浆。

（2）轻质砌块墙体

由于轻质砌块的表面孔隙大，砌块的吸水性极强，所以抹灰砂浆中的水分极易被吸收，从而导致墙体与底层抹灰间的粘结力较低，而且易脱落。处理方法是先在整个墙面上涂刷一层 107 建筑胶封闭基层，再做底层抹灰。对于装饰要求较高的饰面，还应在墙面满钉 0.7mm 细径镀锌钢丝网（网格尺寸为 32mm×32mm），再做抹灰。

（3）混凝土墙体

混凝土墙体大多采用模板浇注而成，所以表面比较光滑，平整度也比较高，但是还有残留的脱模油，这将影响墙体与底层抹灰的连接，为保证二者之间有足够的粘结力，在做饰面之前，必须将基层进行特殊处理，处理方法有除油垢、凿毛、甩浆、划纹等。

2. 中间层

中间层是保证装饰质量的关键层，所起作用主要为找平与粘结，还可弥补底层砂浆的干缩裂缝，根据墙体平整度与饰面质量要求，可以一次抹成，也可以分多次抹成，用料一般与底层相同。

3. 饰面层

饰面层主要起装饰作用，要求表面平整、色彩均匀、无裂纹，可以做成光滑、粗糙等不同质感的表面。

（二）抹灰类饰面的类型

根据抹灰面层所用材料和施工方式的不同，抹灰类型常见的有一般饰面抹灰和装饰抹灰两种类型。

二、一般饰面抹灰构造

（一）一般饰面抹灰的种类、特点、适用范围

一般饰面抹灰系指采用石灰砂浆、混合砂浆、聚合物水泥砂浆、麻刀灰、纸筋灰等作建筑物墙体的面层抹灰和石膏浆罩面。按建筑标准及不同墙体，一般饰面抹灰可分为高级、中级、普通三种标准。高级抹灰由一层底层、数层中间层、一层面层构成，适用于大型公共建筑，纪念性建筑以及有特殊功能要求的高级建筑。中级抹灰由一层底层、一层中间层、一层面层构成，适用于一般住宅，公共和工业建筑，以及高级建筑物中的附属建筑。普通抹灰由一层底层，一层面层构成或不分层，一遍成活，适用于简易住宅，临时房屋及辅助用房。

（二）一般饰面抹灰的基本构造

1. 确定底层抹灰砂浆的种类及厚度

底层抹灰砂浆的种类及厚度是根据饰面使用功能要求来选定的，其厚度为5～15mm不等，有中层抹灰者取较小值，无中层抹灰者取较大值。底层抹灰砂浆可用石灰砂浆、水泥砂浆或水泥石灰砂浆。

2. 确定中间层抹灰厚度及遍数

中间层抹灰厚度及遍数视装饰等级及基层平整度来定，其厚度一般不超过10mm，中间层抹灰材料一般与底层相同。

3. 面层处理

为使面层表面平整，达到使用和美观要求，其厚度一般在10mm左右。所用材料为各种砂浆。

抹灰层的总厚度依位置不同而异。一般室外抹灰为20～25mm，室内抹灰为15～20mm。

在建筑的不同部位，使用不同的基层材料时，砂浆种类的选择及分层做法厚度的控制，可参见表3-1。

抹灰层厚度的控制及适用砂浆种类（mm）　　表3-1

项目		底层		中层		面层		总厚度
		砂浆种类	厚度	砂浆种类	厚度	砂浆种类	厚度	
内墙面	砖墙	石灰砂浆1:3	6	石灰砂浆1:3	10	纸筋灰浆、普通级做法一遍；中级做法二遍；高级做法三遍，最后一遍用滤浆灰。高级做法厚度为3.5	2.5	18.5
		混合砂浆1:1:6	6	混合砂浆1:1:6	10		2.5	18.5
	砖墙（高级）	水泥砂浆1:3	6	水泥砂浆1:3	10		2.5	18.5
	砖墙（防潮）	混合砂浆1:1:6	6	混合砂浆1:1:6	10		2.5	18.5
	混凝土	水泥砂浆1:3	6	水泥砂浆1:2.5	10		2.5	18.5
	加气混凝土	混合砂浆1:1:6	6	混合砂浆1:1:6	10		2.5	18.5
		石灰砂浆1:3	6	石灰砂浆1:3	10		2.5	18.5
	钢丝网板条	水泥纸筋砂浆1:3:4	8	水泥纸筋砂浆1:3:4	10		2.5	20.5
外墙面	砖墙	水泥砂浆1:3	8～6	水泥砂浆1:3	8	水泥砂浆1:2.5	10	24～26
	混凝土	混合砂浆1:1:6	8～6	混合砂浆1:1:6	8	水泥砂浆1:2.5	10	24～26
		水泥砂浆1:3	8～6	水泥砂浆1:3	8	水泥砂浆1:2.5	10	24～26
	加气混凝土	107胶溶液处理	—	5%107胶水泥刮腻子	—	混合砂浆1:1:6	8～10	8～10

续表

项目		底层		中层		面层		总厚度
		砂浆种类	厚度	砂浆种类	厚度	砂浆种类	厚度	
梁柱	混凝土梁柱	混合砂浆 1∶1∶1.4	6	混合砂浆 1∶1∶5	10	纸筋灰浆，三次罩	3.5	19.5
	砖柱	混合砂浆 1∶1∶6	8	混合砂浆 1∶1∶4	10	面，第三次滤浆灰	3.5	21.5
阳台雨篷	平面	水泥砂浆 1∶3	10			水泥砂浆 1∶2	10	20
	顶面	水泥纸筋砂浆 1∶3∶4	5	水泥纸筋砂浆 1∶2∶4	5	纸筋灰浆	2.5	12.5
	侧面	水泥砂浆 1∶3	5	水泥砂浆 1∶2.5	6	水泥砂浆 1∶2	10	21
其他	挑檐、腰线、窗套、窗台线、遮阳板	水泥砂浆 1∶3	5	水泥砂浆 1∶2.5	8	水泥砂浆 1∶2	10	23

对于室外抹灰，要求采用保证墙面耐水、抗冻、耐腐蚀、抗风化、经得起机械性碰撞的材料，多采用强度和耐水性较好的水泥砂浆作为抹灰的基本材料。由于室外墙面面积较大，往往由于材料的干缩或冷缩而开裂。而且，由于手工操作压抹不均匀，材料调配不精确，以及气候条件等影响，大面积的抹灰面易产生色彩不匀，表面不平整等缺陷。为了施工方便和保证装饰质量，对于大面积的抹灰面，通常可划分成小块来进行。这种分块与设缝，既是构造上的需要，也有利于日后的维修工作，且可使建筑物获得良好的尺度感和表面材料的质感。

分块的大小应与建筑立面处理相结合，分块缝的宽度应根据建筑物的体量及表面材料的质地而决定。用于外墙面时，分块缝不宜太窄或太浅，缝宽以不小于 20mm 为宜。抹灰面设缝的方式有凸线、凹线、嵌线三种。凸线即线脚，其做法见灰线抹灰部分。嵌线多用于需打磨的抹灰面，参见地面部分。凹线是最常见的，其形式如图 3-2 所示。

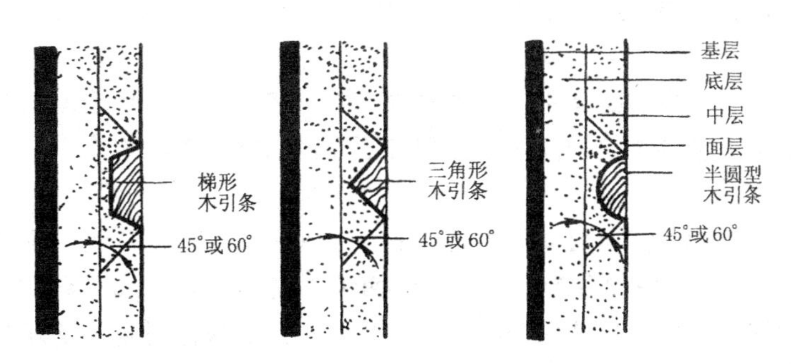

图 3-2 抹灰面的分块与设缝

室内抹灰装饰宜采用吸声、保温蓄热系数较小，并且较为柔软的纸筋石灰等材料作为面层抹灰材料。由于这种材料强度较差，阳角处很容易碰坏，通常在抹灰前先在内墙阳角、门洞转角、柱子四角等处，用强度较高的 1∶2 水泥砂浆抹出或预埋角钢做成护角，如图 3-3 所示。

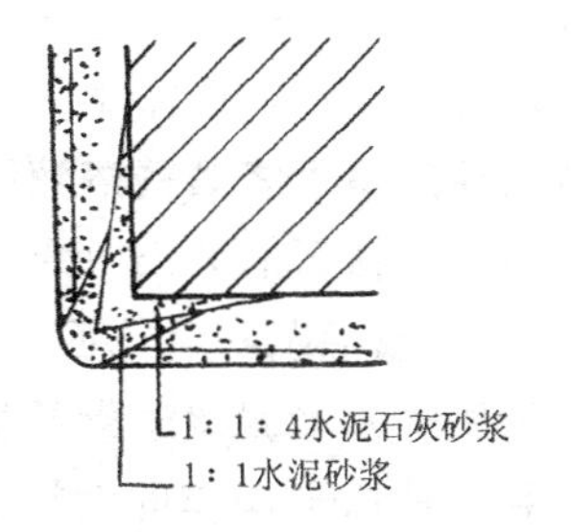

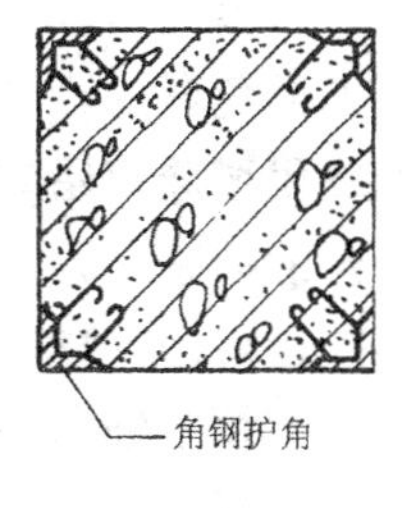

图 3-3 墙和柱的护角

（三）一般抹灰饰面的做法

一般抹灰饰面做法见表 3-2。

一般抹灰饰面做法　　表3-2

抹灰名称	底层		中层		应用范围
	材料	厚度(mm)	材料	厚度(mm)	
混合砂浆抹灰	1∶1∶6混合砂浆	12	1∶1∶6混合砂浆	8	一般砖、石墙面均可选用
水泥砂浆抹灰	1∶3水泥砂浆	14	1∶2.5水泥砂浆	6	室外饰面及室内需防潮的房间及浴厕墙裙、建筑物阳角
纸筋麻刀灰	1∶3石灰砂浆	13	纸筋灰或麻刀灰、玻璃丝罩面	2	一般民用建筑砖、石内墙面
石膏灰罩面	1∶2～1∶3麻刀灰砂浆	13	石膏灰罩面	2～3	高级装修的室内顶棚和墙面抹灰的罩面
水砂面层抹灰	1∶2～1∶3麻刀灰砂浆	13	1∶3～1∶4水砂抹面	3～4	较高级住宅或办公楼房的内墙抹灰
膨胀珍珠岩浆罩面	1∶2～1∶3麻刀灰砂浆	13	水泥∶石灰膏∶膨胀珍珠岩＝100∶(10～20)∶(3～5)(质量比)罩面	2	保温、隔热要求较高的建筑的内墙抹灰

三、装饰抹灰饰面的构造

装饰抹灰一般是指采用水泥、石灰砂浆等抹灰的基本材料，除对墙面作一般抹灰之外，利用不同的施工操作方法将其直接做成饰面层。它除了具有与一般抹灰相同的功能外，还有其本身装饰工艺的特殊性，所以其饰面往往有鲜明的艺术特色和强烈的装饰效果。

（一）聚合物水泥砂浆的喷涂、滚涂、弹涂饰面

所谓聚合物水泥砂浆，就是在普通砂浆中掺入适量的有机聚合物，以改善原来材料性能方面的某些不足。例如：掺入聚乙烯醇缩甲醛胶（107胶），聚醋酸乙烯乳液等。

1. 喷涂

聚合物水泥砂浆喷涂饰面是用挤压砂浆泵或喷斗将砂浆喷布到墙体表面而形成的饰面层。有表面灰浆饱满呈波纹状的波面喷涂和表面布满点状的粒状喷涂。

2. 滚涂

滚涂是在聚合物砂浆抹面后立即用特制的滚子在表面滚压出花纹，再用甲醛硅酸钠疏水剂溶液罩面而成。滚涂操作分为干滚和湿滚两种方法。前者滚涂时辊子不蘸水滚压两遍，表面滚毛，均匀即可，压出的花纹印痕深，工效高；后者滚涂时辊子反复蘸水，滚出的花纹印痕浅，轮廓线型圆满，花纹可修补，工效低。

3. 弹涂饰面

聚合物水泥砂浆弹涂饰面是在墙体表面刷一遍聚合物水泥色浆后，用弹涂器分几遍将不同色彩的聚合物水泥浆，弹在已涂刷的涂层上，形成3～5mm大小的扁圆形花点，再喷罩甲醛硅树脂或聚乙烯醇缩丁醛酒精溶液而形成的装饰层。不同颜色的组合和浆点形成不同的质感，并有类似于干粘石的装饰效果。

（二）拉毛、甩毛、喷毛及搓毛饰面

拉毛饰面一般采用普通水泥掺适量石灰膏的素浆或掺入适量砂子的砂浆。拉毛分为用棕刷操作的小拉毛和用铁抹子操作的大拉毛两种。小拉毛掺入含水泥量为5%～12%的石灰膏。大拉毛掺入含水泥量为20%～25%的石灰膏，再掺入适量砂子，以避免龟裂。掺入少量的纸筋可以提高其抗拉强度，以减少开裂。打底用的底子灰可用1∶0.5∶4水泥石灰

砂浆分两遍完成。再刮一道素水泥浆，随即用1∶0.5∶1水泥石灰砂浆拉毛，其抹灰厚度视拉毛长度而定。

拉毛饰面除用水泥拉毛外，还有油漆拉毛饰面。油漆拉毛又可分石膏拉毛和油拉毛，通常多用于室内抹灰。石膏拉毛是交石膏粉加入适量水，进行不停地搅拌，待过了水硬期后用刮刀平整地刮在做好的垫层上，然后进行拉毛工序，干燥后上油漆或涂料。油拉毛是将石膏粉加入适量水，不停地搅拌，待水硬期过后，加入油料均匀拌合，然后刮在做好的垫层上约3～5mm厚，再进行拉毛工序，待干燥后上油漆或其他涂料。

拉毛饰面为手工操作，工效较低，易污染，但装饰质感强，有较好的装饰效果。

甩毛饰面是将面层灰浆用工具甩在墙面上的一种饰面做法。甩毛墙面的构造做法是抹1∶3水泥砂浆底子灰，厚度为13～15mm，待底子灰达到五六成干时，刷一遍水泥浆或水泥色浆，以衬托甩毛墙面，增加装饰效果。

喷毛饰面是把1∶1∶6水泥石灰膏混合砂浆，用挤压喷浆泵将砂浆连续均匀地喷涂于墙体表面，形成饰面层。

搓毛饰面的底子灰用1∶1∶6水泥石灰砂浆，罩面搓毛同样也用1∶1∶6水泥石灰砂浆，最后进行搓毛。

搓毛的工艺简单，省工省料，但装饰效果不及甩毛和拉毛，故只适用于一般装饰墙面。

（三）拉条饰面

拉条饰面是用专用模具把面层砂浆做出竖线条的装饰抹灰做法。利用条形模具上下拉动，使墙面抹灰呈规则的细条、粗条、半圆条、波形条、梯形条和长方形条等。其底灰与中层灰的处理与一般抹灰类相同。根据所拉条形的粗细，面层砂浆有不同的配合比。细条形拉条灰抹面层用水泥∶细纸筋石灰膏∶砂＝1∶0.5∶2的水泥纸筋灰混合砂浆；粗条形拉条灰抹面层分两层不同配合比，底层砂浆为水泥∶细纸筋石灰膏∶砂＝1∶0.5∶2.5的水泥纸筋灰混合砂浆，面层为水泥∶细纸筋石灰膏＝1∶0.5的水泥纸筋石灰膏，两者均需多次加浆抹平、拉模而成。

拉条饰面可以代替拉毛等传统的吸声墙面，具有立体感强、线条清晰、美观大方、不易积尘及成本较低等优点，可应用于要求较高的室内装饰抹灰。

（四）洒毛饰面

洒毛灰与拉毛工艺相近。洒毛饰面是使用茅草、高梁穗、竹条等绑成20cm左右长，手握一把茅柴帚蘸罩面砂浆往中层砂浆面上洒，形成大小不一但又具一定规律的毛石。

洒毛墙面用1∶3水泥砂浆打底，表面找平搓毛，中层灰一般采用彩色水泥砂浆，两层砂浆厚度一般不超过13mm。洒毛砂浆一般采用带色的1∶1水泥砂浆，用竹丝帚将洒毛砂浆洒到带色的中层灰面上，与底层纵横交错呈云朵状。

洒毛墙面清新自然，操作简便，但应一次成活，不能补洒。

（五）扒拉灰及扒拉石墙面

扒拉灰饰面是在底灰或其他基层上，抹10mm厚1∶1水泥砂浆或1∶0.3∶4水泥白灰砂浆，然后用露钉尖的木块作为工具（钉耙子）挠去水泥浆皮而形成的装饰层。扒拉灰饰面的底层灰用1∶0.5∶3.5混合砂浆或1∶0.5∶4水泥白灰砂浆。

扒拉石的面层抹灰采用10mm厚1∶1水泥石碴浆，其他做法与扒拉灰饰面相同。由于能显露出细石碴的颜色，质感明显，因而扒拉石装饰效果比扒拉灰要好。

扒拉灰及扒拉石饰面一般用于公共建筑外墙面。

（六）假石砖饰面

假石砖饰面是用彩色砂浆抹成相当于外墙面砖分块形式与质感的装饰抹灰面。彩色砂浆一般按设计要求的色调调配。常用配合比是水泥：石灰膏：氯化铁黄：氯化铁红：砂子＝100：20：(6～8)：2：150(重量比)，水泥与颜料应预先按比例充分混合均匀。由于使用的工具不同，故有两种模拟做法：一种是用铁梳子拉假面砖，彩色水泥砂浆的面层厚度一般抹 3～4mm，待抹灰收水后，先用铁梳子顺靠尺板由上向下划纹，深度不宜超过 1mm，然后按面砖宽度用铁钩子或铁皮刨子沿着靠尺板横向划沟，深度为 3～4mm，露出中层抹灰；另一种是用铁辊滚压刻纹代替铁梳子，其他工具与操作方法均与前一种相同。假面砖沟纹清晰，表面平整，色泽均匀，可以假乱真。

（七）假石饰面

斩假石饰面和拉假石饰面均属于假石饰面，是水泥和白石屑等加水搅拌，抹在建筑物的表面，半凝固后即成，前者是用斧斩出像经过细凿的石头那样的人造石料装饰面，后者是用拉耙拉出纹路的人造假石装饰面。

1. 斩假石饰面

斩假石饰面，又名“剁假石饰面”、“人造假石饰面”。这种饰面一般是以水泥石碴浆作面层，待凝结硬化、具有一定强度后，用斧子及各种凿子等工具，在面层上剁斩出类似石材经雕琢的纹理效果的一种人造石料装饰方法。其质感分主纹剁斧、棱点剁斧和花锤剁斧三种，如图 3－4 所示，可根据设计选用。斩假石饰面质朴素雅、美观大方，有真实感，装饰效果好，但因手工操作，工效低，劳动强度大，造价高，故一般用于公共建筑重点装饰部位。

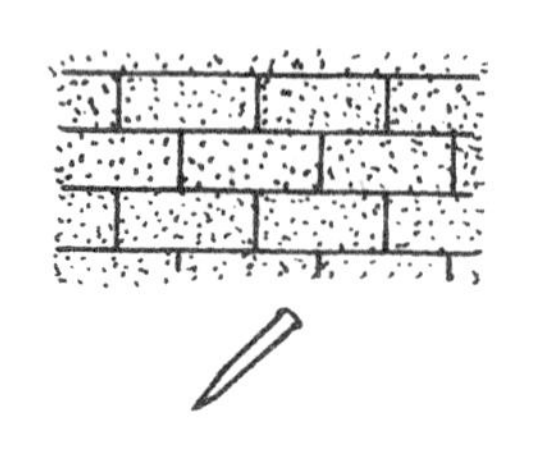

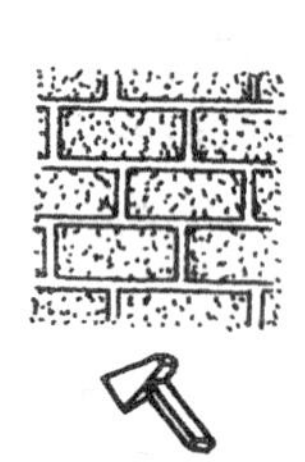

图 3－4　斩假石的几种不同效果

斩假石饰面的构造做法是：先用 15mm 厚 1：3 水泥砂浆打底，然后刷一遍素水泥浆（内掺水重 3%～5%的 107 胶），随即抹 10mm 厚配合比为 1：1.25 的水泥石碴浆。石碴用粒径 2mm 的白色米粒石，内掺 30%粒径在 0.3mm 左右的白云石屑。为了达到不同的装饰效果，可以在配合比中加入各种配色骨料及颜料。为便于操作和达到模仿不同天然石材的装饰效果，一般在阴阳角及分格缝周边留 15～20mm 边框线不剁。边框线处也可以和天然石材处理方式一样，改为横方向剁纹。

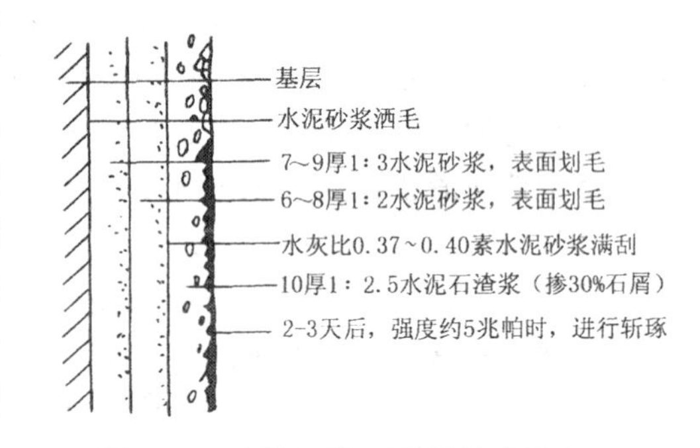

图 3－5　斩假石饰面分层构造示意

斩假石饰面分层构造如图 3－5 所示。

2. 拉假石饰面

将斩假石用的剁斧工艺发展为用锯齿形工具在水泥石碴浆终凝时，挠刮去表面水泥浆露出石碴的做法，称为拉假石。这种做法有类似剁假石的装饰效果，但相比之下，其劳动强度低，工效高。由于操作工艺特点不同，拉假石饰面石碴外露程度不如斩假石，水泥的颜色对整个饰面色彩的影响较大，所以往往在水泥中加颜料，以增强其色彩效果。一般用于中低档建筑装饰。

拉假石饰面的构造做法是：先用 1∶3 水泥砂浆做底刮糙，厚度为 15mm，待底层刮糙的干燥程度达到 70%左右时，再在基层上刮水泥浆一遍，紧跟着拌水泥石碴浆面层，常用配合比是水泥∶石英砂（或白云屑）为 1∶1.25，厚度为 8～10mm。操作时，待面层吸水后用靠尺检查平整度，然后用木抹子搓平，顺直，再用钢皮抹子压一遍。最后待水泥终凝后，用抓耙子依着靠尺按同一方向挠刮，除出表面水泥浆，露出石碴。拉纹深度，一般以 1～2mm 为宜，拉纹的宽度一般以 3～3.5mm 为宜。

（八）水刷石饰面

水刷石饰面是石粒类材料饰面的传统做法，制作前必须在墙面分格引条线部位先固定好木条，然后将配制的石碴浆抹在中底层上与分格木条刮平，待半凝固后，用喷枪、水壶喷水或者用硬毛刷蘸水，刷去表面的水泥浆，使石子半露。其特点是采取适当的艺术处理，如分格分色、线条凹凸等，使饰面达到自然、明快和庄重的艺术效果。该做法主要适用于外墙饰面和外墙腰线、窗套、阳台、雨蓬、勒脚及花台等部位。

水刷石的构造做法是：采用 1∶3 水泥砂浆打底刮毛，厚度为 15mm，在其底灰上先薄刮一层 1～2mm 厚素水泥浆，然后抹水泥石碴浆，水泥石碴配合比依石子粒径大小而有所不同。采用 8mm 的大八厘骨料时，水泥∶石子为 1∶1；采用 6mm 的中八厘骨料时，比例为 1∶1.5。抹灰层厚度通常取石碴粒径的 2.5 倍，依次为 20mm、15mm、10mm。为了强调色彩层次和丰富质感，最好在骨料中掺入 10%的黑石子。

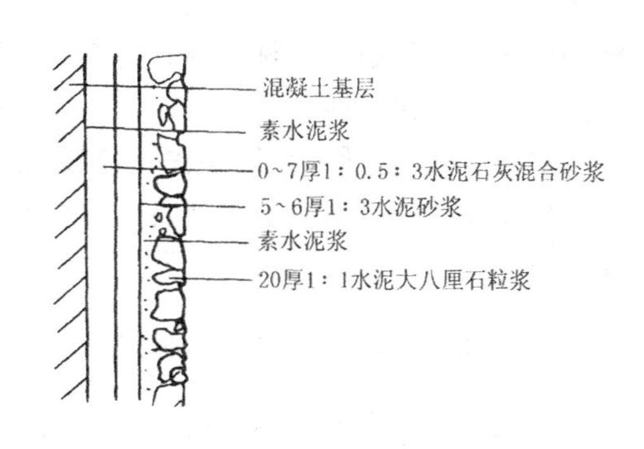

图 3-6 水刷石饰面分层构造

水刷石饰面的分层构造如图 3-6 所示。

（九）干粘石饰面

干粘石是将彩色石粒直接粘在砂浆层上的一种装饰抹灰做法。这种做法与水刷石相比，既节约水泥原料 30%、石粒原料 50%，又能减少湿作业，明显提高工效 50%。近年来，随着 107 胶在建筑饰面抹灰中的广泛应用，在干粘石的粘结层砂浆中掺入适量的 107 胶，使粘结层砂浆厚度减薄，粘结质量也有显著提高。

干粘石饰面的构造做法是：1∶3 水泥砂浆打底，厚度为 12mm，并扫毛或划出纹道；中层用 1∶3 水泥砂浆，厚度为 6mm；面层为粘结砂浆。其常用配合比为：水泥∶砂∶107 胶＝1∶1.5∶0.15 或水泥∶石灰膏∶砂子∶107 胶＝1∶1∶2∶0.15。冬季施工时，应采用前一配合比，为了提高其抗冻性和防止析白，还应加入占水泥量 2%的氯化钙和 0.3%的木质素磺酸钙。

粘结砂浆抹平后，应立即开始撒石粒。手甩粘石的主要工具是拍子和托盘。先甩四周易干的部位，然后甩中间，要求做到大面均匀，边角不漏粘。待到粘结砂浆表面均匀粘满石碴后，用拍子压平拍实，使石碴埋入粘结砂浆1/2以上。

为了解决干粘石饰面完全手工操作，劳动强度较大的难题，一种被称为“喷粘石”的工艺正在被推广应用。喷粘石的主要特点是：在干粘石饰面的做法基础上，改用压缩空气带动的喷斗喷射石碴代替用手甩石碴的饰面做法，比干粘石机械化程度高、工效快、劳动强度减轻，石碴也粘结牢固，其装饰效果和手工粘石相同。喷石饰面构造层次如图3-7所示。

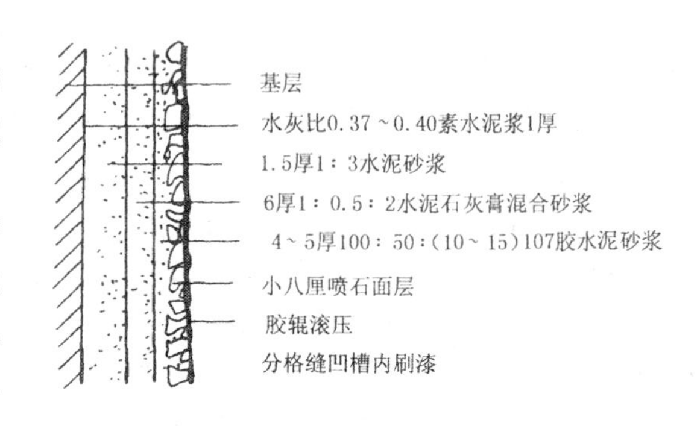

图3-7 喷石饰面构造层次

第3节 贴面类墙体饰面构造

一些天然的或人造的材料具有适合墙体饰面所需的装饰、耐久等特性，但因工艺、造价等方面条件上的限制，不能直接作为墙体饰面或在现场进行制作，而只能根据材质加工成大小不同的块材，在现场通过构造连接或镶贴于墙体表面，由此而形成的墙体饰面称为贴面类饰面。由于材料的形状、重量、适用部位不同，因而它们之间的构造方法也就有一定的差异。轻而小的块材可以直接镶贴，大而厚的块材则必须采用贴挂方式，以保证它们与主体结构连接牢固。

贴面类饰面坚固耐用、色泽稳定、易清洗、耐腐蚀、防水、装饰效果丰富，可用于室内、外墙体，是目前高级建筑装饰中墙面装饰经常用到的饰面。但这类饰面铺贴技术要求高，有的品种块材色差和尺寸误差大，质量较低的釉面砖还存在釉层易脱落等缺点。

一、直接镶贴饰面的基本构造

直接镶贴饰面的基本构造，大体上由底层砂浆、粘结层砂浆和块状贴面材料面层组成。底层砂浆具有使饰面层与墙体基层之间粘附和找平的双重作用，因此在习惯上称为“找平层”。粘接层砂浆的作用：是与底层形成良好的连接，并将贴面材料粘附在底层上。块状面层的作用是装饰和保护墙体，延长其使用年限。常用于直接镶贴的材料主要有：陶瓷制品（如釉面砖、陶瓷锦砖等）、小块天然大理石、人造大理石、碎拼大理石、玻璃锦砖等。

1. 面砖饰面

面砖多数是以陶土为原料，压制成型后经1100℃左右高温煅烧而成的。面砖一般用于装饰等级要求较高的工程。面砖可以分为许多不同的类型。按其特征，有上釉的，也有不上釉的；釉面又可分为有光釉的和无光釉的两种表面，砖的表面有平滑的和带有一定纹理质感的。

面砖饰面的构造做法是：先在基层上抹1：3的水泥砂浆作底层。厚度为15mm，分层抹平两遍即可。粘结砂浆采用1：2.5水泥砂浆或1：0.2：2.5的水泥石灰混合砂浆，若采用掺107胶（水泥重量的5%～10%）的1：2.5水泥砂浆粘贴更好，其粘结砂浆的厚度不小于10mm。然后在其上贴面砖，并用1：1水泥细砂浆填缝。面砖饰面构造示意如图3-8

所示。面砖的断面形式宜采用背部带有凹槽的，因这种凹槽截面可以增强面砖和砂浆之间的结合力，如图 3 - 9 所示。

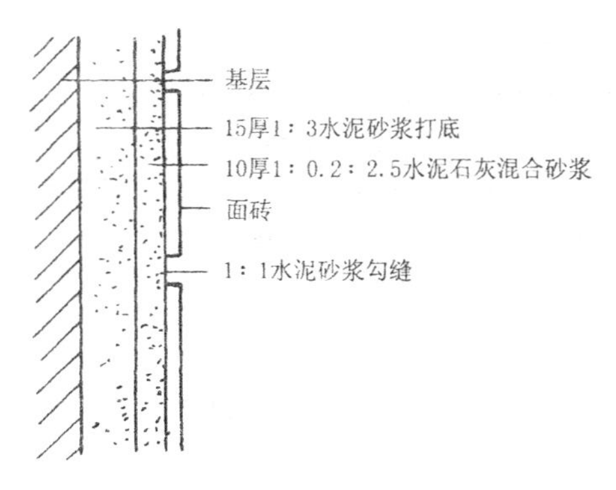

图 3 - 8　面砖饰面构造示意

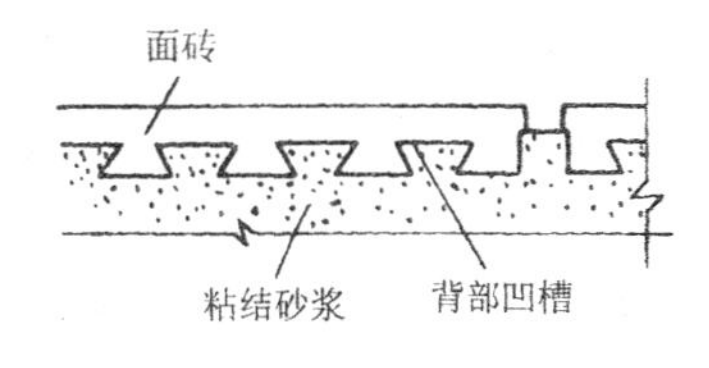

图 3 - 9　面砖的粘结状况

2. 陶瓷锦砖饰面

陶瓷锦砖又称“陶瓷马赛克”、“纸皮砖”，是以优质瓷土烧制成的片状小瓷砖拼成各种图案贴在纸上的饰面材料，有挂釉和不挂釉两类。它的质地坚硬、经久耐用、色泽多样、耐酸、耐碱、耐火、耐磨、不渗水、抗压力强、吸水率小，在±20℃温度下无开裂现象。随着现代建筑的发展，陶瓷锦砖的应用越来越广，被广泛用于地面和内、外墙饰面。

陶瓷锦砖的断面有凹面和凸面两种。凸面多用于墙面装修，凹面多铺设地面。其做法是：一般用 1：3 水泥砂浆作底灰，厚度为 15mm，然后用厚度为 2～3mm，配合比为纸筋：石灰膏：水泥＝1：1：8 的水泥浆粘贴，或用掺水泥量为 5%～10%的 107 胶或聚醋酸乙烯乳胶的水泥浆粘贴。近几年来由于玻璃锦砖的兴起，陶瓷锦砖作为外墙饰面材料已基本被取代。

3. 玻璃锦砖饰面

玻璃锦砖饰面又称“玻璃纸皮砖”，是以玻璃烧制而成的小块贴于纸上的饰面材料。有金属透明和乳白色、灰色、蓝色、紫色、肉色、桔黄色等多种花色。其特点是质地坚硬、性能稳定、耐热、耐寒、耐大气、耐酸碱、不龟裂、表面光滑。适用于外墙饰面，内墙也可选用。其背面略呈锅底形，并有沟槽，断面呈梯形如图 3 - 10 所示。玻璃锦砖这种断面形式及背面的沟槽是考虑其玻璃体吸水性较差，为了加强饰面材料和基层的粘结而作的处理。这种梯形断面一方面增大了单块背后的粘结面积，另一方面也加大了块与块之间的粘结面。至于背面的沟槽，使接触面成为粗糙的表面，也使粘结性能得以提高。

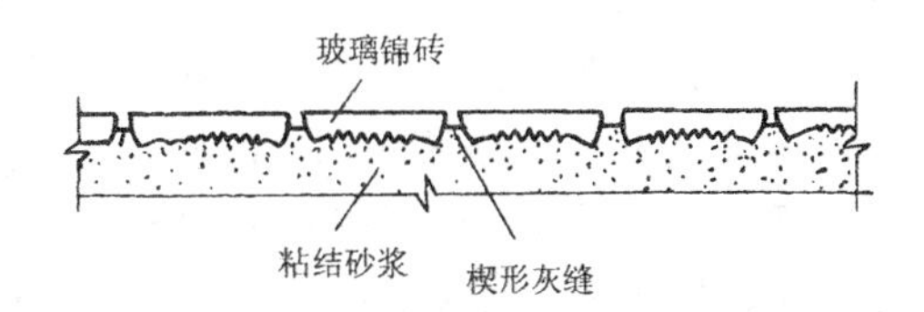

图 3 - 10　玻璃锦砖的粘结状况

玻璃锦砖饰面是用掺胶水的水泥浆作粘结剂，把玻璃锦砖贴于外墙粘结层表面的一层装饰饰面。其构造层次是：先抹 15mm 厚 1：3 水泥砂浆做底层并刮糙，一般分层抹平，两遍即可；若为混凝土墙板基层，在抹水泥砂浆前，应先刷一道素水泥浆（掺水泥重量的 8%的 107 胶）。在此基础上，抹 3mm 厚 1：1～1：1.5 水泥砂浆粘结层，在粘结层水泥砂浆凝固前，适时粘贴玻璃锦砖。粘贴玻璃锦砖时，在其麻面上抹一层 2mm 左右厚的水泥浆，然后纸面朝外，把玻璃锦砖镶贴在粘结层上。为了使面层粘结牢固，应在白水泥素浆中掺水泥重量的 4%～5%的白胶及掺适量的与面层颜色相同的矿物颜料，然后用同种水泥色浆擦缝。玻璃锦砖饰面构造如图 3-11 所示。

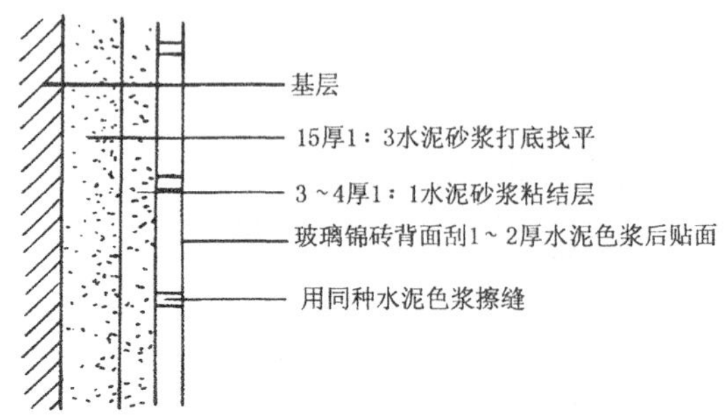

图 3-11　玻璃锦砖饰面构造

4. 釉面砖饰面

釉面砖又称瓷砖，它是用瓷土或优质陶土烧制成的饰面材料。瓷砖底胎一般呈白色，表面上釉可以是白色，也可以是其他颜色的。因为它是由氧化钛、氧化钴、氧化铜等高温煅炼而成，所以颜色稳定，不易褪色。瓷砖表面光滑、美观、吸水率低、不易积垢、清洁方便。多用于室内需要经常擦洗的墙面，如厨房墙裙、卫生间等，一般不用于室外。

单色釉面砖的主要尺寸为：152mm×152mm，108mm×108mm，152mm×75mm，厚度为 5mm 及 6mm。此外，在转弯或结束部位，均另有阳角条、阴角条、压条或带边的釉面砖配件供选用。

贴釉面砖的一般构造做法是：用 1：3 水泥砂浆做底层抹灰，粘结砂浆用 1：0.3：3 的水泥石灰膏混合砂浆，厚度为 10～15mm。粘贴砂浆也可用掺 5%～7%的 107 胶的水泥素浆，厚度为 2～3mm。为便于清洗和防水，要求安装紧密，一般不留灰缝，细缝用白水泥擦平。

5. 小规格贴面板饰面

小规格贴面板是指小块天然石材、陶板、碎拼石板、水磨石板等。小规格面板一般尺寸均在 300mm×300mm 以内，厚度在 20mm 以内。这类板、块材的构造做法和面砖粘贴方法相同。有时在大理石板边刻槽捆扎钢丝，在水磨石板背面埋 24 号铝丝、铜丝和铅丝，其甩头 40～60mm 埋入粘结层砂浆内，以增加面板粘贴的牢固性。砂浆厚度为 10～12mm，如图 3-12 所示。

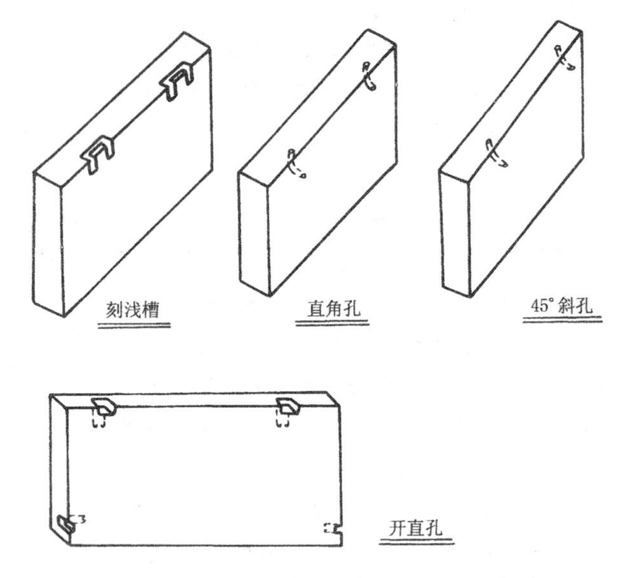

图 3-12　小规格石板刻槽埋铅丝孔示意图

6. 大规格陶板饰面

大规格陶板因其自重较轻，板厚在 10mm 以内，可采用水泥砂浆粘贴。应注意陶板在铺贴前要充分浸水。宜采用分格缝铺贴，缝隙采取 10mm×10mm 或 20mm×10mm。因陶板背面有凹槽，增加了陶板与砂浆的粘结力。一般均不采用挂钩连接。

7. 碎拼石材饰面

碎拼石材饰面是利用石材的边角废料，不成规则的板材，颜色有多种，厚薄也不一致。薄板有 10～12mm，厚板有 15～30mm，粘贴层砂浆厚度为 12～20mm，粘贴顺序是由下而上，每贴500mm高度应间歇1～2小时，待水泥砂浆结硬后再继续粘贴，粘贴时要注意构图和色彩搭配，避免呆板。板缝之间的填缝砂浆要饱满，拼缝可以做平缝，也可以做凹缝，缝宽可以不规则。因为缝隙也是构图的一部分，但收边要整齐，如图3-13所示。

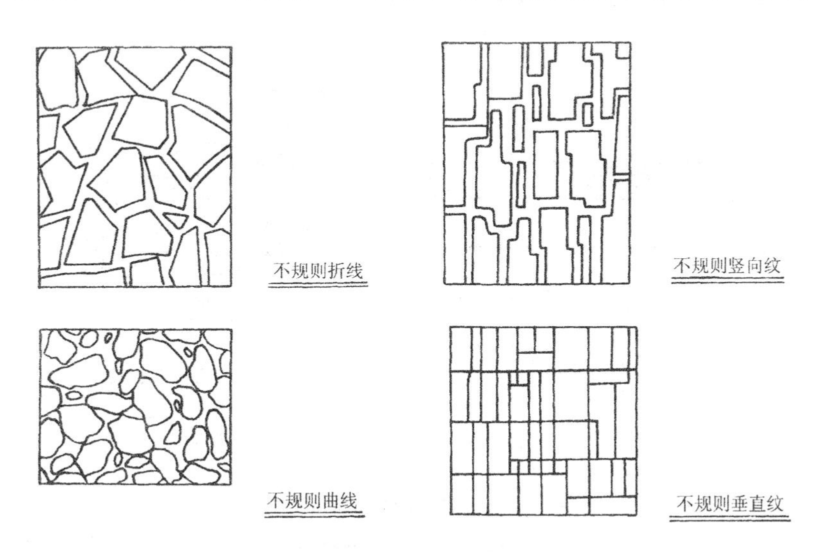

图 3-13 碎拼石材饰面

8. 人造大理石饰面板饰面

人造大理石饰面板俗称人造大理石，是仿天然大理石的纹理预制生产的一种墙面装饰材料。因其所用材料和生产工艺的不同大致可分为四类，即聚酯型人造大理石、无机胶结型人造大理石、复合型人造大理石和烧结型人造大理石。这四种类型的人造大理石板，在物理力学性能、与水有关的性能、粘附性能等方面是各不相同的。因此，对它们采用同一种构造固定方式是不妥的。对上述四类人造大理石饰面板，目前采用的与之相适应的构造固定方式有四种，即水泥砂浆粘贴、聚酯砂浆粘贴、有机胶粘剂粘贴和贴挂法。

对聚酯型人造大理石可以用水泥砂浆或聚酯砂浆粘贴，但其最理想的粘结剂是有机胶粘剂，只是成本太高。为了降低成本，可以采用与人造大理石成分相同的不饱和聚酯树脂作为胶粘剂，并可在树脂中掺用一定量的中砂。一般树脂与中砂的比例为1：4.5～1：1.5，并掺入适量的引发剂和促进剂，用这样的有机粘结砂浆粘贴，能取得较好的效果。

对于烧结型人造大理石，基本接近陶瓷制品，其粘贴构造和釉面砖相近。一般可采用1：3水泥砂浆作底层，厚度为12～15mm。粘结层可采用2～3mm厚的水泥砂浆，配合比为1：2并加入水泥重量的5%的107胶。

无机胶结型人造大理石和复合型人造大理石，主要根据其板厚来确定构造做法。目前，国内生产的这两种人造大理石饰面板的厚度主要有两种。一种板厚为8～12mm，板材重约17～25kg/m^2，属厚板；另一种板厚为4～6mm，板材重约8.5～12kg/m^2，属薄板。

粘贴薄型板的构造方法是用1：3水泥砂浆打底，以1：0.3：2的水泥石灰混合砂浆或10：0.5：2.6（水泥：107胶：水）的107胶水泥浆作为胶粘剂，做成粘结层，然后镶贴人造大理石板材。

粘贴厚型板宜采用聚酯砂浆粘贴的方法。聚酯砂浆的胶砂比一般为1：4.5～1：5，并掺入固化剂，其掺量视使用要求而定。聚酯砂浆的耗量为4～6kg/m²，由于这种砂浆费用高，目前多采用聚酯砂浆作边角粘贴和水泥砂浆作平面粘贴相结合的方法，以达到粘贴牢固和降低成本的目的。其构造层次如图3-14所示。

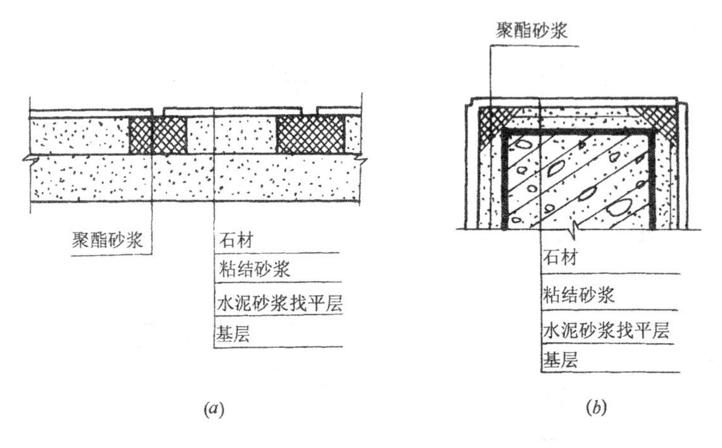

图 3-14 聚酯砂浆粘贴构造

(a) 墙面；(b) 柱面

无论是哪种类型的人造大理石饰面板材，当板材厚度较大，尺寸规格较高，镶贴高度较高时，仍然以贴挂相结合的构造为好，以便粘贴更为可靠。这类构造将在下面贴挂类构造中介绍。

二、贴挂类饰面的基本构造

贴挂类饰面构造是贴面类饰面构造的延续，两者基本相同，它分为湿法挂贴（或称贴挂整体法构造）和干挂法固定（或称钩挂件固定法构造）两种常见做法。

贴挂法的构造层次是基层、浇注层（找平层和粘结层）、饰面层。浇注层有时也称粘贴填充层。在饰面层与基层之间用挂接件连接固定。这是因为饰面的板材、块材尺度大，重量重，铺贴高度过高，为了加强饰面材料与基层的连接牢固，而采用的“双保险”连接手法。所谓“双保险”，就是板材与基层绑或挂，然后灌浆固定。

（一）各种饰面板安装构造

1. 天然石材饰面构造

天然石材可以加工成板材、块材和面砖而用作饰面材料。它具有强度高、质地密实、坚硬和色泽雅致等优点。但是货源少、价格昂贵，常用于高级建筑装饰。天然石材按其厚度可分为厚型和薄型两种。通常厚度在30～40mm以下的称板材，厚度在40～130mm以上的称为块材。常用的饰面石料有大理石、花岗石、青石板、石灰岩、凝灰岩、白云岩等。

(1) 大理石饰面

大理石是一种变质岩，属于中硬石材，主要由方解石和白云石组成。其质地密实，可以锯成薄板，多数经过磨光打蜡，加工成表面光滑的板材，一般厚度为20～30mm。由于大理石板材表面硬度并不大，而且化学稳定性和大气稳定性不是太好，一般宜用于室内。当用于室外时，因组成中的碳酸钙在大气中受二氧化碳、硫化物、水气的作用转化为石膏，会使表面很快失去光泽，并变得疏松多孔。一般说来，除汉白玉、艾叶青等少数几种质纯、杂质少的品种在室外比较稳定外，其他的都不太合适，大理石的颜色有纯黑、纯白、纯灰等色泽，有各种混杂花纹色彩。

对大理石的质量要求是:光洁度高、石质细密、无腐蚀斑点、棱角齐全、底面整齐、色泽美观。

大理石饰面板材安装时，首先在砌墙时预埋镀锌铁钩，并在铁钩内立竖筋，间距为500～1000mm，然后按面板位置在竖筋上绑扎横筋，构成一个ϕ6的钢筋网。如果基层未预埋钢筋，可用金属胀管螺栓固定预埋件，然后进行绑扎或焊接竖筋和横筋。板材上端两边钻以小孔，用铜丝或镀锌铁丝穿过孔洞将大理石板绑扎在横筋上。大理石与墙身之间留30mm缝，施工时将活动木楔插入缝内，以调整和控制缝宽。上下板之间用“Z”形铜丝钩钩住，待石板校正后，在石板与墙面之间分层浇灌1∶2.5水泥砂浆。灌浆宜分层灌入，每次灌注高度不宜超过板高的1/3。每次间隔时间为1～2小时。最上部灌浆高度应距板材上皮50mm，不得和板材上皮齐平，以便和上层石板灌浆结合在一起，如图3-15所示。

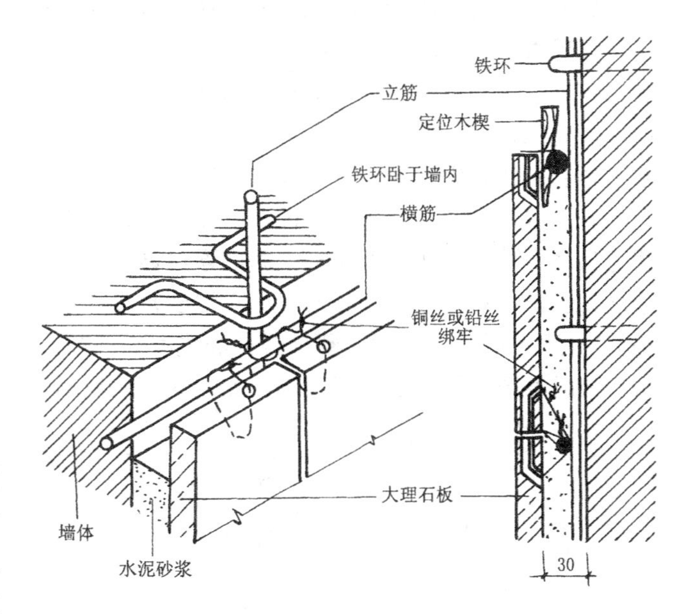

图 3-15　大理石墙面安装固定示意

石板的接缝常用对接、分块、有规则、不规则、冰纹等。除了破碎大理石面，一般大理石接缝在1～2mm左右。

大理石板的阴角、阳角的拼接，可参见图3-16所示。

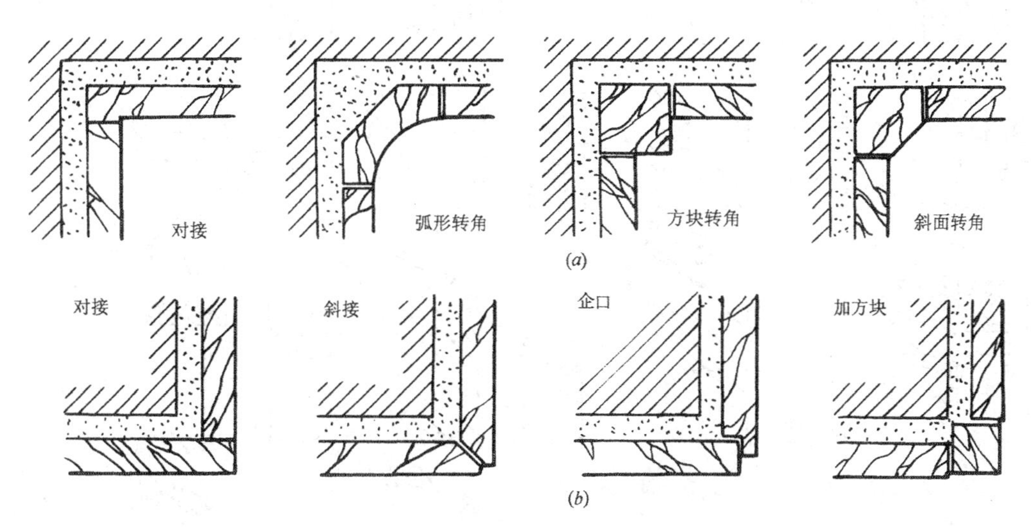

图 3-16　大理石墙面阴阳角的构造处理

(a) 阴角处理；(b) 阳角处理

(2) 花岗岩饰面

花岗岩是火成岩中分布最广的岩石，是一种典型的深成岩，属于硬石材。它是由长石、石英和云母组成。其构造密实、抗压强度较高、孔隙率及吸水率较小，抗冻性和耐磨性能均好，并具有良好的抵抗风化性能。花岗岩饰面常用于重要的场所。

花岗岩有不同的色彩，如墨、白、灰、粉红等，纹理多呈斑点状，其外观色泽可以保持百年以上，因而多用于重要建筑的外墙饰面。花岗岩外饰面从装饰质感分有剁斧、蘑菇石和磨光三种，其饰面耐久性都很好。对花岗岩的质量要求是棱角方正，规格符合设计要求，颜色一致，无裂纹、隐伤和缺角等现象。

花岗岩块材的安装构造，因石材较厚，重量大，铅丝绑扎的做法已不能适用，而是采用连接件搭钩等方法。板与板之间应通过钢销、扒钉等相连。较厚的情况下，也可以采用嵌块、石榫，还可以开口灌铅或用水泥砂浆等加固。板材与墙体一般通过镀锌锚固件连接锚固，锚固件有扁条锚件、圆杆锚件和线型锚件等。因此，根据其采用的锚固件的不同，所采用板材的开口形式也各不相同，如图 3 - 17 所示。

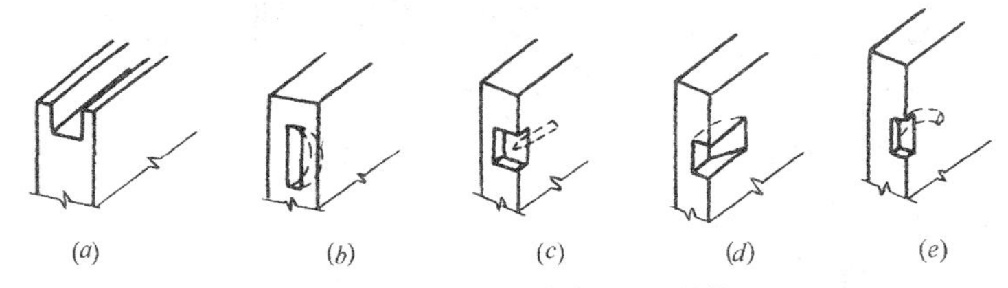

图 3 - 17　花岗岩粗板开口形状

(*a*) 扁条形；(*b*) 片状形；(*c*) 销钉形；(*d*) 角钢形；(*e*) 金属丝开口

常用的扁条锚固件的厚度为 3mm、5mm、6mm，宽为 25mm、30mm，圆杆锚固件常用直径为 6mm、9mm；线形锚固件多用 ϕ3～ϕ5 钢丝。锚固件形状及锚固形式，如图 3 - 18 所示。

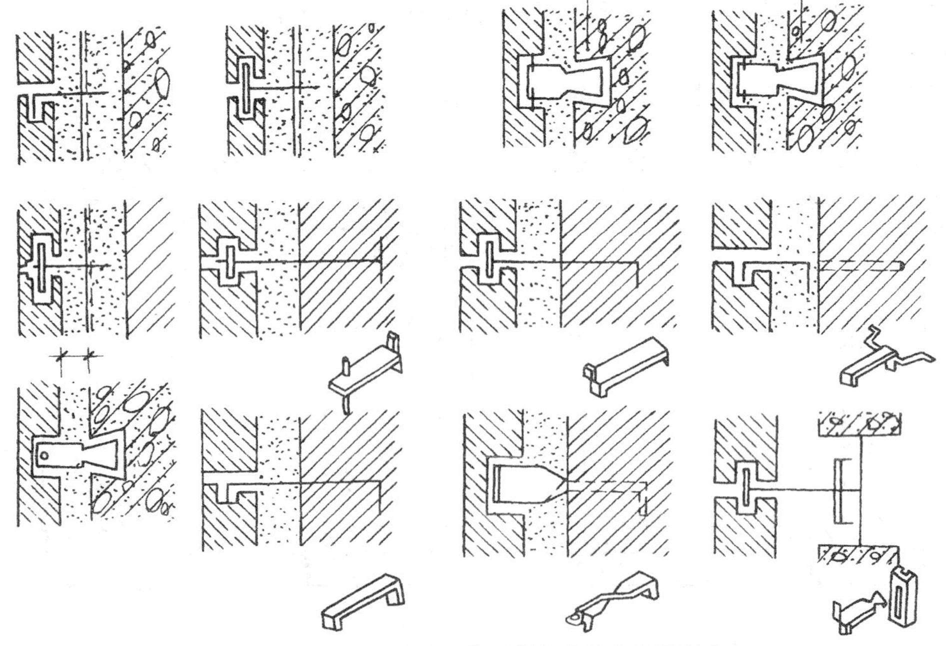

图 3 - 18　花岗石饰面板与基体的锚固形式（一）

(*a*) 扁条锚固体

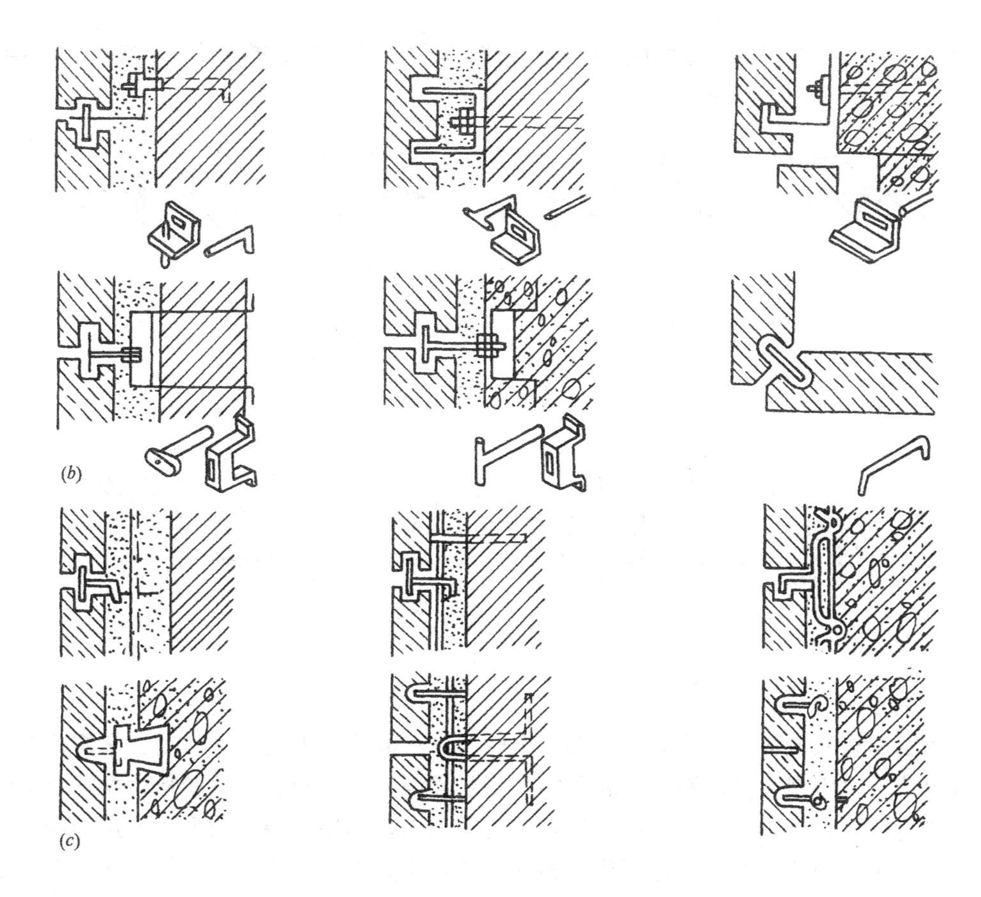

图 3-18　花岗石饰面板与基体的锚固形式（二）
(*b*) 圆杆锚固件；(*c*) 线形锚固件

用镀锌钢锚固件将细琢面花岗石板与基体锚固后，缝中分层灌注 1∶2.5 水泥砂浆，灌浆层的厚度为 25～40mm，其他做法和大理石板材相同，如图 3-19 所示。

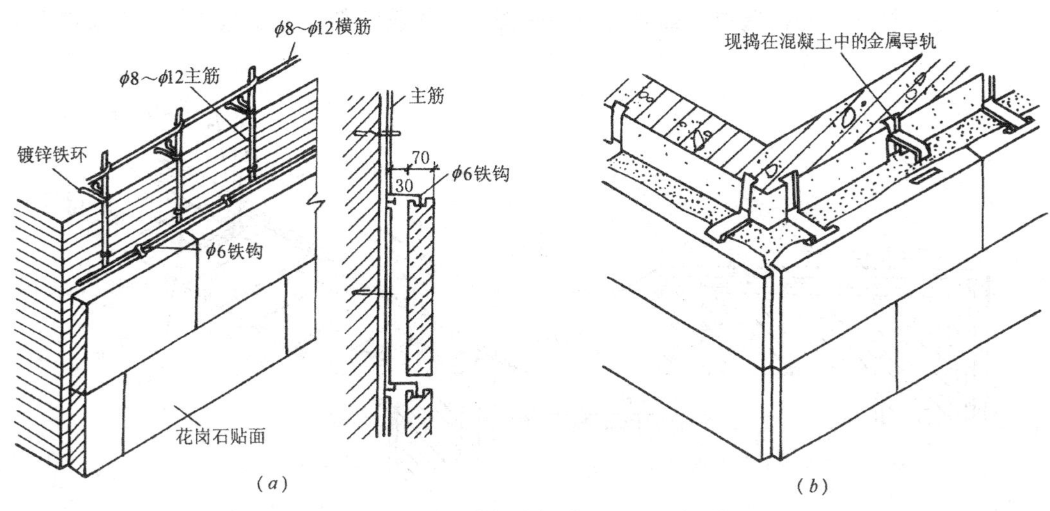

图 3-19　花岗石饰面连接构造示意
(*a*) 砖墙基层；(*b*) 混凝土墙基层

对于较厚的板块材拐角，可做成“L”形错缝；或45°斜口对接等形式；平接可用对接、搭接等形式，如图3-20所示。

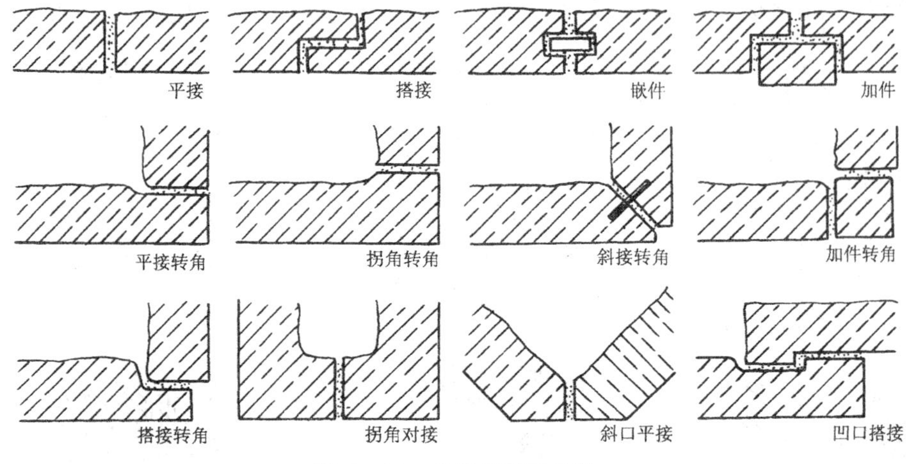

图 3-20 花岗岩粗板拼接

2. 预制板块材饰面

常用的预制板块材料，主要有水磨石、水刷石、斩假石、人造大理石等。它们首先要经过分块设计、制模型、浇捣制品、表面加工等步骤制成预制板。在预制板达到预定强度后，才能进行安装。这类板块材饰面质量好，利于施工，易保证装饰质量，但造价较高。

预制板材饰面构造和天然大理石饰面相同。通常是先在墙体内预埋铁件，然后绑扎钢筋网，再通过预埋在预制板背后的铅丝甩头与钢筋网固定牢，离墙留20mm左右空隙，最后灌缝。块材的固定则同花岗石墙面，通常采用搭钩或锚固。块体的上、下两面留有孔槽作铁件固定和上下行块材的接榫之用。块材的两个边缘都做成凹线，安装后可使墙面呈现出较宽的分块缝，而块材的实际拼缝宽约为5mm。预制板块材墙面构造如图3-21所示。

（二）饰面石材干挂法构造

上述各种饰面贴挂构造中，都需要灌注水泥砂浆等胶粘剂。由于它需要逐层浇注并有

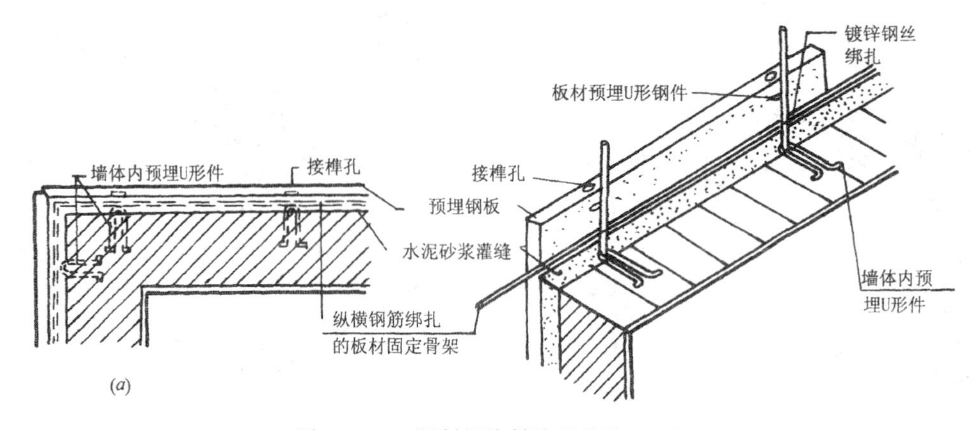

图 3-21 预制板块材墙面构造（一）
(a) 预制板墙面

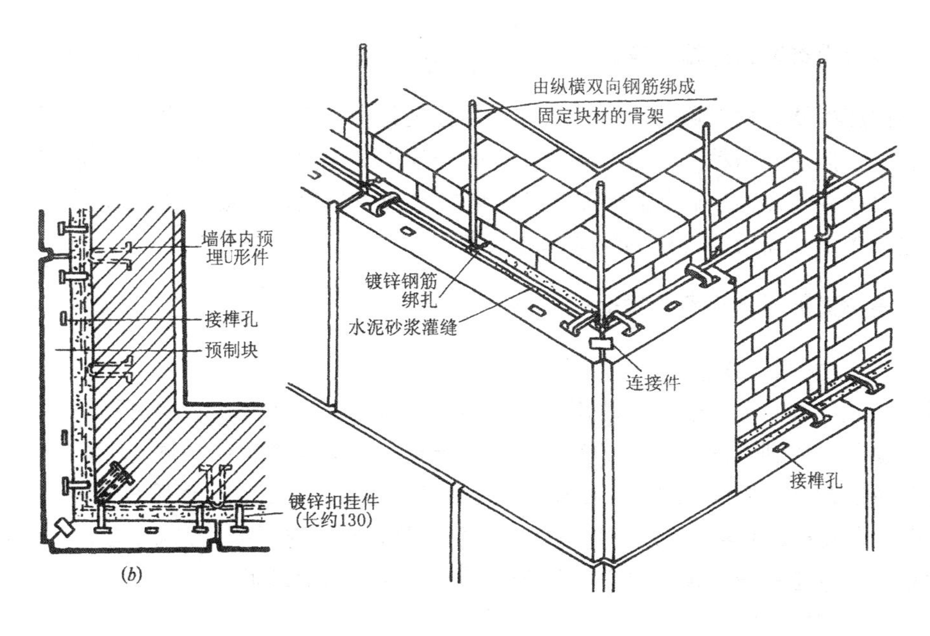

图 3-21 预制板块材墙面构造（二）
（b）预制块墙面

一定的间隔时间，工效较低。另一方面湿砂浆能透过石材析出“白碱”，影响美观。所以，近几年来在一些高级建筑外墙石材饰面中广泛地采用干挂法安装固定饰面板。其工效和装饰质量均取得了明显的效果。

干挂法是用不锈钢型材或连接件将板块支托并锚固在墙面上，连接件用膨胀螺栓固定在墙面上，上下两层之间的间距等于板块的高度。板块上的凹槽应在板厚中心线上，且应和连接件的位置相吻合，干挂法构造做法如图 3-22 所示。

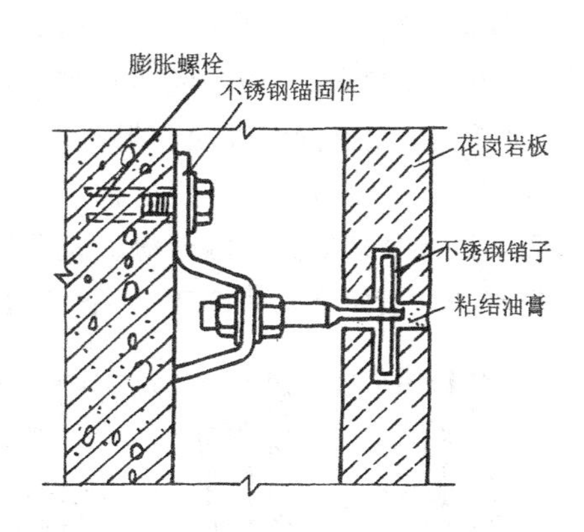

图 3-22 干挂法构造做法示意

第 4 节 罩面板类饰面

罩面板类饰面是指用木板、木条、竹条、胶合板、纤维板、石膏板、石棉水泥板、玻璃和金属薄板等材料制成的各类饰面板，通过镶、钉、拼贴等构造手法构成的墙面饰面。这类饰面是建筑装饰中的一种传统的，但也是新发展起来的饰面工艺方法。说它是传统的饰面方法，是因为护墙板、木墙裙等的应用已有多年的历史了。说它是新发展起来的建筑装饰方法，是因为大量新型板材，如不锈钢板、搪瓷板、塑料板、镜面玻璃等在现代建筑装饰中得到大量的应用。湿作业量小、饰面耐久性好、装饰效果丰富的优点，使其得到了装饰行业的广泛采用。

一、罩面板类饰面的基本构造

这类饰面的基本构造做法，主要是在墙体或结构主体上首先固定龙骨骨架，形成饰面板的结构层，然后利用粘贴、紧固件连接、嵌条定位等手段，将饰面板安装在骨架上，形成各类饰面板的装饰面层。有的饰面板还需要在骨架上先设垫层板（如纤维板等），再装饰面板，这要根据饰面板的特性和装饰部位来确定。

二、各类罩面板类饰面的构造

（一）竹、木及其制品

竹、木及其制品可用于室内墙面饰面，经常被做成护壁或其他有特殊要求的部位。因为这类饰面使人感到温暖亲切、舒适，外观如保持本来的纹理和色泽更显质朴、高雅。作为墙面护壁，常选用原木、木板、胶合板、装饰板、微薄木贴面板、硬质纤维板、圆竹、劈竹等；作为有吸声、扩声、消声等物理要求的常用墙面，常选用穿孔夹板、软质纤维板、装饰吸声板、硬木格条等，硬木格条常用于回风口、送风口等墙面。

1. 木与木制品护壁

木与木制品护壁是一种高级的室内装饰。它常用于人们容易接触的部位，一般高度为1～1.8m左右，甚至与顶棚做平。一般构造做法是：先在墙面预埋防腐木砖，再钉立木骨架，木骨架的断面采用（20～45）mm×（40～45）mm，木骨架由竖筋和横筋组成，竖筋间距为400～600mm，横筋间距可稍大些，取600mm左右（木骨架网间距视面板规格而定）。为了防止墙体的潮气使面板产生翘曲，应采取防潮构造措施。一般做法是：先用防潮砂浆抹面，干燥后刷一遍冷底子油，然后贴上油毡防潮层，必要时在护壁板上、下留透气孔通风，以保证墙筋及面板干燥。也可以通过埋在墙体内木砖的出挑，使面板、木筋和墙面之间离开一段距离，避免墙体潮气对面板的影响，如图3-23所示。

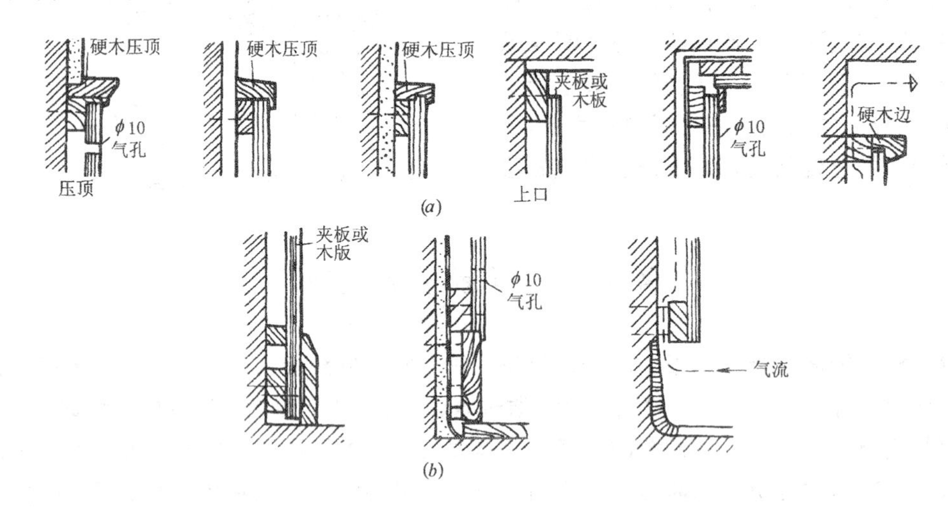

图 3-23　护壁板上、下部位构造

（a）上部位；（b）下部位

木与木制品护壁的细部构造处理，是影响木装修效果及质量的重要因素。细部构造处理主要体现在以下几个方面：

（1）板与板的拼接，其处理方式很多，主要有斜接密缝、平接留缝和压条盖缝，如图3-24所示。

（2）踢脚板的处理也是多种多样的，一种是板直接到地留出线脚凹口，另一种是木质踢脚板与壁板做平，但上下留线脚，用得最多的还是外凸式与内凹式两种。具体做法如图3-25所示。

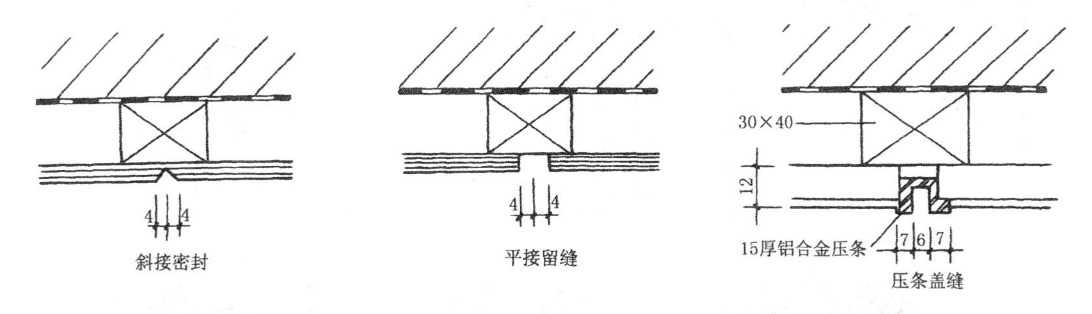

图 3-24 护壁板板缝处理

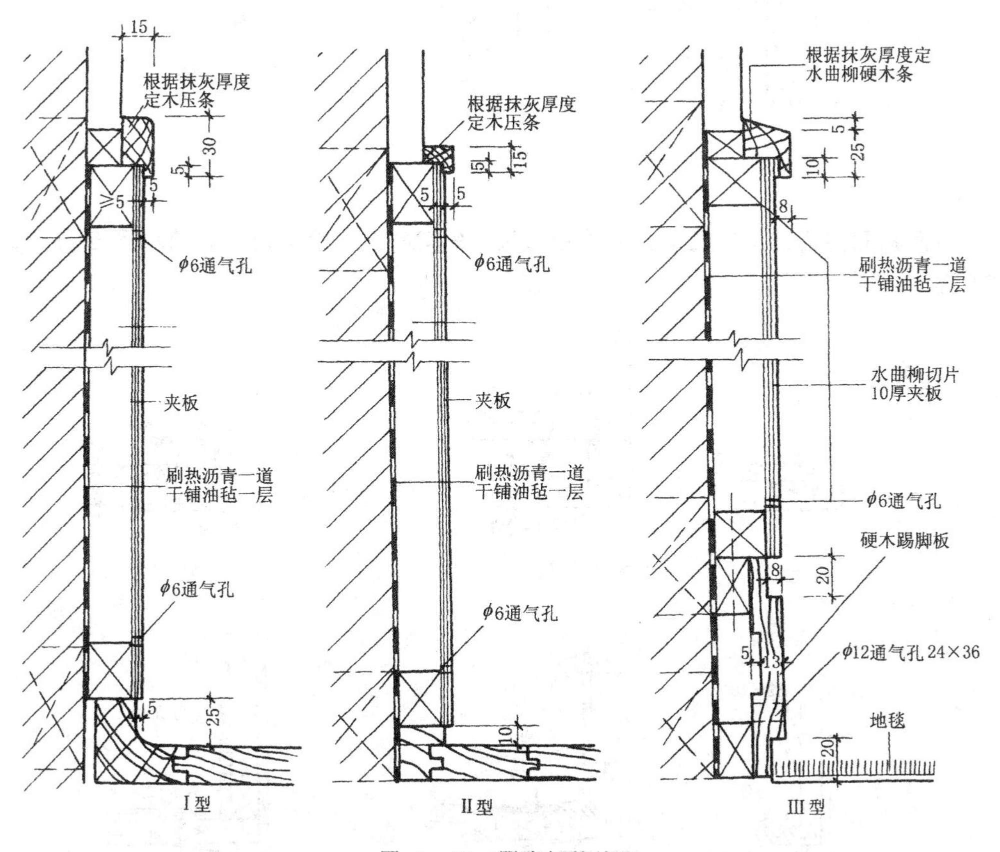

图 3-25 踢脚板的处理

（3）护壁板和木墙裙的上部压顶做法并没有什么区别，只是护壁板常是做到顶的，上面的压顶可以与顶角的木制线椽条结合起来，如图 3 - 26 所示。而木墙裙一般较低，通常上面的压顶条与内窗的窗台线拉齐，也有做到 1600mm 以上的。这样压顶条就位于一般人的视线以上，比较美观。

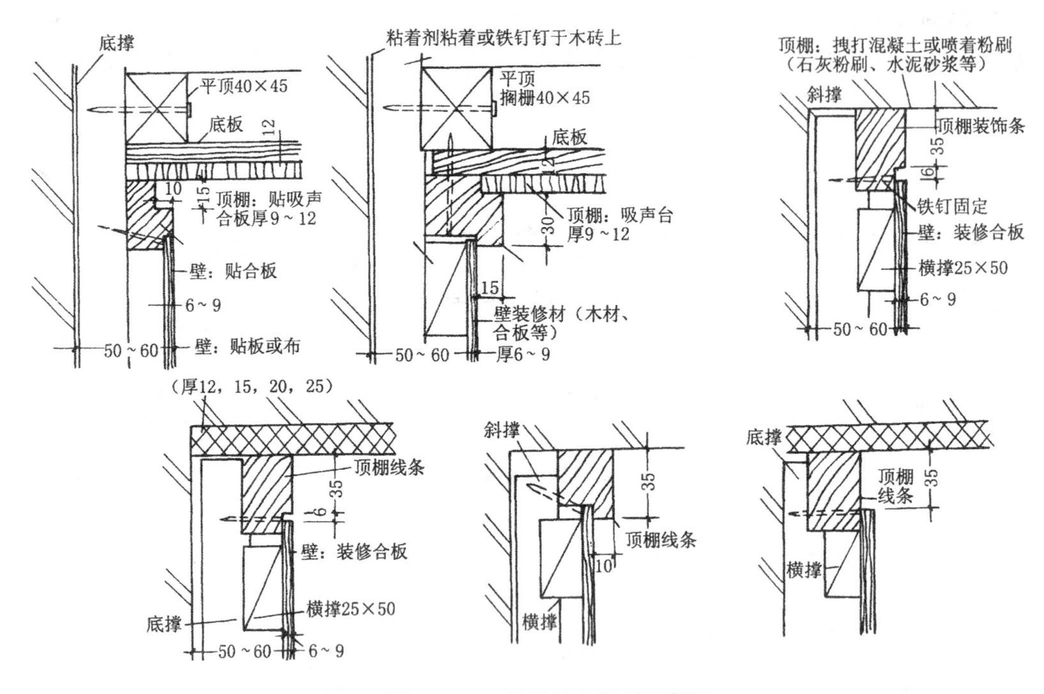

图 3 - 26　护壁板上部压顶做法

（4）阴角和阳角的拐角处理，可采用对接、斜口对接、企口对接、填块等方法，如图 3 - 27 所示。

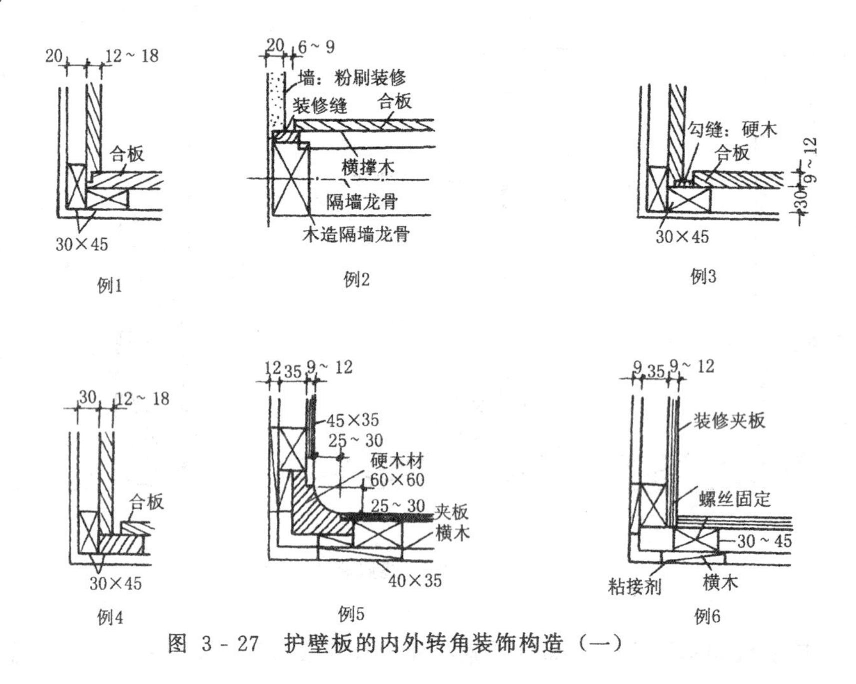

图 3 - 27　护壁板的内外转角装饰构造（一）

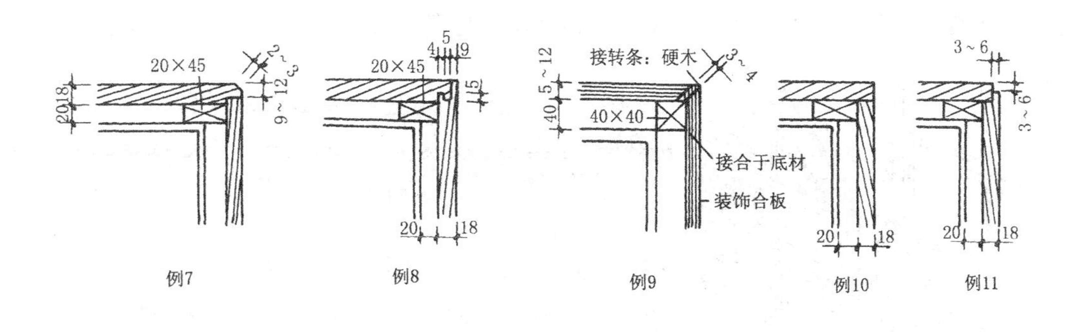

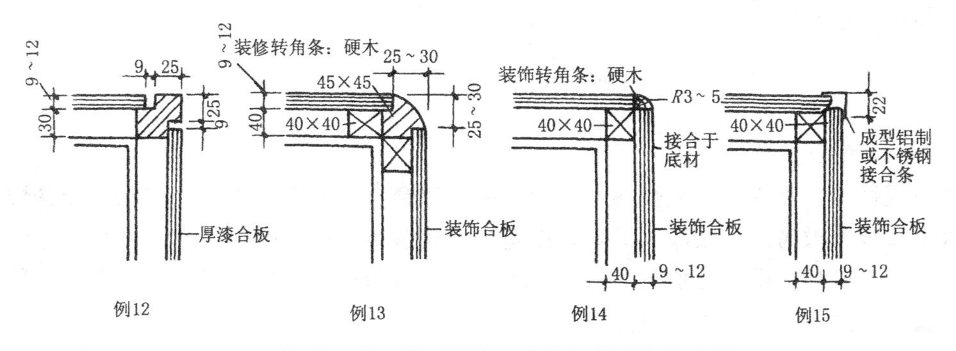

图 3-27 护壁板的内外转角装饰构造（二）

当采用胶合板、硬质纤维板、装饰吸声板等材料做吸声墙面时，一般在饰面板上打洞，使之成为多孔板（孔的部位与数量根据声学要求确定），基本构造与上述木护壁板相同。但是，板的背后与木筋之间要求填玻璃棉、矿棉、石棉或泡沫塑料块等吸声材料。

硬木条墙面具有一定的消声效果，常用于各种送风口、回风口等墙面。木条的形状既要符合使用要求，又要方便施工。木条墙面的一般做法如图 3-28 所示。

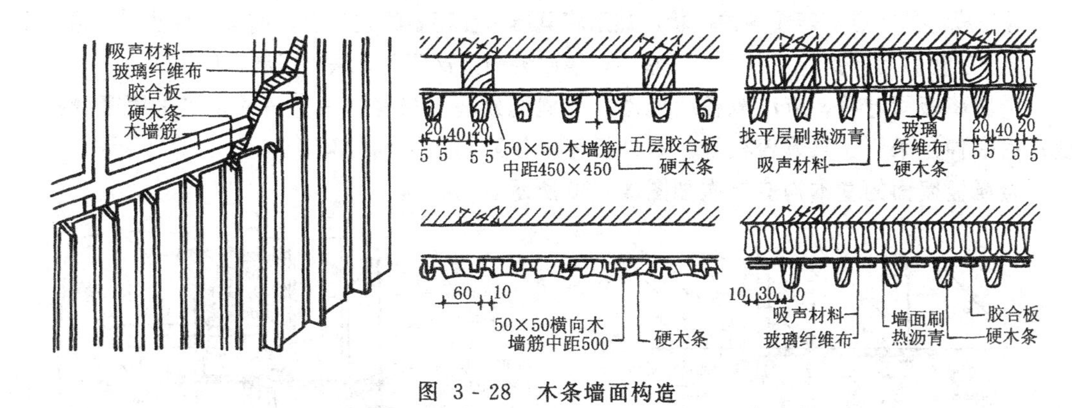

图 3-28 木条墙面构造

2. 竹护壁

竹材表面光洁、细密，其抗拉、抗压性能均优于普通木材，而且富有弹性和韧性，用于装饰，别具地方风格。竹材易腐烂或受虫蛀，易开裂，使用前应进行防腐、防裂处理，或涂油漆、桐油等加以保护。

竹条一般选用直径约 ϕ20mm 左右均匀的竹材，整圆或半圆固定在木框上，再镶嵌在墙面上，大直径的竹材可剖成竹片，将竹青做面层。竹条墙面做法如图 3-29 所示。

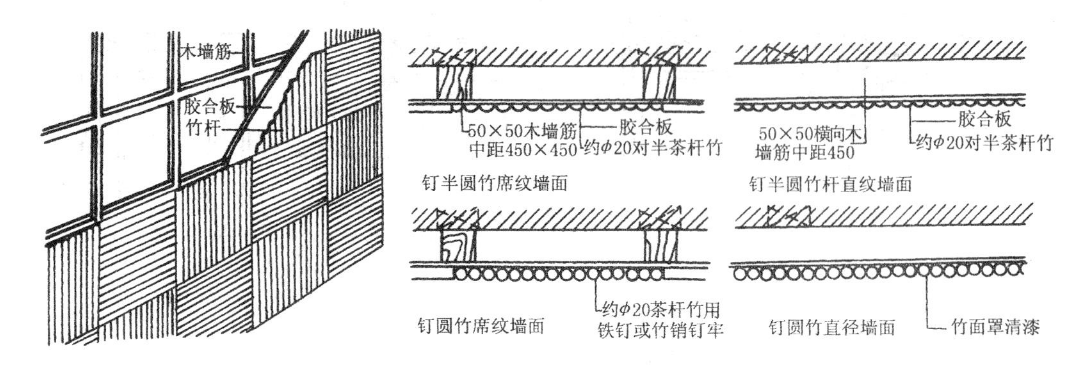

图 3-29 竹条墙面构造

（二）金属薄板饰面

金属薄板饰面是利用一些轻金属（如铝、铜、铝合金、不锈钢等），经加工制成薄板，也可在这些薄板上做烤漆、喷漆、镀锌、搪瓷、电化覆盖塑料等处理，然后用来做室内外墙面装饰。用这些材料做成墙面饰面，坚固耐久，美观新颖，装饰效果好。特别是各种铝合金装饰板，花纹精巧、别致，色泽美观大方。

金属薄板表面可以制成平形，也可做成波形、卷边或凹凸条纹，也可用铝板网做吸声墙面。

金属薄板一般安装在型钢或铝合金型材所构成的骨架上。骨架包括横、竖杆。由于型钢强度高、焊接方便、价格便宜、操作简便，所以用型钢做骨架的较多。型钢、铝材骨架均通过连接件与主体结构固定。连接件一般通过在墙面上打膨胀螺栓或与结构物上的预埋铁件焊接等方法固定。

金属薄板由于材料品种的不同，所处部位的不同，因而构造连接方式也有变化。通常有两种方式较为常见：一是直接固定，即将金属薄板用螺栓直接固定在型钢上；二是利用金属薄板拉伸、冲压成型的特点，做成各种形状，然后将其压卡在特制的龙骨上。前者耐久性好，常用于外墙饰面工程；后者则施工方便，适宜室内墙面装饰。这两种方法可以混合使用。

金属薄板固定后，应注意板缝处理。板缝的处理方法有两种：一种直接采用密缝胶填缝；另一种是采用压条遮盖板缝。室外板缝应作防雨水渗漏处理。

金属板墙面的基本构造层次如图 3-30 所示。

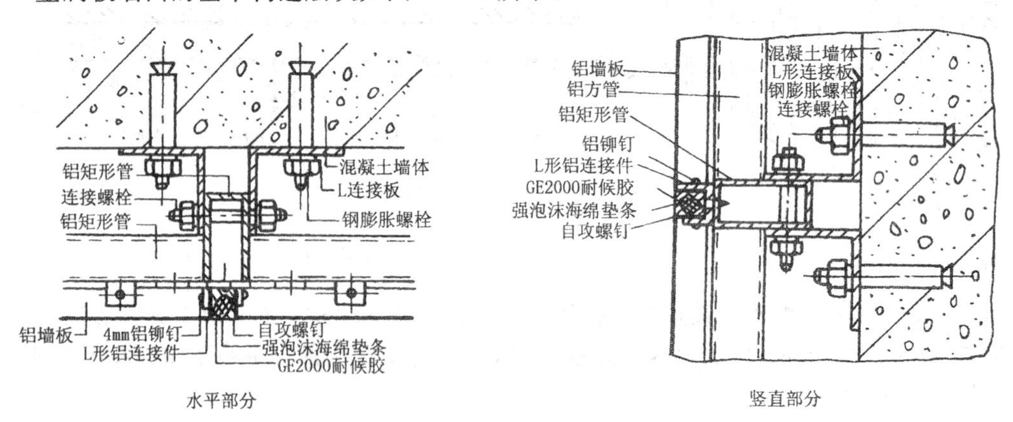

图 3-30 金属板墙面的基本构造层次示意

（三）玻璃墙饰面

玻璃墙饰面是选用普通平板镜面玻璃或茶色、蓝色、灰色的镀膜镜面玻璃等作墙面。玻璃墙面光滑易清洁，用于室内可以起到活跃气氛，扩大空间等作用，用于室外可结合不锈钢、铝合金等作门头等处的装饰，但不宜设于较低的部位，以免受碰撞而破碎。

玻璃墙饰面的构造做法是：首先在墙基层上设置一层隔汽防潮层，然后按要求立木筋，间距按玻璃尺寸，做成木框格，木筋上钉一层胶合板或纤维板等衬板，最后将玻璃固定在木边框上。固定方法主要有四种：一是在玻璃上钻孔，用不锈钢螺钉或铜螺钉直接把玻璃固定在木筋上；二是用压条压住玻璃，而压条是用螺钉固定于木筋上的，压条用硬木、塑料、金属（铝合金、不锈钢、铜）等材料制成；三是在玻璃的交点用嵌钉固定；四是用环氧树脂把玻璃直接粘在衬板上，构造方法如图 3 - 31 所示。

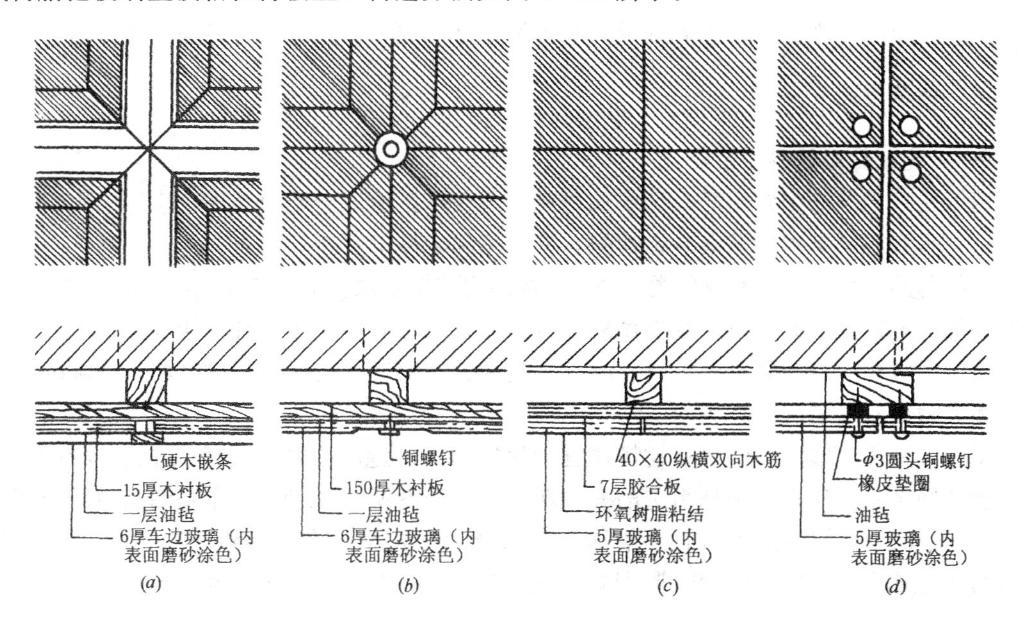

图 3 - 31　玻璃墙饰面构造

(a) 嵌条；(b) 嵌钉；(c) 粘贴；(d) 螺钉

（四）其他面板饰面

1. 塑料护墙板饰面

塑料护墙板饰面构造较简单，一般方法是：先在墙体上固定好搁栅，然后用卡子或与板材配套的专门的卡入式连接件将护墙板固定在搁栅上即可。

2. 石膏板饰面

一般构造做法是：首先在墙体上涂刷防潮涂料，然后在墙体上铺设龙骨，将石膏板钉在龙骨上，最后进行板面修饰。

3. 装饰吸声板饰面

装饰吸声板饰面构造较简单，一般方法是：直接贴在墙面上或钉在龙骨上，多用于室内墙面。

第5节　卷材类饰面构造

卷材类饰面一般指用裱糊的方法将墙纸、织物或微薄木等装饰在内墙面的一种饰面。这种饰面装饰性好，卷材饰面的材料在色彩、纹理和图案等方面比较丰富、品种众多，选择性很大，可形成绚丽多彩、质感温暖、古雅精致、色泽自然逼真等多种装饰效果。其次，这种饰面施工方便，卷材饰面的材料是一种柔性材料，适宜于曲面、弯角、转折、线脚等处成型粘贴，不但可获得连续的饰面，而且减少了拼接，简化了施工工序。另外，这种饰面较经济合理，由于卷材可仿制天然材料的纹理和图案，甚至可达到以假乱真的地步，因此，与同等级的装饰做法相比，造价较低。在现代室内装修中，经常使用的墙体饰面卷材有塑料墙纸、墙布、纤维壁纸、木屑壁纸、金属箔壁纸、皮革、人造革、锦缎、微薄木等。

一、墙纸饰面

（一）墙纸饰面的种类及特点

墙纸是室内装饰中常用的一种装饰材料，不仅广泛地用于墙面装饰，也可应用于吊顶饰面。它具有色彩丰富，图案装饰性强，易于擦洗，易于更新等特点。

墙纸的品种繁多，有多种分类方法。若按外观装饰效果分，有印花墙纸、压花墙纸、浮雕墙纸等；若按施工方法分，有现场刷胶裱贴的，有背面预涂压敏胶直接铺贴的；若从墙纸的基层材料分，有全塑料的、纸基的、布基的、石棉纤维或玻璃纤维基的。墙纸的面层材料多数为聚乙烯或聚氯乙烯。

早期的纸面、纸基墙纸，价格比较便宜，但强度和韧性差，不耐水。市场目前已少有供应。

塑料墙纸是近年来由国外引进的一种新型的装饰卷材。是以纸基、布基和其他纤维等为底层，以聚氯乙烯或聚乙烯为面层，俗称PVC墙纸，经复合、印花或发泡压花等工序而制成。塑料墙纸在国际上大致分为三类：普通墙纸、发泡墙纸、特种墙纸。其主要性能特点，见表3-3。

塑料壁纸的主要品种和特点　　表3-3

类别	品　种	特　　点	用　途
普通墙纸	单色压花墙纸	可制成仿丝绸、织锦等图案	多用于居住和公共建筑内墙饰面
	印花压花墙纸	可制成各种色彩图案，并可压出有立体感的凹凸花纹	
发泡墙纸		1. 表面柔软、有立体感 2. 具有装饰和吸声双重功能	
特种墙纸	耐水墙纸		适用于卫生间、浴室等墙面
	防火墙纸	有一定的阻燃、防火性能	适用于防火要求较高的室内墙体饰面
	木屑墙纸	1. 可在纸上漆成各种颜色 2. 表面粗糙，别具一格	
	金属箔墙纸	1. 具有金、银色的抛光表面，华贵又美丽 2. 价格昂贵	一般用于高级公共厅堂
	彩色砂粒墙纸		室内局部装饰

纤维墙纸是用棉、麻、毛、丝等纤维组成墙纸，并胶贴在纸基上。这种墙纸质感强，并可使之与室内织物协调，以形成高雅气氛，舒适环境。此外，还有天然材料面墙纸，如用树叶、草、木材等制成墙纸，给人以回归大自然的感受。

（二）墙纸构造做法

1. 基层处理

各种墙纸均应粘贴在具有一定强度，表面平整、光洁、干净、不疏松掉粉的基层上，如水泥砂浆、混合砂浆、石灰砂浆抹面，纸筋灰、玻璃丝灰罩面、石膏板、石棉水泥板等预制板材，以及质量达到标准的现浇或预制混凝土墙体，都可做裱糊墙纸的基层。

裱糊前，应先在基层刮腻子，视基层的实际情况采取局部刮腻子、满刮一遍腻子或满刮两遍腻子，而后用砂纸磨平，以使裱糊墙纸的基层表面达到平整光滑、颜色一致。同时为了避免基层吸水过快，还应对基层进行封闭处理，处理方法为：在基层表面满刷一遍按1∶0.5～1∶1稀释的107胶水。

2. 墙纸的预处理

由于塑料墙纸多数为墙基，遇水或胶水后，自由膨胀变形较大，故裱贴墙纸前，应预先进行胀水处理，即先将壁纸在水槽中浸泡2～3秒，取出后将多余的水倒掉，再静置15秒，然后刷胶裱糊。

3. 裱贴墙纸，拼缝修饰

一般来说，裱糊墙纸的关键在裱贴的过程和拼缝技术。裱贴墙纸的粘贴剂通常采用107胶水。其配合比为：107胶∶羧甲基纤维素（2.5%）水溶液∶水＝100∶（20～30）∶50，107胶的含固量为12%左右。粘贴时注意保持纸面平整，防止出现气泡，并对拼缝处压实。如果是不干胶墙纸，可直接裱贴在做好的墙面基层或家俱表面上。

塑料墙纸构造层次示意如图3-32（*c*）所示。

二、玻璃纤维墙布和无纺墙布饰面

（一）玻璃纤维墙布和无纺墙布饰面的特点

玻璃纤维墙布是以玻璃纤维布作为基材，表面涂布树脂，经染色、印花等工艺制成的墙布。这种饰面材料强度大，韧性好、耐水、耐火，可用水擦洗。本身有布纹质感，经套色印花后有较好的装饰效果，适用于室内饰面。但玻璃纤维墙布的盖底力稍差，当基层颜色有深浅时容易在裱糊面上显现出来；涂层一旦磨损破碎时，有可能散落出少量玻璃纤维，要注意保养。

无纺墙布是采用棉、麻等天然纤维或涤纶、晴纶等合成纤维，经过无纺成型、上树脂、印制彩色花纹而成的一种新型高级饰面材料。无纺布挺括、富有弹性，不易折断，表面光洁而又有羊毛绒感，其色彩鲜艳、图案雅致、不褪色，具有一定透气性、可擦洗、施工简便。

（二）墙布饰面的构造

裱糊玻璃纤维墙布和无纺墙布的方法大体与纸基墙纸类同，不予赘述，不同之处有以下四点：

（1）这两种材料不需吸水膨胀，可以直接裱糊。如预先湿水反而会因表面树脂涂层稍有膨胀而使墙布起皱，贴上墙后也难以平伏。

(2) 这两种材料的材性与纸基不同，宜用聚醋酸乙烯乳液作为粘贴剂。粘贴玻璃纤维墙布时，粘贴剂配合比为：聚醋酸乙烯乳液∶羧甲基纤维素（2.5%）水溶液＝60∶40。粘贴无纺墙布时，粘贴剂配合比为：聚醋酸乙烯乳液∶化学浆糊∶水＝4∶5∶1。

(3) 由于这两种材料盖底力稍差，如基层表面颜色较深时，应在粘贴剂中掺入10%白色涂料，如白色乳胶漆之类。相邻部位的基层颜色有深浅时，更应注意，以免完成的裱糊面色泽有差异。

(4) 裱贴玻璃纤维墙布和无纺墙布，墙布背面不要刷胶粘剂，而要将胶粘剂刷在基层上。因为墙布有细小孔隙，本身吸湿很少，如果将胶粘剂刷在墙布背面，胶粘剂的胶会印透表面而出现胶痕，影响美观。这也是裱贴玻璃纤维墙布不能使用107胶的缘故。

三、丝绒和锦缎饰面

（一）丝绒和锦缎饰面特点：

丝绒和锦缎是一种高级墙面装饰材料，其特点是绚丽多彩、质感温暖、古雅精致，色泽自然逼真，属于较高级的饰面材料，只适用于室内高级饰面裱糊。但这类材料较柔软、易变形、比较“娇气”、不耐脏、不能擦洗、且裱糊用胶会从纤维中渗露出来，在潮湿的环境中还会霉变，故不是理想的内墙饰面材料。

（二）丝绒和锦缎饰面构造做法

由于丝绒和锦缎饰面的防潮、防腐要求较高，故在基层处理中必须进行防潮处理。一般做法是：在墙面基层上用水泥砂浆找平后刷冷底子油，再做一毡二油防潮层。然后立木龙骨，木龙骨断面为50mm×50mm，骨架纵横双向间距为450mm，胶合板直接钉在木龙骨上，最后在胶合板上用化学浆糊、107胶、墙纸胶或淀粉面糊裱贴丝绒、锦缎，构造示意如图3-32（*a*）、（*b*）所示。

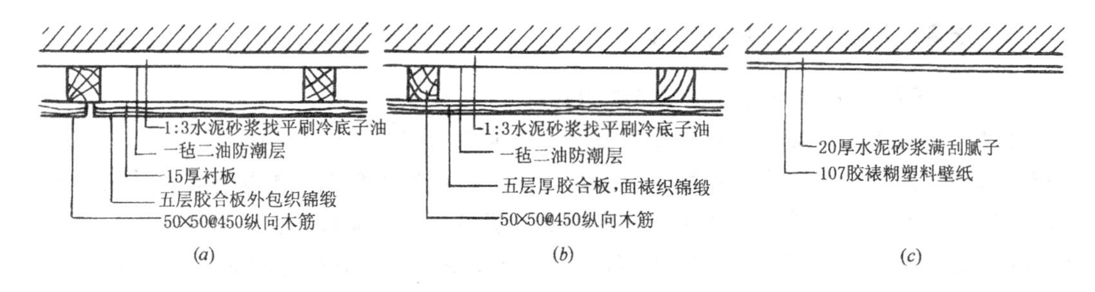

图3-32　卷材墙面构造

（*a*）分块式锦缎；（*b*）锦缎；（*c*）塑料墙纸或墙布

四、皮革与人造革饰面

（一）皮革与人造革饰面的特点

皮革与人造革饰面是一种高级墙面装饰材料，格调高雅、质地柔软、保温、耐磨、易清洁，并且有吸声、消震特性。常被用于健身房、练功房、幼儿园等要求防止碰撞的房间，以及酒吧台、餐厅、会客室、客房、起居室等，使环境优雅、舒适，也适用于电话间、录音室等声学要求较高的房间。

（二）皮革与人造革饰面的构造做法

皮革与人造革饰面的做法与木护壁相似。墙面应先进行防潮处理，一般先用1∶3水泥砂浆找平，厚度为20mm，并涂刷冷底子油，再做一毡二油，然后再通过预埋木砖立墙筋，墙筋一般是采用断面为（20～50）mm×（40～50）mm的木条，墙筋间距一般按设计中的分格需要来划分，常见的划分尺寸为450mm×450mm，而后固定衬板，即将五合板钉在木墙筋上，最后铺贴皮革或人造革。皮革或人造革里面包棕丝、玻璃棉、矿棉等柔软材料覆于衬板之上。铺贴固定皮革的方法有两种：一是采用暗钉口将其钉在墙筋上，最后用电化铝帽头钉按划分的分格尺寸在每一分块的四角钉入即可；二是将木装饰线条沿分格线位置固定或者用小木条固定，再在小木条表面包裹不锈钢之类金属装饰线条。图3-33为皮革或人造革饰面构造示意。

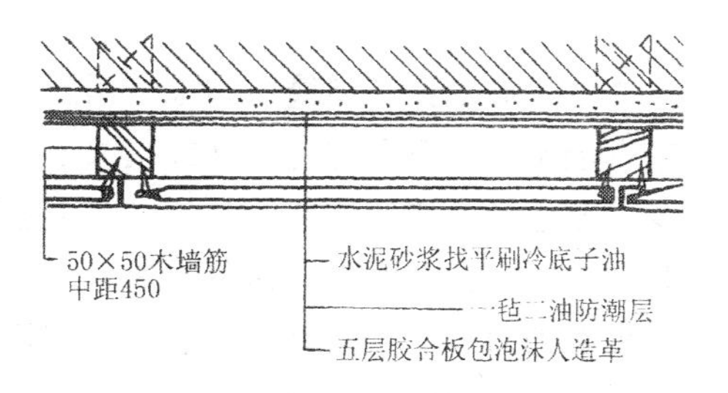

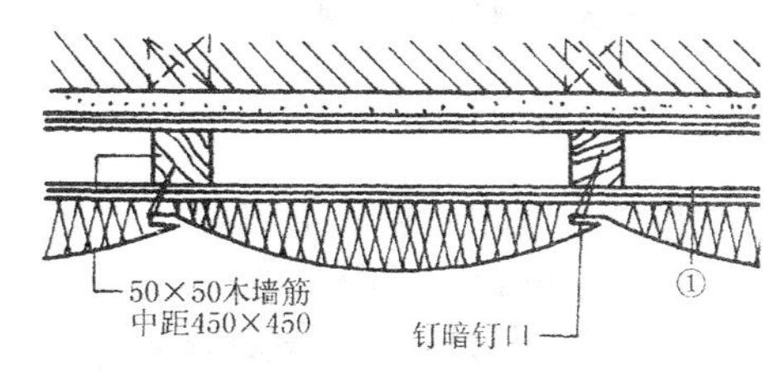

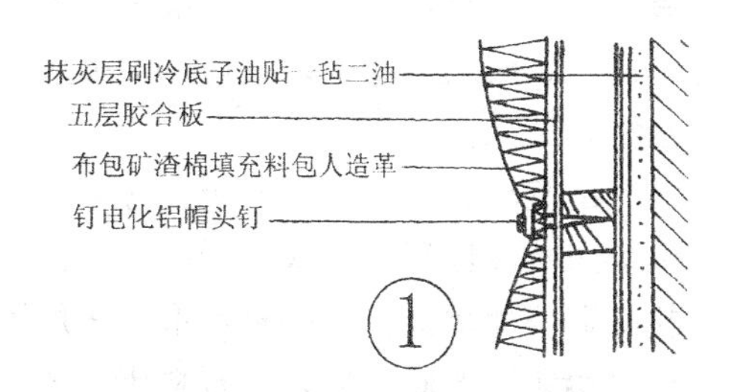

图3-33 皮革或人造革饰面构造示意

五、微薄木饰面

1. 特点

微薄木装饰内墙是近几年出现的一种饰面方法。它具有护壁板的效果，而只有壁纸的价格。微薄木是由天然名贵木材经机械旋切加工而成的薄木片，厚度只有1mm。其特点是厚薄均匀、木纹清晰、材质优良，并且保持了天然木材的真实质感。由于它是天然木材经加工而成的，因此，其表面可以着色，涂刷各种油漆，也可模仿木制品的涂饰工艺，做成清漆或腊面等。微薄木的这一特色使得它更易为人们所接受。目前，国内供应的微薄木一般规格尺寸为：2100mm×1350mm×(0.2～0.5)mm。

2. 构造做法

微薄木的基本构造与裱贴墙纸相似。

微薄木在粘贴前应用清水喷洒，然后晾至九成干，待受潮卷曲的微薄木基本展开后方可粘贴。微薄木要在绝对平整的墙面上粘贴，墙面上如有鼓包则不能贴，通常在基层上以化学浆糊加老粉调成腻子，满批两遍，干后以0号砂纸打磨平整，再满涂清油一道。然后在微薄木背面和基层表面同时均匀涂刷胶液（聚醋酸乙烯乳液∶107胶＝70∶30)，不宜有漏胶的部位。涂胶后放置15分钟，当被粘贴表面胶液呈半干状态时，即可开始粘贴。接缝处采用衔接拼缝，在拼缝后立即用电熨斗熨平，直至墙面胶水随蒸气渗入木质纤维后才会牢固。微薄木贴完后，待干，可按木材饰面的常规或设计要求，进行漆饰处理。应注意的是，无论采用何种漆饰工艺，都必须尽可能地将木材纹理显露出来。

第 6 节　清水墙饰面构造

清水墙饰面是指墙体砌成之后，墙面不加其他覆盖性装饰面层，只是利用原结构砖墙或混凝土墙的表面进行勾缝或模纹处理的一种墙体装饰方法。这种饰面是利用墙体材料自身的质感和色彩获得装饰性，具有淡雅凝重的独特效果，而且其耐久性好，不易变色，不易污染，也没有明显的褪色和风化现象。即使是在新型墙体材料及工业化施工方法已居主导地位的西方发达国家，清水墙仍在墙面装饰方法中占有一席重要的地位。清水墙饰面主要有清水砖墙面和混凝土墙面。

一、清水砖墙面

（一）清水砖墙使用的砖

清水砖墙面常用粘土砖来砌筑。粘土砖主要有青砖和红砖两种。在生产过程中，当烧结好的砖在窑里自然冷却的砖颜色是红色的，称为红砖。而淋水强制冷却的砖称为青砖。还有一种过火砖，是垛在靠近窑内燃料投入口的部位，由于温度高而烧成的一种次品砖，颜色深红，质地坚硬，是装饰用的上好佳品，往往被用来砌筑建筑小品或室内壁炉部位的清水墙。

适宜于砌筑清水墙的砖，应该是质地密实、表面晶化、砌体规整、棱角分明、色泽一致、及抗冻性好、吸水率低的粘土砖。这一般用手工脱坯的砖才能达到。而机制砖比较疏松，砖块变形厉害，缺角严重。一般不适宜砌筑清水砖墙。近年来，国外生产了一些用于清水墙装饰的砖，如人工石料干压成的毛细孔砖等。在国内，目前尚无专门生产的用于清水砖墙装饰的砖。相比之下，缸砖、城墙砖等用于清水砖墙是适宜的。

（二）清水砖墙的装饰方法

清水砖墙的砌筑方法，一般还是以普通的满丁满条（梅花丁）为主，最主要的灰缝处理，改变灰缝的颜色能够有效地调整整个墙面的色调与明暗程度，这是因为灰缝的面积是清水砖墙面的 1/6 的缘故。所以由于砖缝的颜色变化，整个墙面的效果也会有变化。但应注意，只有勾缝，才会产生一定的阴影，方能形成鲜明的线条和质感。

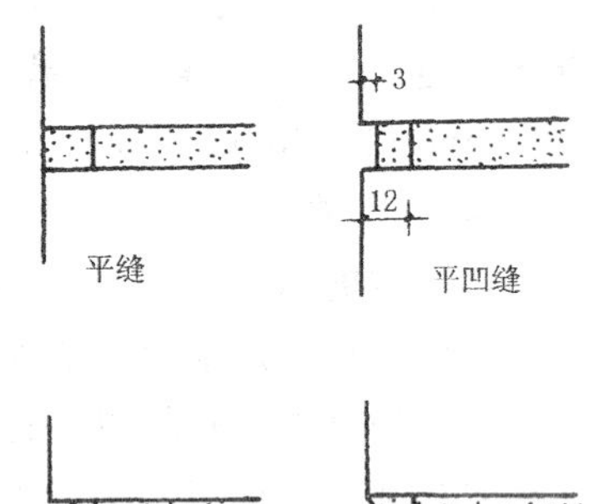

图 3 - 34　清水墙的勾缝形式

清水砖墙勾缝，多采用 1∶1.5 的水泥砂浆，砂子的粒径以 0.2mm 为宜。根据需要可以在勾缝砂浆中掺入一定量的颜料。还可以在砖墙勾缝之前涂刷颜色或喷色，色浆由石灰浆加入颜料（氯化铁红、氯化铁黄或青砖本色）、胶粘剂（一般为乳胶、按水重的 15%～20%掺用）构成。清水砖墙的灰缝处理形式，主要有凹缝、斜缝、圆弧凹缝、平缝等形式，如图 3 - 34 所示。若为勾凹缝，则凹入应不小于 4mm。

二、混凝土墙体饰面

随着建筑工业化的发展，新型墙体日益增多，各种砌块、预制混凝土壁板、滑升模板和大模板现浇混凝土等多种墙体已在工程中大量应用，显著改变了现场手工砌砖的落后面貌。

混凝土的强度高，耐久性好，又是塑性成型材料，只要配合比及工艺合理、模板质量符合要求，完全可以做到墙面平整，不须抹灰找平，也不需要饰面保护。如进一步将其做成装饰混凝土更是形式多样，这不仅可以节约工程造价和装饰工作量，而且还能克服其他外墙装饰饰面的缺点。如采用陶瓷类贴面材料进行装饰，其湿作业多，工作量大，并且起壳、脱落等现象时有发生。

1. 装饰混凝土饰面

装饰混凝土是经建筑艺术加工的一种混凝土墙面装饰技术。它是利用混凝土本身的图案、线型、或水泥和骨料的颜色、质感而发挥装饰作用的饰面混凝土。装饰混凝土主要可分为清水混凝土和露骨料混凝土两类。混凝土经过处理，保持原有外观质地的为清水混凝土；反之将表面水泥浆膜剥离，露出混凝土粗细骨料的颜色、质感的为露骨料混凝土。当模板采用木板时，在混凝土表面能呈现出木材的天然纹理，自然、质朴。还可用硬塑料等做衬模，使混凝土表面能呈现出凹凸不平的图案，有很好的艺术表现力。图 3 - 35 为上海天宝路高层住宅装饰混凝土外墙面实例；图 3 - 36 为其线条和花饰样板。

图 3 - 35　上海天宝路高层住宅装饰混凝土外墙面

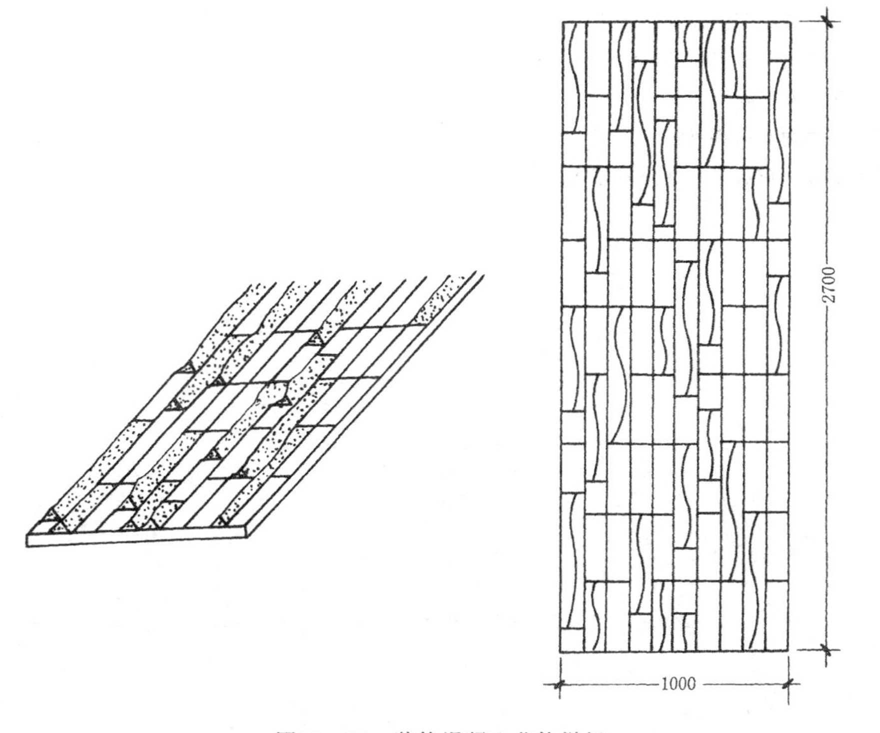

图 3 - 36　装饰混凝土花饰样板

模板接缝设计要与总体构图相吻合，否则会显得零乱、破碎。混凝土的浇筑质量要求较高，表面不得有蜂窝和麻面，这就对混凝土配合比和浇筑方法有特定的要求。

2. 预制饰面

采用预制饰面的混凝土壁板能大量减少现场饰面的工程量,从而大幅度地提高工效。但预制饰面混凝土壁板在运输及吊装过程中容易磕碰损坏，进行修补时，比较麻烦费工，而且颜色很难做到与原色均匀一致，难免留下痕迹，影响立面美观。

预制饰面的混凝土壁板表面还可以预制成干粘石等饰面，即在浇灌混凝土后随抹粘结砂浆、粘石碴等。采用这种壁板应预留部分石碴备作现场修补用，以保证石碴颜色一致。

3. 现制饰面

大模板、滑升模板现浇混凝土墙体的内外饰面只能在现场施工。预制混凝土壁板除前述预制饰品做法外，还有许多工程是在现场作外墙饰面的。经常采用的有干粘石、喷粘石、喷石屑、聚合物水泥砂浆喷涂；喷或刷乙丙乳液厚涂料、硅酸钾或硅溶胶无机建筑涂料等外墙饰面；同时还采用水泥拉毛、扒拉灰假面砖、涂刷石灰浆等饰面做法。

现浇混凝土墙体的内外墙饰面在现场施工有利于保证质量,减少修补,但施工麻烦、工效较低。

复习思考题

1. 外墙饰面和内墙饰面的基本功能有哪些?
2. 墙面抹灰通常由哪几层组成?它们的作用各是什么?
3. 什么是“护角”?它的构造如何?
4. 抹灰类饰面分为几种?各种包括哪些做法?
5. 水刷石与干粘石饰面有何区别?
6. 简单说明大理石墙面的“挂贴法”做法。
7. 什么叫“双保险”?
8. 裱糊类墙面有何特点?
9. 铝合金外墙板有哪两种安装方式?

第4章 顶棚装饰构造

顶棚是位于建筑物楼屋盖下表面的装饰构件，俗称天花板，对悬挂在楼屋盖承重结构下表面的顶棚，常常也称为吊顶。顶棚是构成建筑室内空间三大界面的顶界面，在室内空间中占据十分显要的位置。顶棚装饰工程是建筑装饰工程的重要组成部分。顶棚的构造设计与选择应从建筑功能、建筑声学、建筑照明、建筑热工、设备安装、管线敷设、维护检修、防火安全等多方面综合考虑。

第一节 概 述

一、顶棚的作用

由于建筑具有物质和精神的双重性，因此，顶棚兼具满足使用功能的要求和满足人们在信仰、习惯、生理、心理等方面的精神需求的作用。

1. 改善室内环境，满足使用功能要求

顶棚的处理不仅要考虑室内的装饰效果和艺术风格的要求，而且要考虑室内使用功能对建筑技术的要求。照明、通风、保温、隔热、吸声或反射声、音响、防火等技术性能，直接影响室内的环境与使用。如：剧场的顶棚，要综合考虑光学、声学设计方面的诸多问题。在表演区，多采用集中照明、面光、耳光、追光、顶光甚至脚光一并采用。剧场的顶棚则应以声学为主，结合光学的要求，做成多种形式的造型，以满足声音反射、漫反射、吸收和混响等方面的需要。

2. 装饰室内空间

顶棚是室内装饰的一个重要组成部分，它是除墙面、地面之外，用以围合成室内空间的另一个大面。它从空间、光影、材质等诸方面，渲染环境，烘托气氛。

不同功能的建筑和建筑空间对顶棚装饰的要求不尽一致，装饰构造的处理手法也有区别。顶棚选用不同的处理方法，可以取得不同的空间感觉。有的可以延伸和扩大空间感，对人的视觉起导向作用；有的可使人感到亲切、温暖、舒适，以满足人们生理和心理环境的需要。如：建筑物的大厅、门厅，是建筑物的出入口，人流进出的集散场所。它们的装饰效果往往极大地影响人视觉对该建筑物及其空间的第一印象。所以，入口常常是重点装饰的部位。它们的顶棚，在造型上，多运用高低错落的手法，以求得富有生机的变化；在材料选择上，多选用一些不同色彩、不同纹理和富于质感的材料；在灯具选择上，多选用高雅、华丽的吊灯，以增加豪华气氛。可见，室内装饰的风格与效果，与顶棚的造型、顶棚装饰构造方法及材料的选用之间有着十分密切的关系。因此，顶棚的装饰处理对室内景观的完整统一及装饰效果有很大影响。

综上所述，顶棚装饰是技术要求比较复杂，难度较大的装饰工程项目，必须结合建筑内部的体量，装饰效果的要求、经济条件、设备安装情况、技术要求及安全问题等各方面来综合考虑。

二、顶棚装修的分类

顶棚装修根据不同的功能要求可采用不同的类型，顶棚的分类可以从不同的角度来进行。

（1）按顶棚外观的不同分类：有平滑式顶棚、井格式顶棚、悬浮式顶棚、分层式顶棚等，如图 4－1 所示。

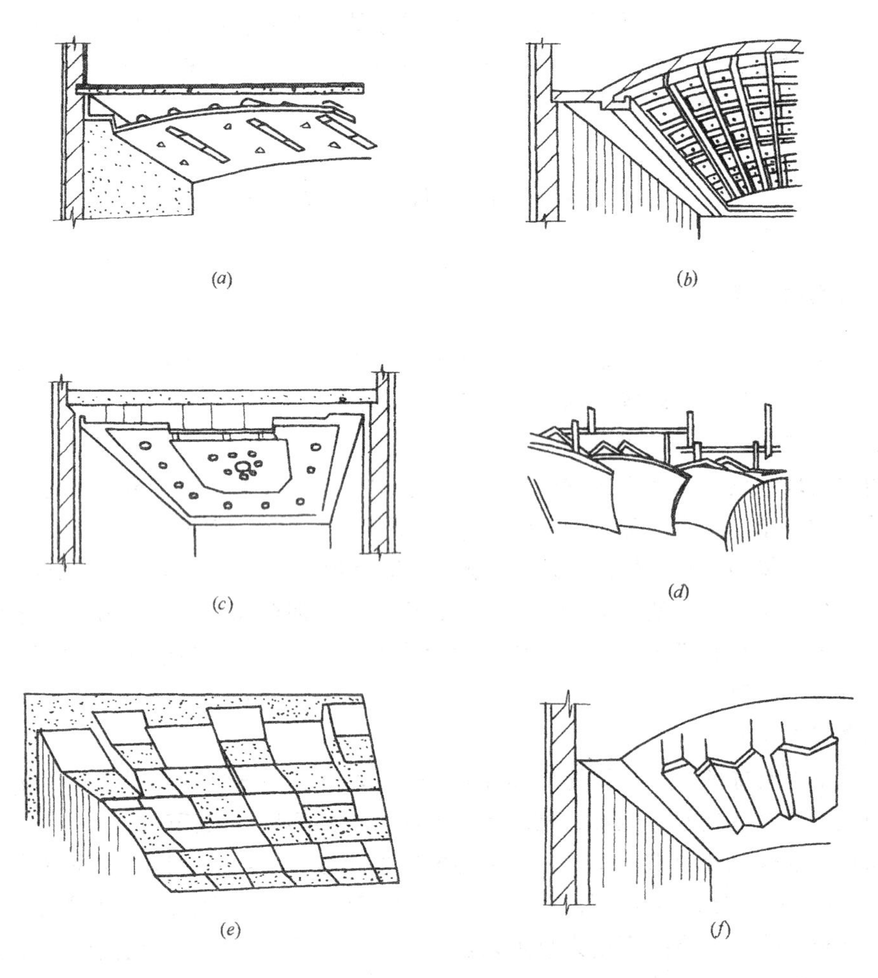

图 4－1　顶棚形式
(a) 平滑式；(b) 井格式；(c)、(d) 分层式；(e)、(f) 悬浮式

平滑式顶棚的特点：是将整个顶棚做成平直或弯曲的连续体。常用于室内面积较小、层高较低或有较高的清洁卫生和光线反射要求的房间。如居室、手术室、教室、浴室和卫生间等。

井格式顶棚的特点：是根据结构的主次梁成纵、横或斜向的交叉梁将顶棚划分为格子。这类顶棚既可直接在梁上作简单饰面处理，结合灯具等设备的布置，做成外观简洁的井格，也可仿古建筑藻井顶棚，结合传统彩画处理，做成外观富丽堂皇的井格。常用于大宴会厅、休息厅等。

悬浮式顶棚的特点：是把杆件、板材、薄片或各种形状的预制块体（如船形、锥形、箱形等）悬挂在结构层或平滑式顶棚下，形成格栅状、井格状、自由状或有韵律感、节奏感的悬浮式顶棚。有的顶棚上部的天然光或照明灯光，通过悬挂件的漫反射或光影交错，使室内照度均匀、柔和，富于变化，并具有良好的深度感，有的顶棚通过高低不同的悬挂件对声音的反射与吸收，使室内声场分布达到理想的要求。悬浮式顶棚适用于大厅式房间（如影剧院、歌舞厅等）。

分层式顶棚的特点：是在同一室内空间，根据使用要求，将局部顶棚降低或升高，构成不同形状、不同层次的小空间。利用错层来布置灯槽、送风口等设施。可以结合声、光、电、空调的要求，形成不同高度、不同反射角度、不同效果。这种顶棚适用于中型或大型室内空间。如活动室、会堂、餐厅、舞厅、多功能厅、体育馆等。

（2）按施工方法的不同分类：有抹灰刷浆类顶棚、裱糊类顶棚、贴面类顶棚、装配式板材顶棚等。

（3）按顶棚装修表面与屋面、楼面结构等基层关系的不同分类：有直接式顶棚、悬吊式顶棚。

（4）按顶棚的基本构造的不同分类：有无筋类顶棚、有筋类顶棚。

（5）按顶棚结构层或构造层显露状况的不同分类：有开敞式顶棚、隐蔽式顶棚等。

（6）按面层饰面材料与龙骨或称为搁栅的关系不同分类：有活动装配式顶棚、固式顶棚等。

（7）按顶棚装饰表面材料的不同分类：有木质顶棚、石膏板顶棚、各种金属板顶棚、玻璃镜面顶棚等。

（8）按顶棚承受荷载能力大小的不同分类：有上人顶棚、不上人顶棚。

此外，还有结构顶棚、软体顶棚、发光顶棚等。

第2节　直接式顶棚的基本构造

直接式顶棚是在屋面板、楼板等底面直接进行喷浆、抹灰、粘贴壁纸、粘贴面砖、粘贴或钉接石膏板条与其他板材等饰面材料。有时，把不使用吊杆，直接在楼板底面铺设固定龙骨所做成的顶棚，以及结构顶棚也归于此类。如直接石膏装饰板顶棚。这一类顶棚构造的关键技术是如何保证饰面层与基层牢固可靠地粘贴或钉接。

一、饰面特点

直接式顶棚一般具有构造简单，构造层厚度小，可以充分利用空间；采用适当的处理手法，可获得多种装饰效果；材料用量少，施工方便，造价较低等特点。但这类顶棚没有供隐藏管线等设备、设施的内部空间。故小口径的管线应预埋在楼屋盖结构及其构造层内，大口径的管道，则无法解决。这一类顶棚通常用于普通建筑，及室内建筑高度空间受到限制的场所。

二、材料选用

直接式顶棚的饰面材料可选用下列材料：

1. 各类抹灰

常用的抹灰材料有：纸筋灰抹灰、石灰砂浆抹灰、水泥砂浆抹灰等。普通抹灰用于一般建筑或简易建筑，甩毛等特种抹灰用于声学等要求较高的建筑。

2. 涂刷材料

常用的涂刷材料有：石灰浆、大白浆、色粉浆、彩色水泥浆、可赛银等。主要用于一般建筑，如办公室、宿舍等。

3. 壁纸等各类卷材

常用的各类卷材有：墙纸、墙布及其他一些织物。主要用于装饰要求较高的建筑，如宾馆的客房、住宅的卧室等。

4. 面砖等块材

常用的块材有釉面砖。主要用于有防潮、防腐、防霉或清洁要求较高的建筑，如浴室、洁净车间等。

5. 各类板材

常用的板材有：胶合板、石膏板等。主要用于装饰要求较高的建筑。

此外，还有石膏线条、木线条、金属线条等。

三、基本构造

（一）直接抹灰、喷刷、裱糊类顶棚

1. 基层处理

基层处理的目的是为了保证饰面的平整和增加抹灰层与基层的粘结力。具体做法是：先在顶棚的基层上刷一遍纯水泥浆，然后用混合砂浆打底找平。要求较高的房间，可在底板增设一层钢板网，在钢板网上再做抹灰，这种做法强度高，结合牢，不易开裂脱落。

2. 中间层、面层的做法和构造与墙面装饰技术类同。

图 4 - 2 为喷刷类顶棚构造示意。图 4 - 3 为裱糊类顶棚构造示意。

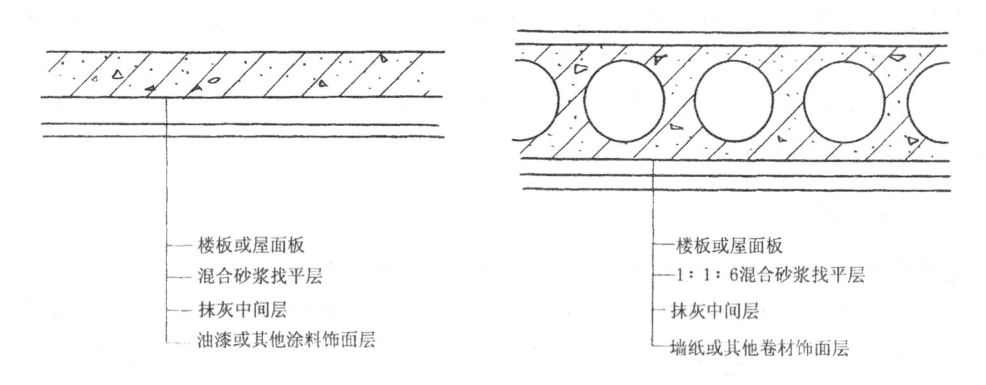

图 4 - 2　喷刷类顶棚构造层次示意　　图 4 - 3　裱糊类顶棚构造层次示意

（二）直接贴面类顶棚

这类顶棚有粘贴面砖等块材和粘贴固定石膏板或条等。

1. 基层处理

基层处理要求和方法同直接抹灰、喷刷、裱糊类顶棚。

2. 中间层的要求和做法

粘贴面砖等块材和粘贴固定石膏板或条时宜增加中间层，以保证必要的平整度。做法是在基层上做 5～8mm 厚 1∶0.5∶2.5 水泥石灰砂浆。

3. 面层的做法和构造

粘贴面砖参见墙面装修相应构造。

粘贴固定石膏板或条时，宜采用钉接相配合，具体做法是在结构和抹灰层上钻孔，安装前埋置锥形木楔或塑料胀管；在板或条上钻孔，粘贴板或条时，用木螺丝辅助固定。图 4-4 为粘贴固定石膏板条顶棚典型装饰造型示意。

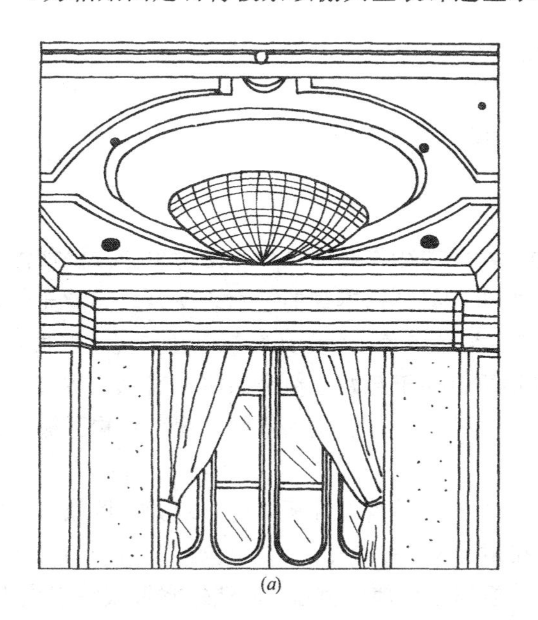

(a)

(b)

图 4-4 直接贴面类顶棚构造示意

(a) 石膏预制条装饰圆形顶棚；(b) 粘贴石膏花饰顶棚

（三）直接固定装饰板顶棚

这类顶棚与悬吊式顶棚的区别是不使用吊杆，直接在结构楼板底面铺设固定龙骨。

1. 铺设固定龙骨

直接式装饰板顶棚多采用木方作龙骨，间距根据面板厚度和规格确定，木龙骨的断面尺寸宜为 $b \times h$=40mm×(40～50)mm。为保证龙骨的平整度，应根据房间宽度，将龙骨层的厚度（龙骨到楼板的间距）控制在 55～65mm 以内。龙骨与楼板之间的间距可采用垫木填嵌。龙骨的固定方法一般采用胀管螺栓或射钉将连接件固定在楼板上。龙骨与楼板之间的间距较小，且顶棚较轻时，也可采用冲击钻打孔，埋设锥形木楔的方法固定。

2. 铺钉装饰面板

胶合板、石膏板等板材均可直接与木龙骨钉接。

3. 板面修饰

参见悬吊式顶棚相应部分处理措施。图 4 - 5 为一直接式装饰板顶棚构造示意。

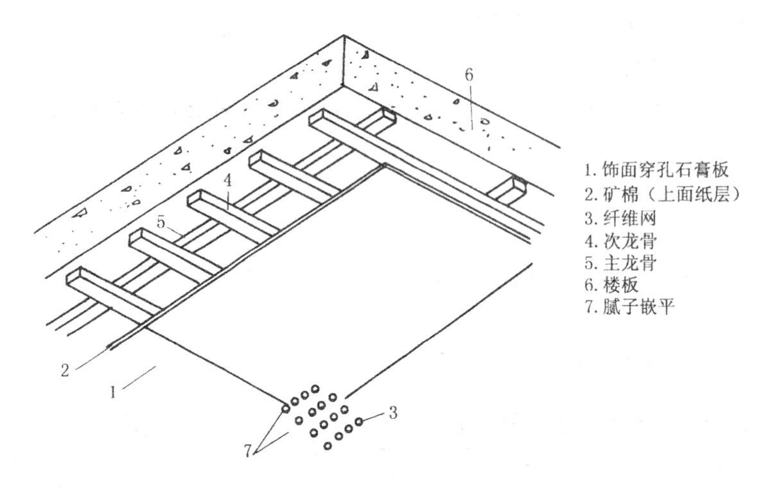

图 4 - 5 直接式装饰板顶棚构造示意

（四）结构顶棚装饰构造

将屋盖或楼盖结构暴露在外，利用结构本身的韵律作装饰，称为结构顶棚。例如网架结构，构成网架的杆件布置形式，本身很有规律，有结构本身的艺术表现力。如能充分利用这一特点，有时能获得优美的韵律感。又如拱结构屋盖，本身具有规律性的优美曲面，可以形成富有韵律的拱面顶棚。结构顶棚的装饰重点在于巧妙地组合照明、通风、防火、吸声等设备，以显示顶棚与结构韵律的和谐，形成统一的、优美的空间景观。结构顶棚广泛用于体育建筑及展览厅等大型公共建筑。

结构顶棚的主要构件材料及构造一般都由建筑与结构设计所决定。例如：国家奥林匹克体育中心游泳馆观众厅，顶棚采用纵梁斜拉索结构，每边用 12 根斜拉索把屋盖结构悬浮在两端的高塔上，曲形球节点网架与纵梁斜拉索组合成屋盖体系，杆件外露形成结构顶棚，同时还采用了 1mm 厚铝合金槽形板，上铺吸声材料。由此形成的顶棚自然、合理、吸声效果好，并有结构本身的艺术表现力。图 4 - 6 为结构顶棚构造示意。

图 4 - 6 某井式楼盖顶棚构造示意

为了增强结构顶棚的装饰效果，以下几个装饰构造处理手法可供参考。

（1）利用色彩要素作调节处理；

（2）利用灯具及其光照强调；

（3）采用适当工艺，改变构件材料的质感；

（4）借助于一些小的饰品调节装饰效果。

第3节　悬吊式顶棚的基本构造

一、饰面特点

悬吊式顶棚是指这种顶棚的装饰表面与屋面板、楼板等之间留有一定的距离，在这段空间中，通常要结合布置各种管道和设备，如灯具、空调、灭火器、烟感器等。悬吊式顶棚通常还利用这段悬挂高度，以及悬吊式顶棚的形式不必与结构层的形式相对应这一特点，使顶棚在空间高度上产生变化，形成一定的立体感。一般来说，悬吊式顶棚的装饰效果较好，形式变化丰富，适用于中、高档次的建筑顶棚装饰。

悬吊式顶棚内部空间的高度，在没有功能要求以及室内空间体量无特殊要求时，宜小不宜大，以节约材料和造价。若需利用顶棚内部空间作为敷设管线管道、安装设备等的技术空间，以及有隔热通风层的需要，则可根据不同情况适当加大，必要时应铺设检修走道以便检修，防止踩坏面层，保障安全。

二、悬吊式顶棚的构造组成与所用材料

悬吊式顶棚一般由基层、面层、吊筋三大基本部分组成。

（一）顶棚基层

顶棚基层即顶棚骨架层，是一个包括由主龙骨、次龙骨、小龙骨（或称为主搁栅、次搁栅）所形成的网格骨架体系。其作用主要是承受顶棚的荷载，并由它将这一荷载通过吊筋传递给楼盖或屋顶的承重结构。

常用的顶棚基层有木基层及金属基层两大类。

1. 木基层

木基层由主龙骨、次龙骨、小龙骨三部分组成。其中，主龙骨为50mm×70mm，钉接或者栓接在吊杆上，主龙骨间距一般为1.2～1.5m。次龙骨断面一般为50mm×50mm，再用50mm×50mm的方木吊挂钉牢在主龙骨的底部，并用8号镀锌铁丝绑扎。次龙骨的间距，对抹灰面层一般为400mm，对板材面层按板材规格及板材间缝隙大小确定，一般不大于600mm。

固定板材的次龙骨通常双向布置，其中一个方向的次龙骨断面为50mm×50mm，应钉接于主龙骨上，另一方向的次龙骨一般为30mm×50mm，可直接钉在50mm×50mm的次龙骨上。

木基层的耐火性较差，但锯解加工较方便。这类基层多用于传统建筑的顶棚和造型特别复杂的顶棚。应用时须采取相应措施处理。

2. 金属基层

金属基层常见的有轻钢基层和铝合金基层两种。

轻钢基层主龙骨一般用特制的型材，断面多为U形，故又称为U形龙骨系列。U形龙骨系列由大龙骨、中龙骨、小龙骨、横撑龙骨及各种连接件组成。其中大龙骨，按其承载能力分为三级，轻型大龙骨不能承受上人荷载；中型大龙骨，能承受偶然上人荷载，亦可在其上铺设简易检修走道；重型大龙骨能承受上人的800N检修集中荷载，并可在其上铺设永久性检修走道。大龙骨的高度分别为30～38mm、45～50mm、60～100mm。中龙骨断面也为U形，截面宽度为50mm或60mm。小龙骨断面亦为U形，截面宽度为25mm。

铝合金龙骨是目前在各种吊顶中用得较多的一种吊顶龙骨。常用的有T型、U型、LT型以及采用嵌条式构造的各种特制龙骨。其中，应用最多的是LT型龙骨。LT型龙骨主要由大龙骨、中龙骨、小龙骨、边龙骨及各种连接件组成。大龙骨也分为轻型系列、中型系列、重型系列。轻型系列龙骨高30mm和38mm，中型系列龙骨高45mm和50mm，重型系列龙骨高60mm。中部中龙骨的截面为倒T形，边部中龙骨的截面为L形。中龙骨的截面高度为32mm和35mm。小龙骨的截面为倒T形，截面高度为22mm和23mm。

当顶棚的荷载较大，或者悬吊点间距很大，以及在特殊环境下使用时，必须采用普通型钢做基层，如角钢、槽钢、工字钢等。

（二）顶棚面层

面层的作用是装饰室内空间，而且，常常还要具有一些特定的功能，如吸声、反射等等。此外，面层的构造设计还要结合灯具、风口布置等一起进行。

顶棚面层一般分为抹灰类、板材类及格栅类。最常用的是各类板材。

1. 纸面石膏板、纸面石膏装饰吸声板、石膏板装饰吸声板

石膏板具有质量轻、强度高、阻燃防火、保温隔热等特点，其加工性能好，可锯、钉刨、粘贴，施工方便。

2. 矿棉装饰吸声板

矿棉板具有质量轻、吸声、防火、保温隔热、美观、施工方便等特点，适用于各类公共建筑的顶棚。

3. 珍珠岩装饰吸声板

珍珠岩板具有重量轻、装饰效果好、防火、防潮、防蛀、耐酸、可锯、可割、施工方便等特点，多用于公共建筑的顶棚。

4. 钙塑泡沫装饰吸声板

钙塑板具有质量轻、吸声、隔热、耐水及施工方便等特点，适用于公共建筑的顶棚。

5. 金属微穿孔吸声板

金属微穿孔吸声板是利用各种不同穿孔率的金属板来达到降低噪声的目的。选用材料有不锈钢、防锈铝合金板、彩色镀锌钢板等。这类板材具有质量轻、强度高、耐高温、耐压、耐腐蚀、防火、防潮、化学稳定性好、组装方便等特点，适用于各类公共建筑的顶棚。

6. 穿孔吸声石棉水泥板

这种板材的图案种类很多，还可根据要求进行板面设计。其质量稍大，但防火、耐腐蚀、吸声效果好。适用于地下建筑、需要降低噪声的公共建筑和工业厂房的顶棚。

7. 玻璃棉装饰吸声板

这类板材具有质量轻、吸声、防火、保温隔热、美观大方、施工方便等特点，适用于

各类公共建筑的顶棚。

8. 贴塑装饰吸声板

这种板材具有导热系数低、不燃、吸声性能好的特点。适用于各类公共建筑的顶棚。

9. 珍珠岩植物复合板

这种板材具有防火、防水、防霉、防蛀、吸声、隔热等特点，并可锯、可钉，加工方便，适用于公共建筑的顶棚。

此外，还有胶合板、铝型板等。

（三）顶棚的吊筋

吊筋是连接龙骨和承重结构的承重传力构件。吊筋的作用主要是承受顶棚的荷载，并将这一荷载传递给屋面板、楼板、屋顶梁、屋架等部位。其另一作用，是用来调整、确定悬吊式顶棚的空间高度，以适应不同场合、不同艺术处理上的需要。

吊筋的形式和材料的选用，与吊顶的自重及吊顶所承受的灯具、风口等设备荷载的重量有关，也与龙骨的形式和材料，屋顶承重结构的形式和材料等有关。

吊筋可采用钢筋、型钢或木方等加工制作。钢筋用于一般顶棚；型钢用于重型顶棚或整体刚度要求特别高的顶棚；木方一般用于木基层顶棚，并采用金属连接件加固。

如采用钢筋做吊筋，一般不小于ϕ6mm，吊筋应与屋顶或楼板结构连接牢固。钢筋与骨架可采用螺栓连接，挂牢在结构中预留的钢筋钩上。木骨架也可以用50mm×50mm的方木作吊筋。

另外，顶棚面层与基层的连接需要连接件、紧固件或连接材料。如螺丝、螺栓、圆钉、特制卡具、胶粘剂等。

连接材料与连接方法有关。面板与金属基层连接一般采用自攻螺丝；面板与木基层连接采用木螺丝或圆钉；也可采用各类相应胶粘剂将钙塑板、矿棉板与U形龙骨粘接；如果是搁置连接，一般不需要连接材料。

三、基本构造

悬吊式顶棚的结构构造组成如图4-7所示。基本构造做法要点如下。

（一）吊杆与吊点的设置

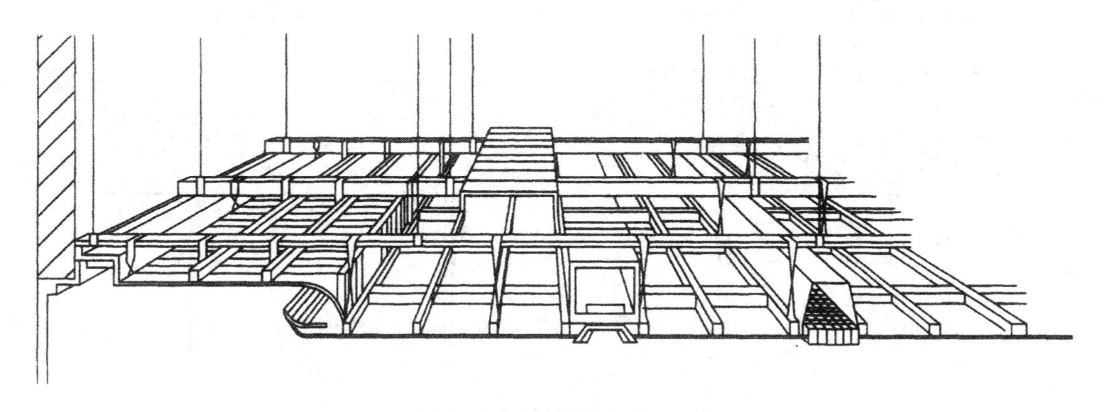

图 4-7 悬吊式顶棚的结构构造组成

一般顶棚吊杆为 ϕ6～ϕ8 的圆钢制作，吊杆间距在 900～1200mm 左右。吊杆与楼屋盖连接的节点即为吊点。一般有以下几种方式，如图 4-8 所示。

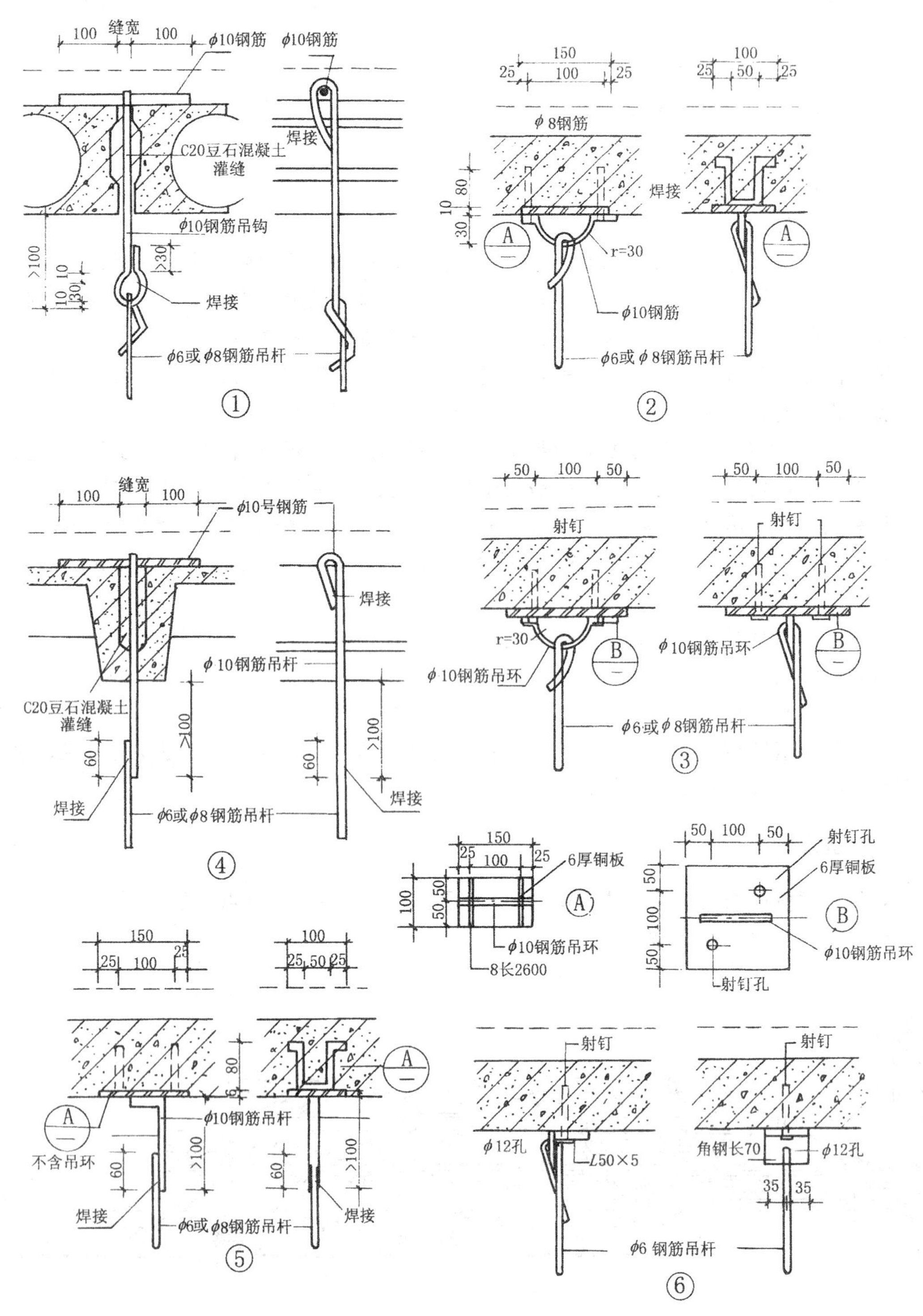

图 4-8 吊杆与楼屋盖连接构造

（1）吊杆直接插入预制板的板缝，并用C20细石混凝土将板缝灌实，如图4-8（*a*）所示。

（2）将吊杆绕于钢筋混凝土板底预埋件焊接的半圆环上，如图4-8（*b*）所示。

（3）将吊杆绕于焊有半圆环的钢板上，并将此钢板用射钉固定于钢筋混凝土板底，如图4-8（*c*）所示。

（4）在预制板的板缝中先埋下ϕ10钢筋，并将顶棚的吊杆作焊接处理，板缝中用C20细石混凝土灌实，如图4-8（*d*）所示。

（5）在钢筋混凝土板底预埋件、预埋钢板，焊ϕ10mm连接钢筋，并把吊杆焊于连接钢筋上，如图4-8（*e*）所示。

（6）将吊杆缠绕于板底附加的L50×5的角钢上，角钢用射钉固定于钢筋混凝土板底，如图4-8（*f*）所示。

在顶棚龙骨被截断，或荷重有变化的位置，应增设吊点。

（二）龙骨的布置与连接构造

1. 龙骨的布置

龙骨布置必须解决以下两个技术问题：

（1）控制刚度

顶棚的整体刚度与主龙骨和吊杆有关。一般通过龙骨的断面和吊杆的间距来综合考虑控制。

（2）控制标高和水平度

通过控制主龙骨的标高来达到控制顶棚标高的目的。为保证顶棚的水平度，及消除视觉误差，当顶棚的跨度较大时，顶棚的中部应适当起拱，起拱的幅度，一般对7～10m的跨度，按3/1000起拱；对10～15m的跨度，按5/1000起拱。

顶棚的龙骨布置宜遵循以下原则：主龙骨的水平方向应以次龙骨的水平方向与面板的水平方向相垂直为宜，主龙骨与次龙骨、次龙骨与小龙骨，以及小龙骨与横撑龙骨之间互为垂直关系。

应该注意的是，实际工程中，顶棚的造型往往很复杂，竖向可能有多个高低层次；平面多呈矩形、圆形、扇形或不规则形状等，剖面多为波纹状、圆拱状、折线状、阶梯状等。因此，龙骨布置应满足装饰造型的需要。

此外，龙骨布置也应考虑设备布置的需要。例如：在大厅的照明设计中有吸顶灯具，则应根据它的具体位置，在布置次龙骨时预留空位。

2. 龙骨的连接构造

龙骨的连接包括主龙骨与吊杆的连接，主龙骨与次龙骨、小龙骨的连接如图4-9所示，连接构造的形式取决于顶棚的形式、龙骨的布置方式、龙骨的材料类型、各类龙骨的相互位置关系。各类顶棚的龙骨连接构造详见本章下面几节。

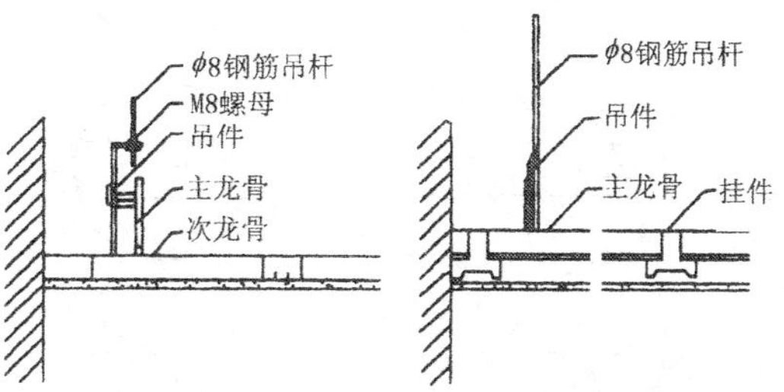

图4-9　吊杆与主龙骨、主龙骨与次龙骨的连接构造示意

（三）饰面层的连接

1. 抹灰类顶棚

抹灰类顶棚的饰面抹灰层必须附着在木板条、钢丝网和钢板网等材料上。因此，必须首先将这些材料绷紧固定在基层骨架上，然后再做抹灰饰面层。

单纯用抹灰做饰面层的方法，目前在较高档次装饰中已经不多见，往往在抹灰层上再做各类材料的贴面和裱糊作为饰面层，这些贴面材料主要有釉面砖，裱糊材料有墙纸、墙布等卷材。

2. 饰面板材类顶棚

板材类顶棚饰面板材与龙骨之间的连接，通常可采用钉、粘、搁、卡、挂等几种方式，如图 4 - 10 所示。

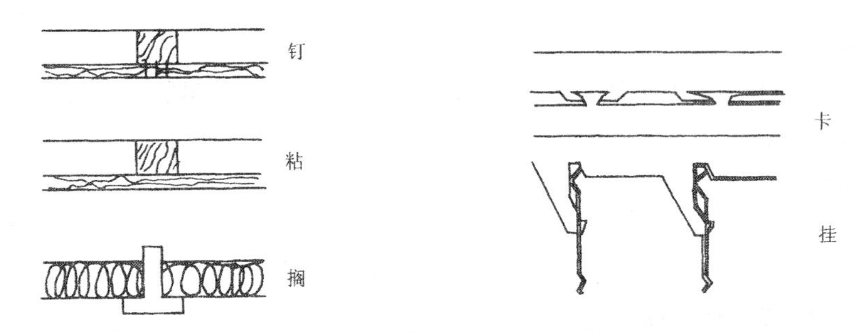

图 4 - 10 板材面层与龙骨的连接方式

饰面板的拼缝，是影响顶棚面层装饰效果的一个重要因素。对一般板材，有对缝、凹缝、盖缝等几种方式。

对缝是指板与板在龙骨处对接，多采用粘或钉的方法对面板进行固定，这种方法的拼缝易产生不平。

凹缝是在两块面板的拼缝处，利用面板的形状、厚度等做出的 V 形或矩形拼缝，凹缝的宽度不应小于 10mm，必要时，应采用涂颜色、加金属压条等方法处理，以强调线条及立体感。

盖缝是板材间的拼缝不直接显露，即利用龙骨的宽度或专门的压条将拼缝盖起来。这种方法可以弥补板材自身及施工时在拼缝处呈现的不足。

为了改变饰面板和龙骨的连接方式，及饰面板表面的效果，可通过对饰面板的边角进行不同的处理来满足，如图 4 - 11 所示。

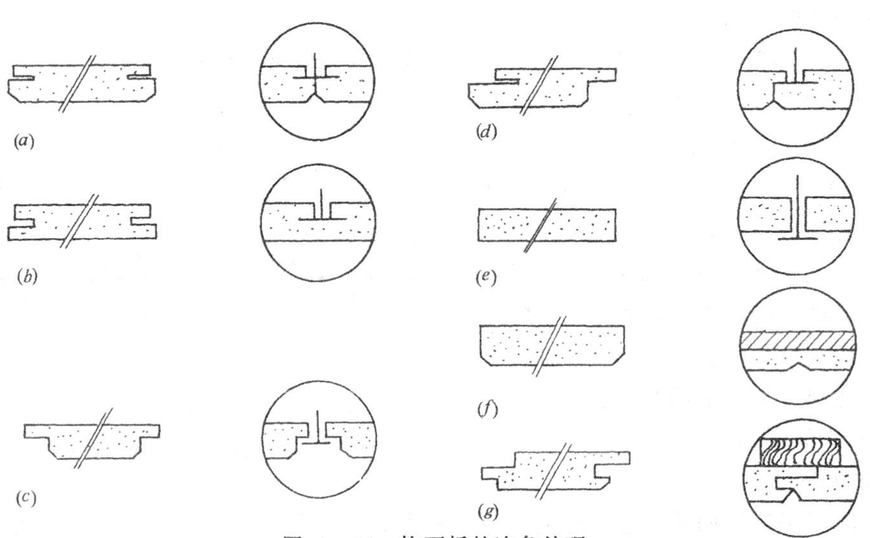

图 4 - 11 饰面板的边角处理

(*a*) 卡式倒角企口边角；(*b*) 卡式企口边角；(*c*) 搁式倒角边角；(*d*) 混合式倒角边角；(*e*) 搁式边角；(*f*) 粘式倒角边角；(*g*) 钉式倒角企口边角

第 4 节　抹灰类吊顶的装饰构造

抹灰类顶棚具有整体面层，可满足多种顶棚造型和装饰需要，形成多种装饰效果。尤其适用于造型复杂、需无接缝面层的顶棚。

一、板条抹灰顶棚的装饰构造

板条抹灰顶棚是一种传统做法，其构造简单、造价低，但抹灰层由于干缩或结构变形的影响，很容易脱落，顶棚内部木料耐火性差。这类顶棚通常用于装饰等级要求较低的建筑。

板条抹灰顶棚构造做法示意如图 4-12（*a*）所示。一般采用木龙骨，龙骨端面和布置间距参见本章第 2 节。木龙骨下表面钉接毛板条，毛板条的断面一般为 10mm×30mm，板条间隙为 8～10mm，以利于里层灰浆嵌入牢固。板条的两端均应实钉在次龙骨上，不能悬挑，并且板条接头应错开排列，以免毛板条变形、灰浆干缩等原因造成面层裂缝。然后在板条上做里层抹灰，再根据需要做中间层和面层抹灰。

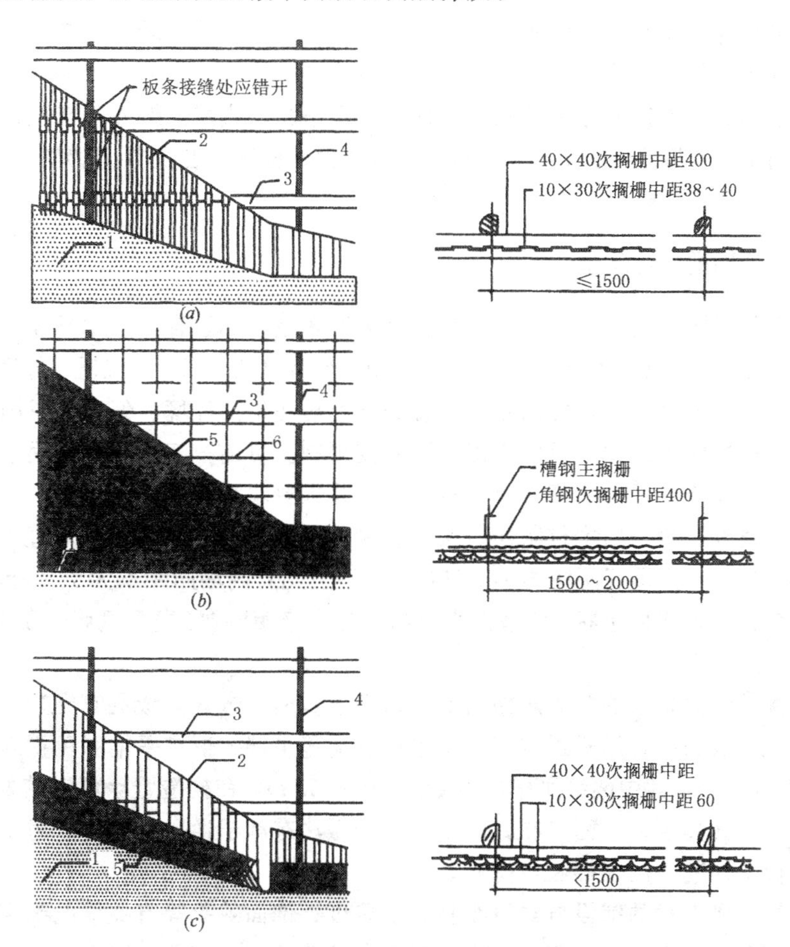

图 4-12　抹灰顶棚构造示意

（*a*）板条抹灰顶棚；（*b*）钢板网抹灰顶棚；（*c*）钢板网板条抹灰顶棚

1—抹灰面层；　2—毛板条；　3—次搁栅；　4—主搁栅；　5—钢板网；　6—ϕ6 钢筋

二、钢板网抹灰顶棚的装饰构造

钢板网抹灰顶棚的耐久性、防振性和耐火性均较好，但造价较高，一般用于中、高档建筑中。

钢板网抹灰顶棚采用金属制品作为顶棚的骨架和基层，一般采用等边角钢作为次龙骨，中距 400mm；采用槽钢作主龙骨，槽钢的型号按结构设计的强度和刚度要求计算确定，面层选用丝梗厚为 1.2mm 的钢板网，网后衬垫一层 ϕ6mm 钢筋，中距为 200mm 的网架，绑扎牢固后，再进行抹灰。抹灰的做法和构造层次等与墙面装饰抹灰类同，如图 4 - 12(*b*)所示。

钢板网抹灰顶棚也可采用板条木骨架下挂钢板网的做法，如图 4 - 12（*c*）所示。

第五节　板材类吊顶的装饰构造

板材类顶棚根据需要可选用不同的面层材料，如实木板、胶合板、纤维板、钙塑板、石膏板、塑料板、硅钙板、矿棉吸声板以及铝合金等轻金属板材，这类顶棚用作公共建筑的大厅顶棚时要综合考虑音响、照明、通风等技术要求，构造处理较为复杂，构造设计应考虑尽可能地方便制作、安装。

板材类顶棚的基本构造是在其承重结构上预设吊筋，或用射钉等固定连接吊筋，主龙骨固定于吊筋上，次龙骨再固定在主龙骨上，再将面层板固定在龙骨上(钉接或搁置在龙骨上)。

一、木质顶棚的装饰构造

木质顶棚是指饰面板采用实木条板和各种人造木板（如胶合板、木丝板、刨花板、填芯板等）的顶棚。木质顶棚构造简单，施工方便，具有自然、亲切、温暖、舒适的感觉。实木顶棚无污染，有天然芳香，可以营造理想的绿色居住生活环境。但由于我国木材资源有限及木材的耐火性能等问题，所以应用范围受到限制。目前，实木顶棚仅用于桑拿房、居室和少数有特殊装修要求的房间。应用较普遍的是人造木板顶棚。

木顶棚的龙骨一般采用木材制作。实木顶棚的龙骨只需一层主龙骨垂直于条板，间距为 500mm 或 625mm，吊杆间距约 1m 左右，靠边主龙骨离墙间距不大于 200mm。人造木板顶棚的龙骨常布置成格子状，分格大小应与板材规格相协调。龙骨间距一般为 450mm 左右。

实木顶棚的饰面条板的常用规格为 90mm 宽、1.5～6m 长，成品有光边、企口和双面槽缝等种类，条板的结合形式通常有企口平铺、离缝平铺、嵌榫平铺和鱼鳞斜铺等多种形式（图 4 - 13 所示），其中离缝平铺的离缝约 10～15mm，在构造上除可钉结处，常采用凹槽边板，用隐蔽夹具卡住，固定在龙骨上，这种做法有利于通风和吸声。为了加强吸声效果还可在木板上加铺一层岩棉吸声材料。

人造木板顶棚板材的铺设方式可视板材的厚度、饰面效果等有关情况确定。较厚的胶合板（包括填芯板）可直接整张铺钉在龙骨上；较薄的板材宜分割成小块的条板、方板或异形板铺钉在龙骨上，以获得所需的装饰效果，避免凹凸变形。图 4 - 14 为一般人造木板顶棚的构造示意。

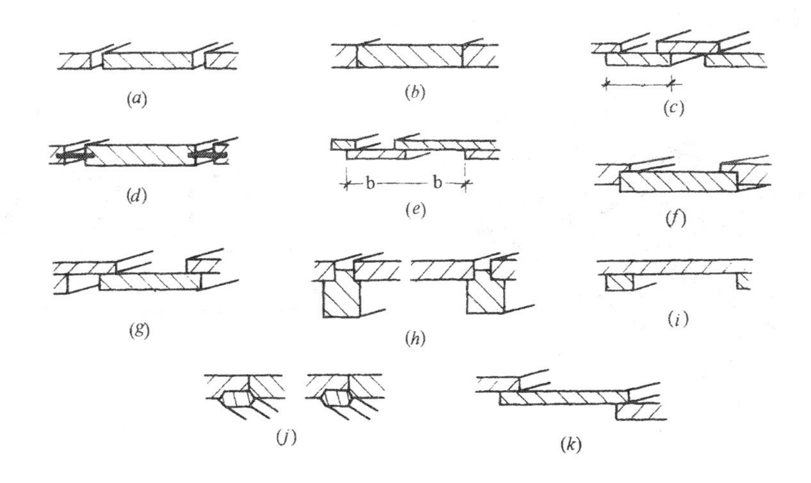

图 4-13 木板顶棚结合形式

(*a*) 离缝平铺；(*b*)、(*c*)、(*d*) 搭盖；(*e*) 盖缝；(*f*) 鱼鳞平铺；
(*g*) 企口嵌榫；(*h*) 企口板；(*i*) 重叠搭接；(*j*) 推人盖缝；(*k*) 错口搭接

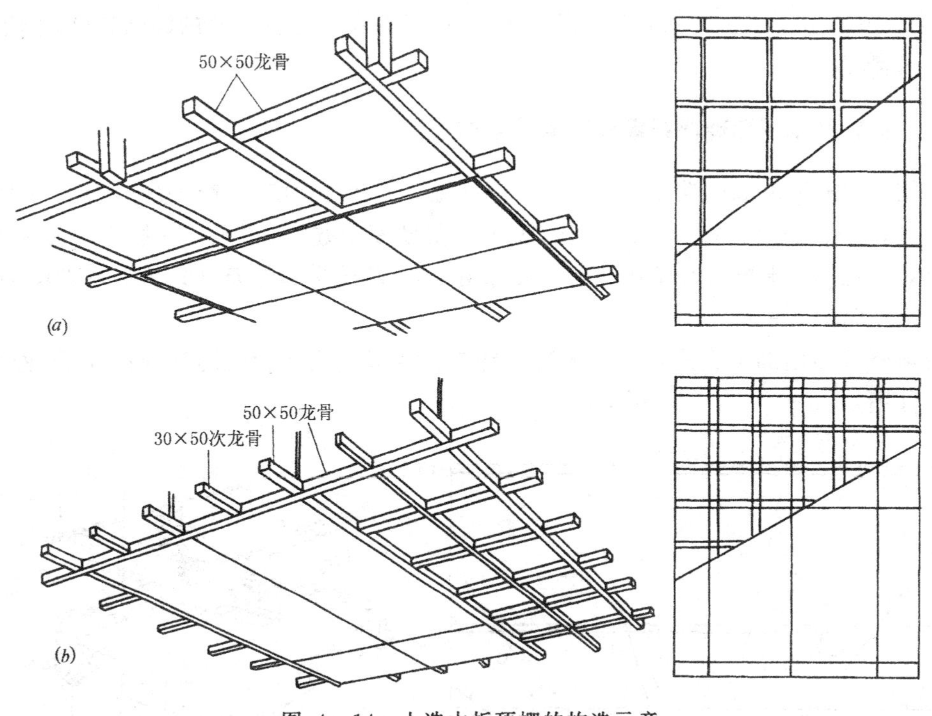

图 4-14 人造木板顶棚的构造示意

(*a*) 小块板；(*b*) 大块板

二、石膏板顶棚的装饰构造

顶棚使用的纸面石膏板可以直接搁置在倒 T 形方格龙骨上，也可以用埋头或圆头螺丝拧在龙骨上，还可以在石膏板的背面加设一条压缝板，以提高其防火能力。大型纸面石膏板用埋头螺丝安装后，可以刷色，裱糊墙纸，加贴面层或做成各种立体的顶棚，以及竖向条或格子形顶棚。顶棚布置及基本构造示意如图 4－15 所示。

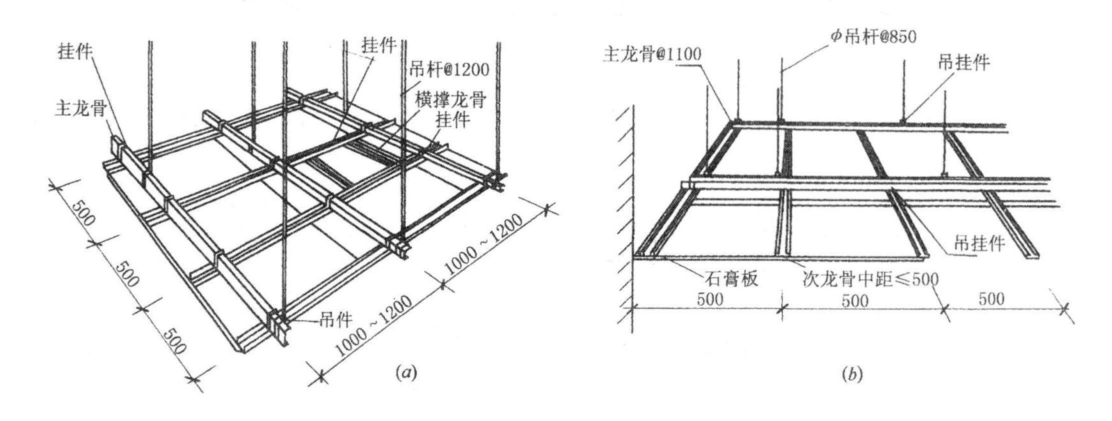

图 4－15　轻钢龙骨纸面石膏板顶棚布置及构造示意

(a) 上人顶棚；(b) 不上人顶棚

无纸面石膏板常在石膏内加纤维或某种添加剂以增强其强度或某种性能。这种石膏板多为 500mm×500mm 的方形，除光面、打孔外，还常制成各种形式的凹凸花纹。安装方法同纸面石膏板。

三、矿棉纤维板和玻璃纤维板顶棚的装饰构造

矿棉纤维板和玻璃纤维板具有不燃、耐高温、吸声的性能，特别适合于有一定防火要求的顶棚，这类板材的厚度一般为 20～30mm，形状多为方形或矩形，一般直接安装在金属龙骨上，常见的构造方式有暴露骨架（又称明架）、部分暴露骨架（又称明暗架）、隐蔽式骨架（又称暗架）三种。

暴露骨架顶棚的构造是将方形或矩形纤维板直接搁置在骨架网格的倒 T 形龙骨的翼缘上，如图 4－16、图 4－17 所示。

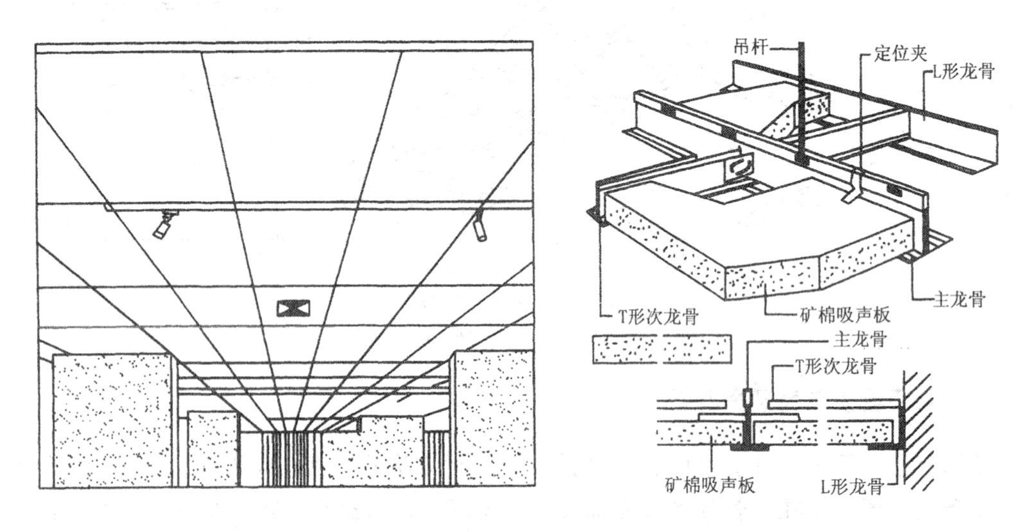

图 4－16　暴露骨架顶棚的构造之一

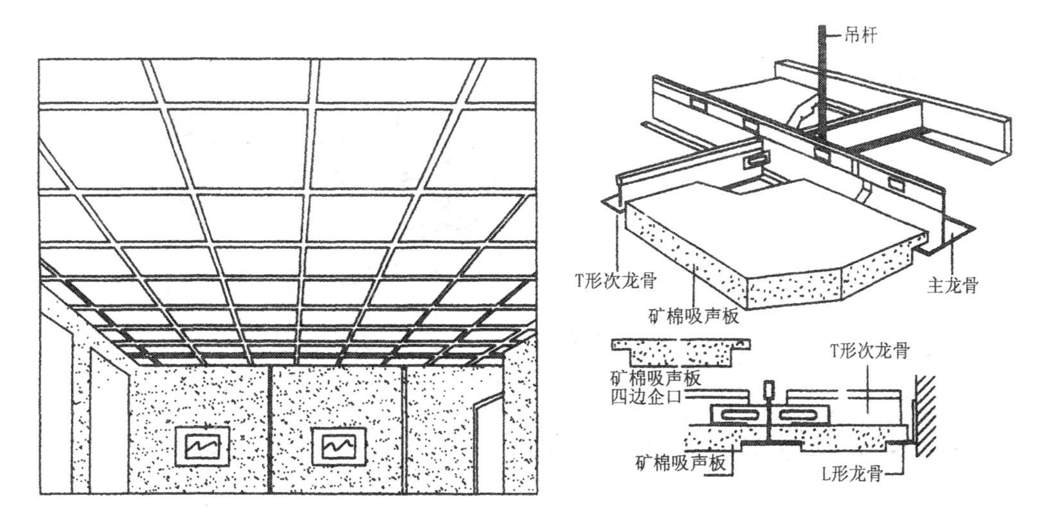

图 4-17 暴露骨架顶棚的构造之二

部分暴露骨架顶棚的构造做法是将板材的两边制成卡口，卡入倒T形龙骨的翼缘中，另两边搁置在骨架上，如图4-18所示。

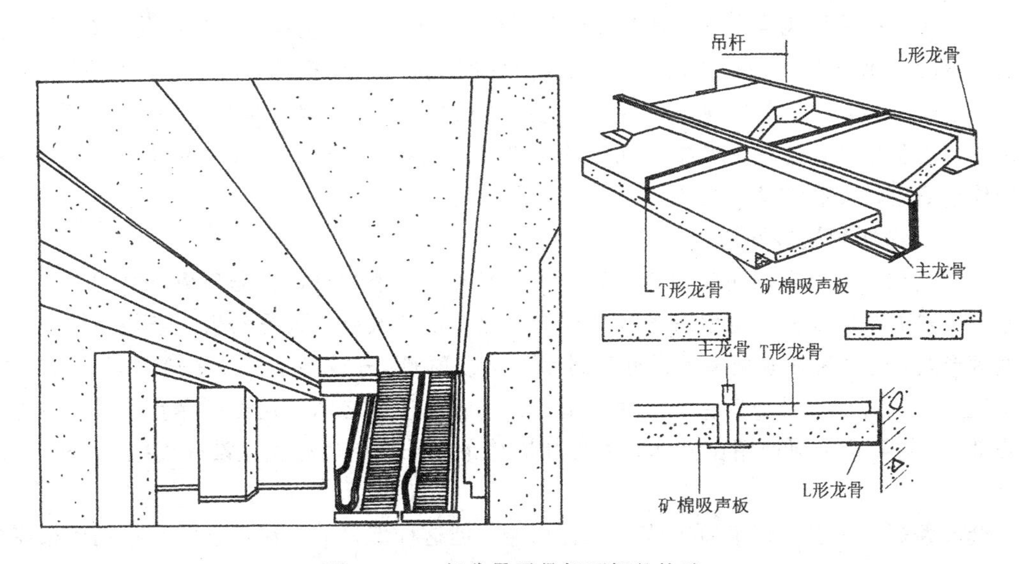

图 4-18 部分暴露骨架顶棚的构造

隐蔽式骨架顶棚的做法是将板的侧面都制成卡口，卡入骨架网格的倒T形龙骨翼缘之中，如图4-19所示。

这三种构造做法对于安装、调换饰面板材都比较方便，从而有利于顶棚上部空间的设备和管线的安置和维修。

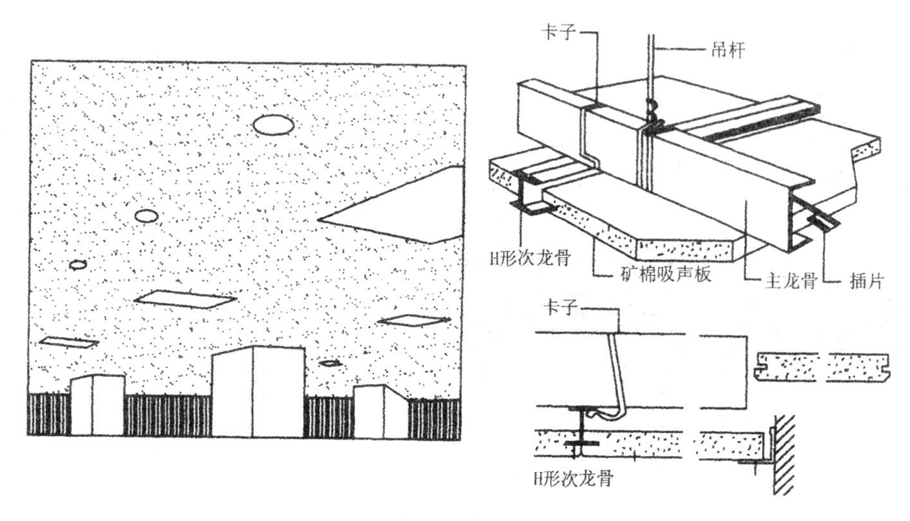

图 4-19　隐蔽式骨架顶棚的构造

四、金属板顶棚装饰构造

金属板顶棚采用铝合金板、薄钢板等金属板材面层，铝合金板表面作电化铝饰面处理，薄钢板表面可用镀锌、涂塑、涂漆等防锈饰面处理。两类金属板都有打孔和不打孔的条形、矩形等形式的型材。金属板顶棚自重小，色泽美观大方，不仅具有独特的质感，而且平挺、线条刚劲而明快，在这种顶棚中，顶棚的龙骨除是承重杆件外，还兼有卡具的作用。这种顶棚构造简单，安装方便，耐火，耐久，应用广泛。

1. 金属条板顶棚装饰构造

铝合金和薄钢板轧制而成的槽形条板，有窄条、宽条之分，根据条板类型的不同、顶棚龙骨布置方法的不同，可以有各式各样的变化丰富的效果，根据条板与条板相接处的板缝处理形式，可分为开放型条板顶棚和封闭型条板顶棚。开放型条板顶棚离缝间无填充物，便于通风。也可上部另加矿棉或玻璃棉垫，作为吸声顶棚之用。还可用穿孔条板，以加强吸声效果。封闭型条板顶棚在离缝间可另加嵌缝条或条板单边有翼盖没有离缝，如图 4-20 所示。

金属条板，一般多用卡口方式与龙骨相连。但这种卡口的方法，通常只适用于板厚为 0.8mm 以下，板宽在 100mm 以下的条板，对于板宽超过 100mm，板厚超过 1mm 的板材，多采用螺钉等来固定，配套龙骨及配件各厂家均自成体系，可根据不同需要进行选用，以达到美观实用的效果。金属条板的断面形式很多，其配套件的品种也是如此，当条板的断面不同、配套件不同时，其端部处理的方式也是不尽相同的，图 4-21 所示的是几种常用条板及配套副件组合时其端部处理的基本方式。

金属条板顶棚，一般来说属于轻型不上人吊顶，当吊顶上承受重物，或上人检修时，常因承载能力不够而出现局部变形现象，这种情况在龙骨兼卡具形式的吊顶中，更为严重，因此，对于荷重较大或需上人检修的吊顶，考虑到局部集中荷载的影响，一般多采用以角钢或圆钢代替轻便吊筋的方法来解决，如果采用加一层主龙骨（加设 U 形大龙骨）作为承重杆件，模仿上人吊顶的一般处理方法，可更好地解决吊顶不平及局部变形等问题。

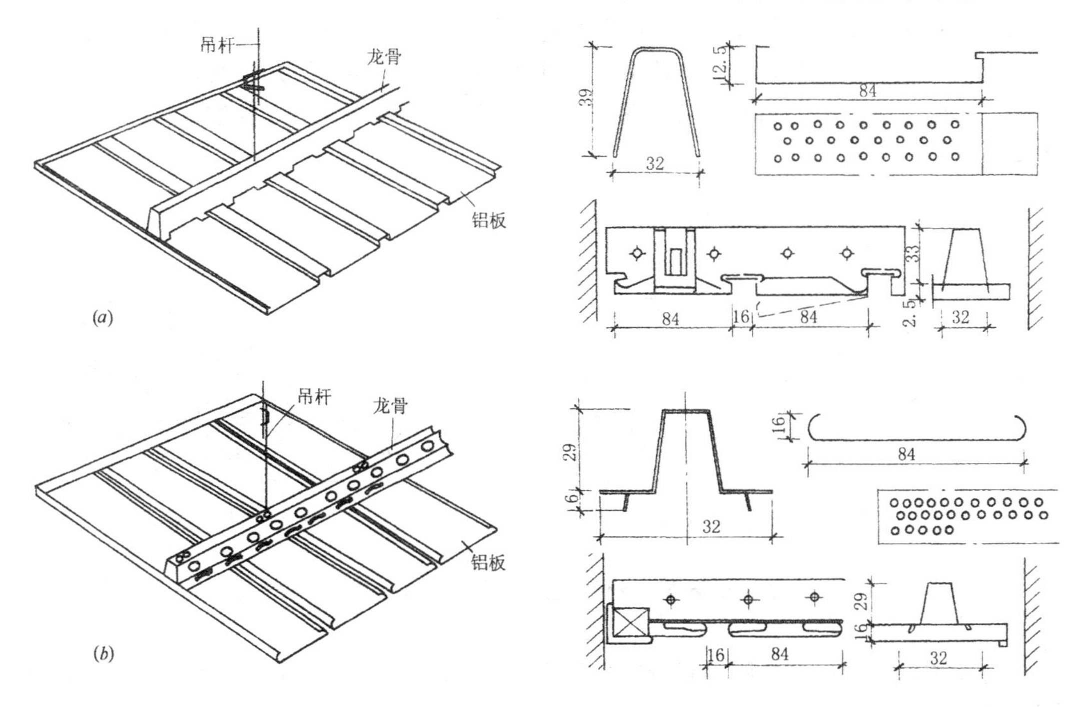

图 4-20 条板顶棚类型

(a) 封闭型条板顶棚；(b) 开放型条板顶棚

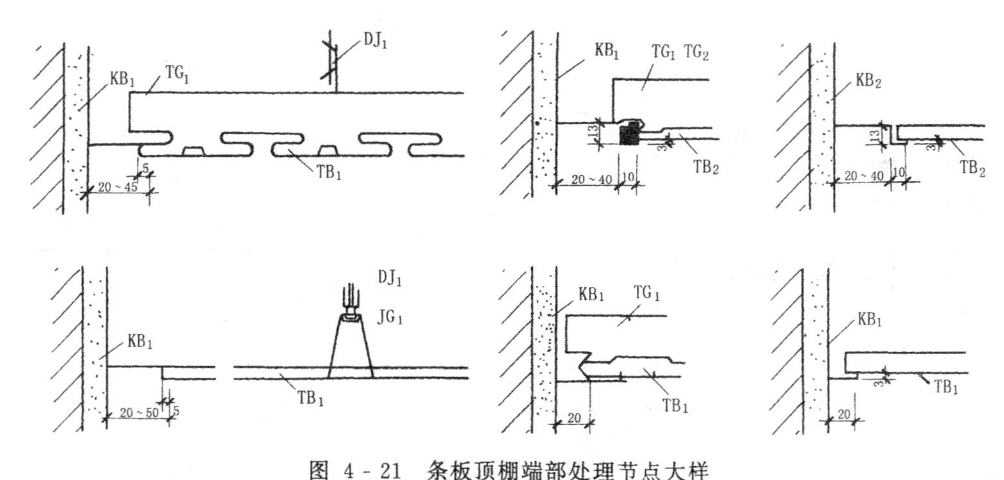

图 4-21 条板顶棚端部处理节点大样

2. 金属方板顶棚装饰构造

金属方板顶棚，在装饰效果上别具一格，而且，在顶棚表面设置的灯具、风口、喇叭等易于与方板协调一致，使整个顶棚表面组成有机整体。另外，采用方板吊顶时，与柱、墙边处理较为方便合理，也是一大特点。如果将方板吊顶与条板吊顶相结合，便可取得形状各异、组合灵活的效果。若方板顶棚采用开放型结构时，还可兼作吊顶的通风效能。

金属方板安装的构造有搁置式和卡入式两种。搁置式多为T形龙骨方板四边带翼缘，搁置后形成格子形离缝，卡入式的金属方板卷边向上，形同有缺口的盒子形式，一般边上扎出凸出的卡口，卡入有夹翼的龙骨中。方板可以打孔，上面衬纸再放置矿棉或玻璃棉的吸声垫，形成吸声顶棚，如图4-22、图4-23所示。方板也可压成各种纹饰，组合成不同的图案。

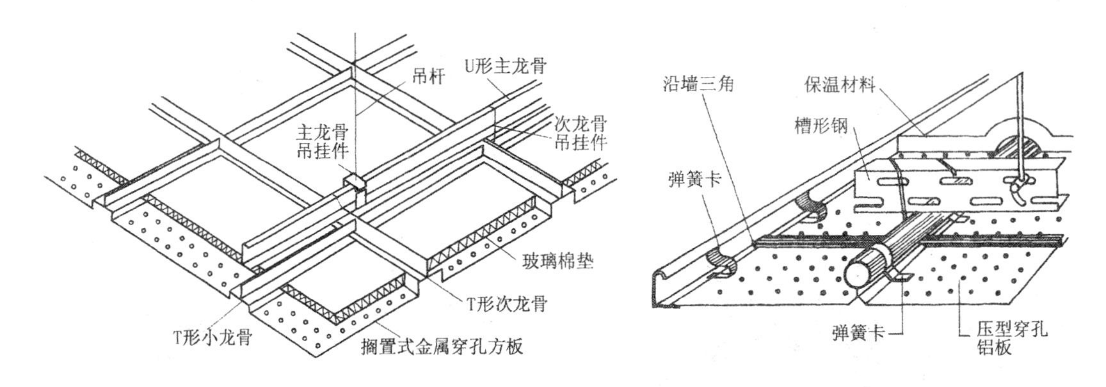

图 4-22 搁置式金属方板顶棚构造　　图 4-23 卡入式金属方板顶棚构造

在金属方板吊顶中，当四周靠墙边缘部分不符合方板的模数时，可以改用条板或纸面石膏板等材料处理，如图4-24所示。

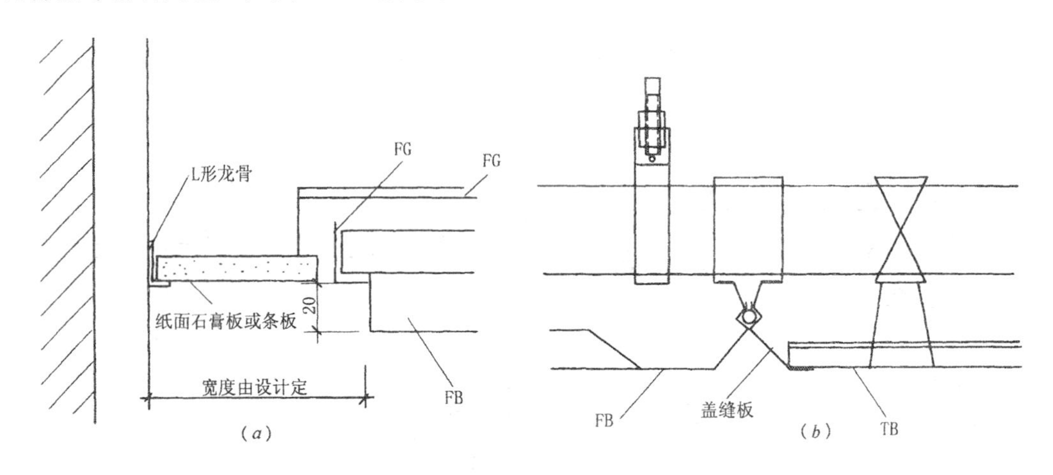

图 4-24 方板顶棚端部处理

(*a*) 端部处理方法；(*b*) 条板与方板组合顶棚结合部构造

五、镜面顶棚装饰构造

镜面顶棚采用镜面玻璃、镜面不锈钢片条饰面材料，使室内空间的上界面空透开阔，可产生一种扩大空间感，生动而富于变化，常用于公共建筑中。

镜面顶棚的基本构造是将镜片通过专用胶粘剂贴在基层上，再用螺钉安装固定。为确保玻璃镜面顶棚的安全，应采用安全镜面玻璃。图4-25为镜面顶棚的几种面板与龙骨连接的构造示意。

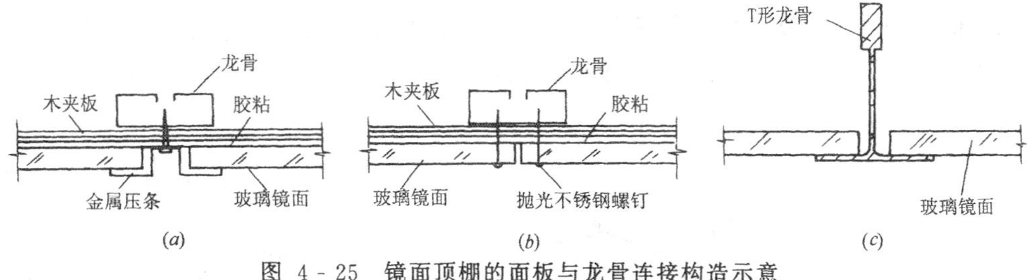

图 4-25　镜面顶棚的面板与龙骨连接构造示意

第 6 节　开敞式吊顶的装饰构造

一、饰面特点

开敞式顶棚是在藻井式顶棚的基础上，发展形成的一种独立的吊顶体系，其表面开口，具有既遮又透的感觉，减少了吊顶的压抑感。也称格栅吊顶。另外，开敞式顶棚是通过一定的单体构件组合而成的，可表现出一定的韵律感。开敞式顶棚与照明布置的关系较为密切，甚至常将其单体的构件与灯具的布置结合起来，增加了吊顶构件和灯具双方的艺术功用，使其作为造型艺术品、装饰品的作用得到充分的发挥。并且，这类顶棚既可作为自然采光之用，也可作为人工照明顶棚，既可与 T 型龙骨配合分格安装，也可不加分格大面积地组装。

开敞式顶棚的上部空间处理，对于装饰效果影响很大，因为吊顶是敞口的，上部空间的设备、管道及结构情况，往往是暴露的，影响观瞻，目前比较常用的办法是用灯光的反射，使其上部发暗，空间内的设备、管道变得模糊，用明亮的地面来吸引人的注意力。也可将顶板的混凝土及设备管道刷上一层灰暗的色彩，借以模糊人的视线。也有的上部空间尽管不另做处理，装饰效果也不错。

二、单体构件的种类与连接构造

组成顶棚的单体构件，从制作材料的角度来分，有木制格栅构件、金属格栅构件、灯饰构件及塑料构件等。其中，尤以木制格栅构件、金属格栅构件最为常用。图 4-26 所示

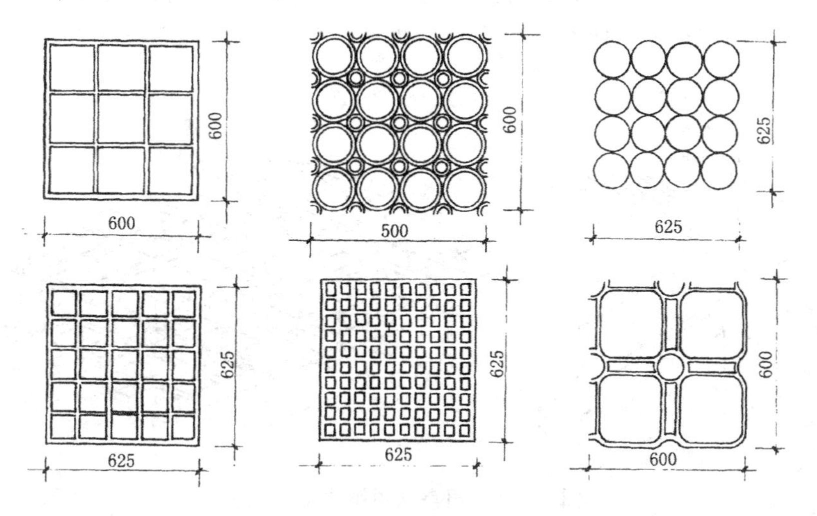

图 4-26　常见单体构件形式

为几种常见单体构件形式。

单体构件的连接构造，在一定程度上影响单体构件的组合方式，以至整个顶棚的造型。标准单体构件的连接，通常是采用将预拼安装的单体构件插接、挂接或榫接在一起的方法，如图 4 - 27 所示。

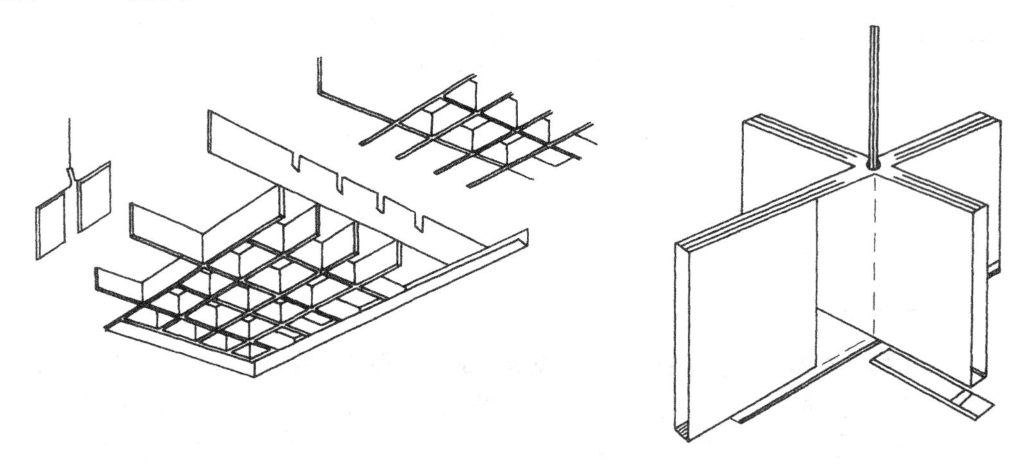

图 4 - 27 单体构件的连接构造示意

三、开敞式顶棚的安装构造

开敞式顶棚的安装构造，大体上可分为两种类型。

一种是单体构件固定在可靠的骨架上，然后再将骨架用吊杆与结构相连，这种方法一般适用于构件自身刚度不够，稳定性差的情况，如图 4 - 28 (*a*) 所示。

另一种方法是对于用轻质、高强材料制成的单体构件，不用骨架支持，而直接用吊杆与结构相连，这种预拼装的标准构件的安装要比其他类型的吊顶简单，而且集骨架和装饰于一身。在实际工程中，为了减少吊杆的数量，通常采用了一种变通的方式，即先将单体构件连成整体，再通过通长的钢管与吊杆相连，这样做，不仅使施工更为简便一些，而且可以节约大量的吊顶材料，如图 4 - 28 (*b*) 所示。

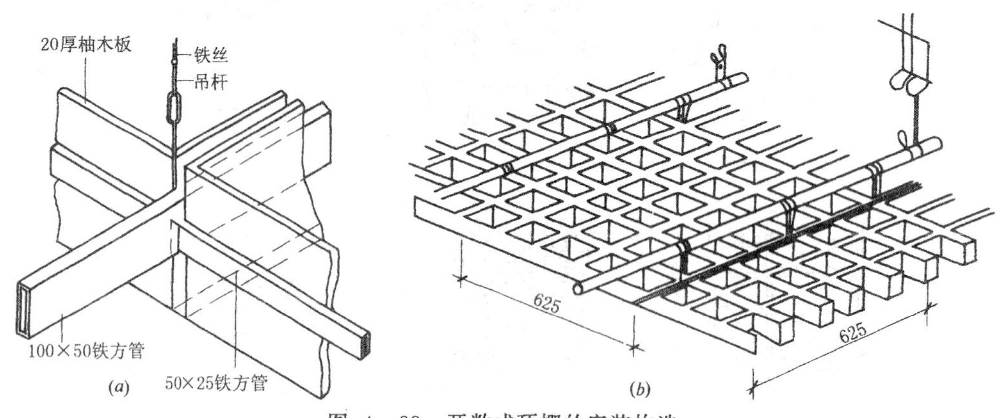

图 4 - 28 开敞式顶棚的安装构造

(*a*) 单件吊挂；(*b*) 钢管吊挂

第 7 节　其他顶棚的装饰构造

一、装饰网架顶棚

装饰网架顶棚一般采用不锈钢管、铜合金管等材料加工制作。这类顶棚具有造型简洁新颖、结构韵律美、通透感强等特点。若在网架的顶部铺设镜面玻璃，并于网架内部布置灯具，则可丰富顶棚的装饰效果。装饰网架顶棚造价较高，一般用于门厅、门廊、舞厅等需要重点装饰的部位。

装饰网架顶棚的主要构造要点：

1. 网架杆件组合形式与杆件之间的连接

由于装饰网架一般不是承重结构，所以杆件的组合形式主要根据装饰所要达到的装饰效果来设计布置。杆件之间的连接可采用类似于结构网架的节点球连接；也可直接焊接，然后再用与杆件材质相同的薄板包裹。

2. 装饰网架与主体结构的连接

连接节点参见顶棚的吊点构造。

图 4 - 29 为某装饰网架大样及连接节点构造。

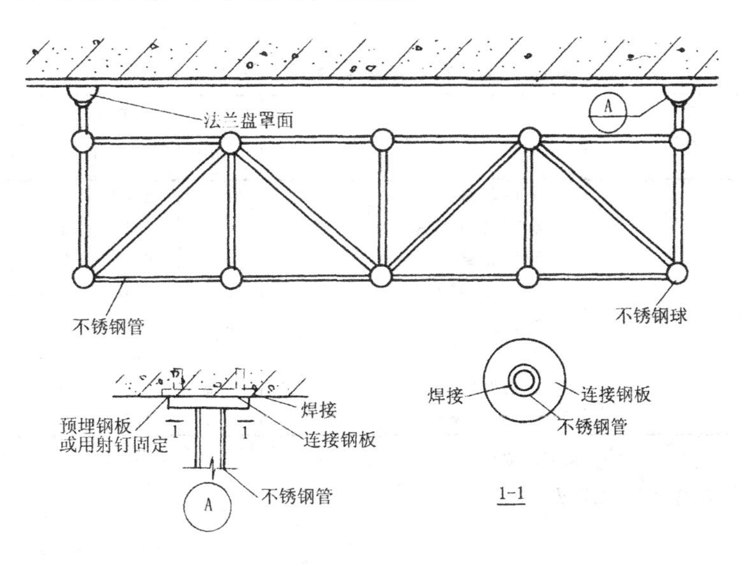

图 4 - 29　装饰网架大样及连接节点构造

二、发光顶棚

发光顶棚是指顶棚饰面板采用有机灯光片、彩绘玻璃等透光材料的一类顶棚。发光顶棚整体透亮，光线均匀，减少了室内空间的压抑感；彩绘玻璃图案多样，装饰效果丰富。图 4 - 30 所示为几种发光顶棚的截面形状示意。但大面积使用，耗能较多；技术要求较高；要保证顶部光线均匀透射，灯具与饰面板之间必须保持一定的距离，占据一定的高度空间。表 4 - 1 为透光材料所作发光顶棚的最大距离 S 与灯具至顶棚饰面板的最小距离 L 之比，表 4 - 2 为整片发光顶棚中灯具至顶棚饰面板的最小距离 L。

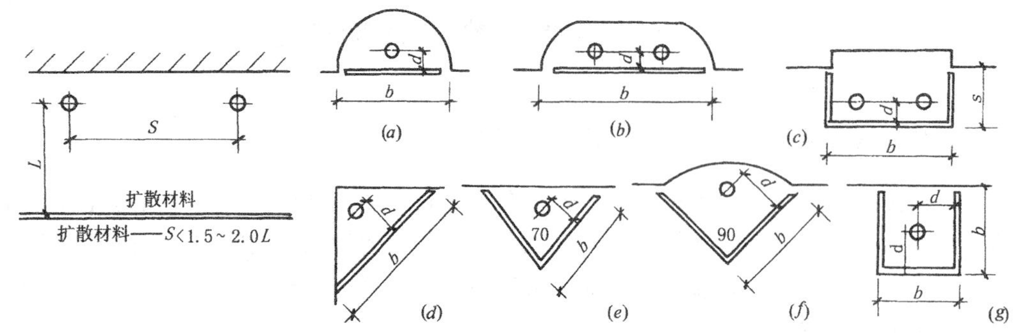

图 4-30 几种发光顶棚的截面形状示意

(a)、(b) 弧形；(c)、(g) 矩形；(d)、(e)、(f) 三角形

透光材料发光顶棚的 S/L 表 4-1

灯具类型	$M\max/M\min=1.4$	$L\max/L\min=1.0$
深配光镜面灯	0.9	0.7
余弦式点光源（如万能型灯具）	1.5	1.0
均匀式点光源（如露明白炽灯）	1.8	1.2
余弦式线状光源（如 од 型灯具）	1.8	1.2
线状光源（如露明荧光灯）	2.4	1.4

整片发光顶棚中灯具至顶棚饰面板的最小距离 L 表 4-2

灯具类型①	顶棚材料	顶棚的照度（lx）				
		75	150	200	500	1000
露明莹光灯	乳白玻璃	2.7	1.4	1.0	0.4	0.2
	45°②×45°格片	6.7	3.3	2.5	1.0	0.5
露明白炽灯	乳白玻璃	0.8	0.6	0.5	0.3	—
	45°×45°格片	1.5	1.1	0.9	0.6	—
од 型灯具(双灯的)	乳白玻璃	6.7	3.3	2.5	1.0	0.5
	45°×45°格片	12	6	4.6	1.9	0.9
万能型灯具	乳白玻璃	1.0	0.7	0.6	0.4	—
	45°×45°格片	1.5	1.1	0.9	0.6	—

注：1. 光源最小功率：白炽灯 60W，荧光灯 30～40W；

2. 指正方形格片两方向的眩光保护角。

发光顶棚的主要构造要点是：

1. 面层透光材料的固定

面层透光材料一般采用搁置、承托或螺钉固定的方式与龙骨连接，如图 4-31 所示，以方便检修及更换顶棚内的灯具。如果采用粘贴的方式，则应设置进人孔和检修走道，并将灯座做成活动式，以便拆卸检修。

2. 顶棚骨架的布置

由于顶棚的骨架需支承灯座和面层透光板两部分，所以骨架必须双层设置。上下层之间通过吊杆连接。

3. 顶棚骨架与主体结构的连接

一般将上层骨架通过吊杆连接到主体结构上，具体构造同一般顶棚。图 4 - 32 为一般发光顶棚的构造示意。

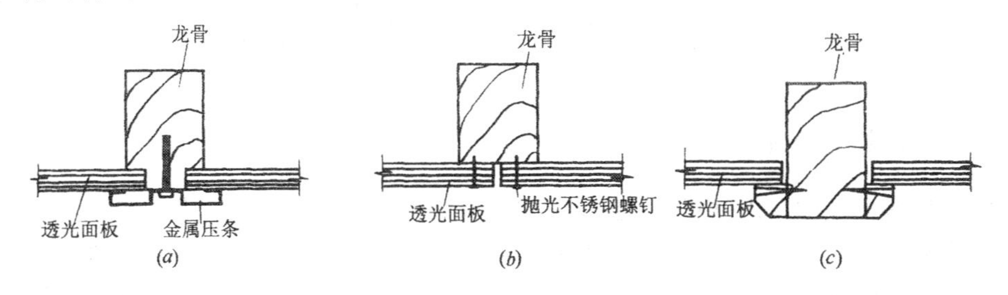

图 4 - 31 透光面板与龙骨的连接

(a) 成型金属压条承托；(b) 帽头螺钉固定；(c) T 型龙骨承托

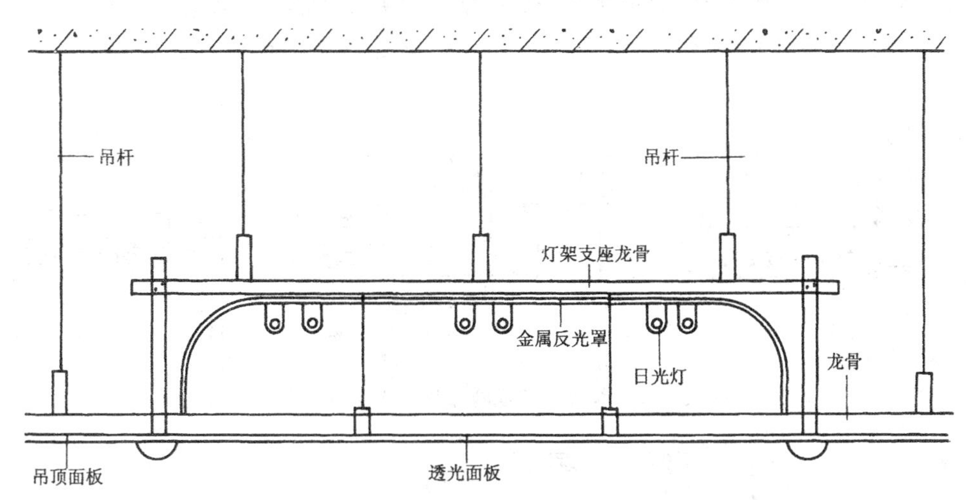

图 4 - 32 发光顶棚的构造示意

三、软质顶棚

软质顶棚是指用绢纱、布幔等织物或充气薄膜装饰室内空间的顶部。这类顶棚可以自由地改变顶棚的形状，别具装饰风格，可以营造多种环境气氛，有丰富的装饰效果。例如：在卧室上空悬挂的帐幔顶棚能增加静谧感，催人入睡；在娱乐场所上空悬挂彩带布幔作顶棚能增添活泼热烈的气氛，在临时的、流动的展览馆用布幔做成顶棚，可以有效地改善室内的视觉环境，并起到调整空间尺度、限定界面等作用。但软质织物一般易燃烧，设计时宜选用阻燃织物。

软质顶棚的主要构造要点是：

1. 顶棚造型的控制

软质顶棚造型的设计应以自然流线形为主体。由于织物柔软，对于需要固定造型的控制较困难。因此，必要时应采用钢丝、钢管等材料加以衬托。

2. 织物或薄膜的选用

织物或薄膜一般应选用具有耐腐蚀、防火、较高强度的织物或薄膜。必要时应做有关技术处理。

3. 悬挂固定

软质顶棚可悬挂固定在建筑物的楼屋盖下或侧墙上，设置活动夹具，以便拆装织物或薄膜。对于需要经常改变形状的顶棚，应设置轨道，以便于移动夹具，改变造型。

第8节　顶棚特殊部位的装饰构造

一、顶棚端部的构造处理

顶棚端部是指顶棚与墙体的部位。在顶棚与墙体交接处，顶棚边缘与墙体的固定方式因吊顶形式和类型的不同而不同，通常采用在墙内预埋铁件或螺栓、预埋木砖，以及通过射钉连接和龙骨端部伸入墙体等构造方法，如图4-33所示。端部造型处理形式如图4-34所示，其中，(*a*)、(*b*)、(*c*)三种使顶棚边缘作凹入或凸出处理的方式，不需再做其他的处理，(*d*)所示的方式中，交接处的边缘线条一般还需另加木制或金属装饰压条处理，可与龙骨相连，也可与墙内预埋件连接。图4-35所示的是边缘装饰压条的几种做法。

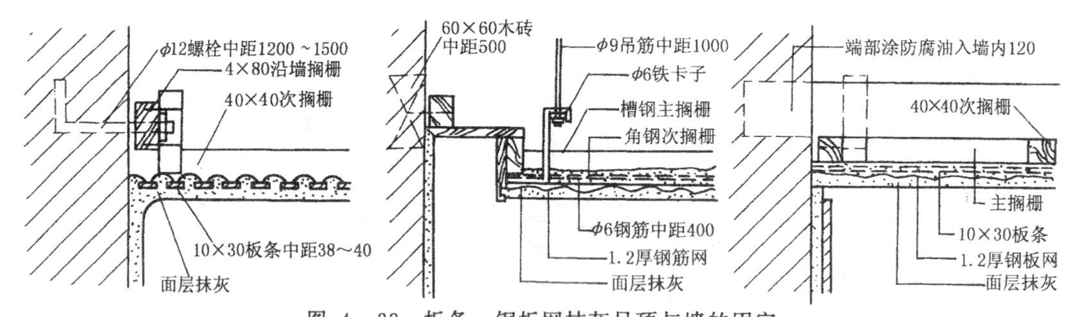

图 4-33　板条、钢板网抹灰吊顶与墙的固定

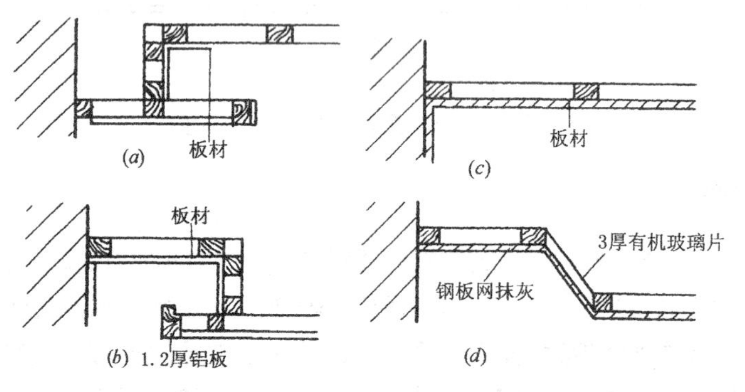

图 4-34　端部处理的几种形式

(*a*)、(*b*) 凹角；(*c*) 直角；(*d*) 斜角

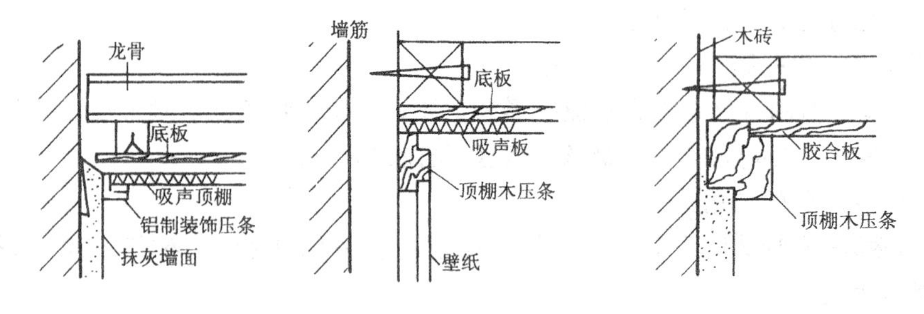

图 4-35　顶棚装饰压条

二、迭级顶棚的高低交接构造处理

为了满足特定的功能要求，顶棚常常要通过高低差变化来达到空间限定，丰富造型，满足音响、照明设备的安置及满足特殊效果的要求等目的。高低差构造处理的关键是顶棚不同标高的部分能够整体连接牢固，保证顶棚的整体刚度，避免因变形不一致而导致的顶棚饰面破坏。图 4－36 为迭级顶棚高低交接处典型构造做法。

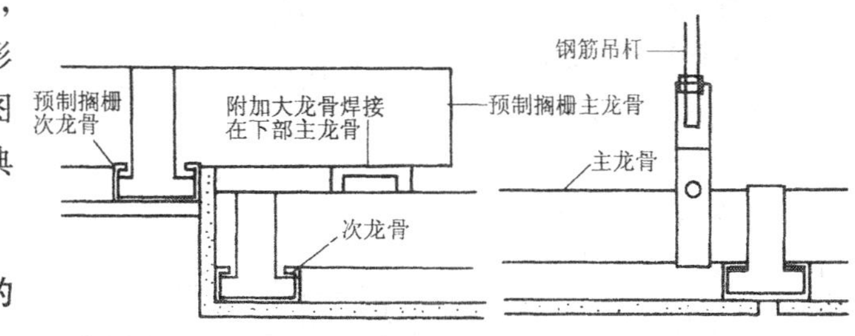

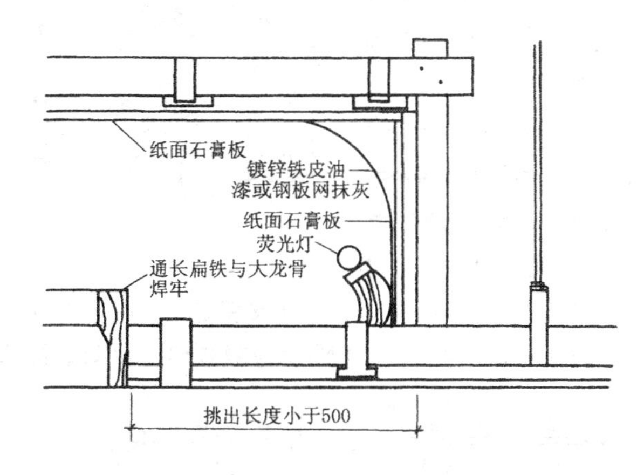

图 4－36 迭级顶棚高低交接处构造示意

三、顶棚检修孔及检修走道的构造处理

顶棚检修孔是顶棚装饰的组成部分，对大厅式房间尤其重要，一般应设置不少于两个检修孔。它的设置与构造，既要考虑检修的方便，又要尽量隐蔽，以保持顶棚的完整性。常用的活动板进人孔和灯罩进人孔，构造如图 4－37 所示。

检修走道主要用于顶棚中灯具等设施的安装和检修。因此，检修走道应靠近这些设施布置，常见做法如图 4－38 所示。

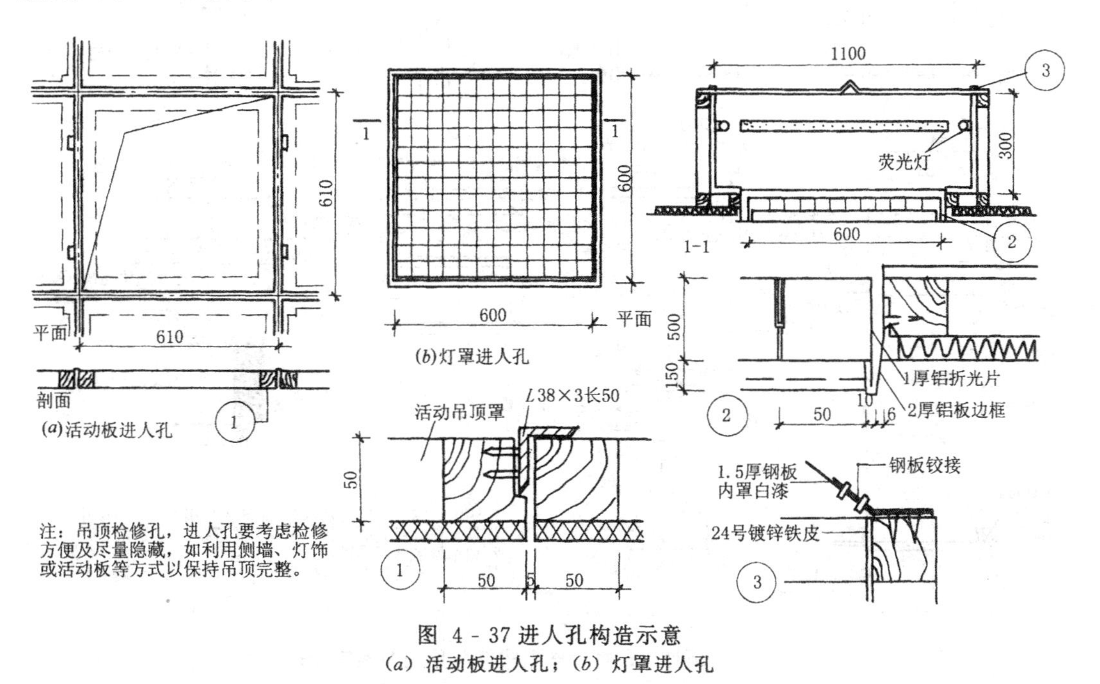

图 4－37 进人孔构造示意

(*a*) 活动板进人孔；(*b*) 灯罩进人孔

四、顶棚灯饰、通风口及扬声器与顶棚连接的构造处理

顶棚安装上的灯饰、通风口及扬声器等设备，有的直接悬挂在顶棚下面(如吊灯等)，有的必须嵌入顶棚内部(如通风口、灯带等)。构造处理方式有较大区别。

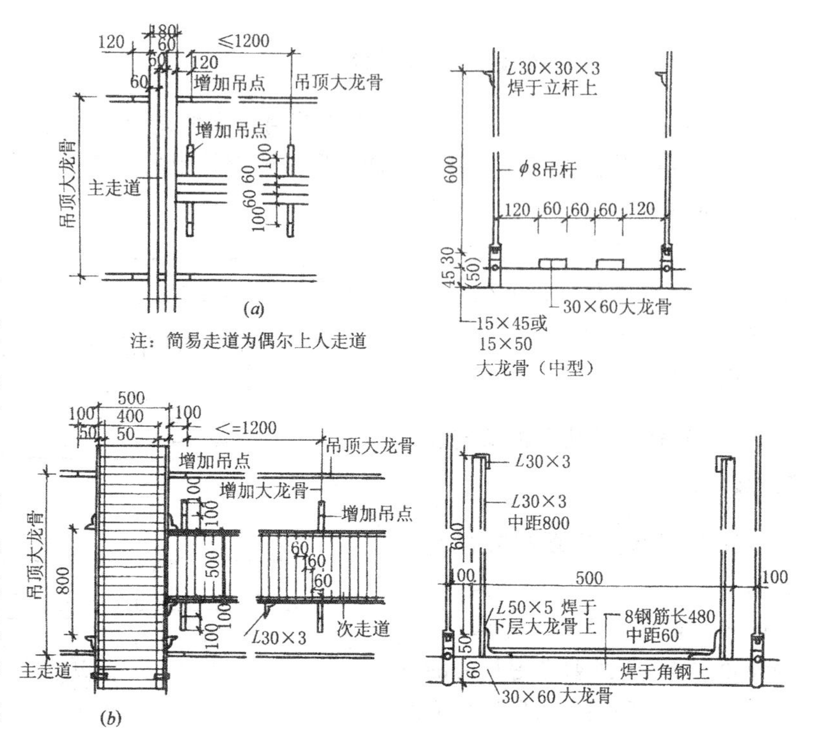

图 4-38 检修走道常见做法构造

灯具安装的基本构造应根据灯具的种类选用适当的方式。如嵌入式灯具，在需安装灯具的位置，用龙骨按灯具的外形尺寸围合成孔洞边框，此边框（或灯具龙骨）应设置在次龙骨之间，既可作为灯具安装的连接点，也可作为灯具安装部位的局部补强龙骨。

图 4-39、图 4-40 所示为吸顶灯、吊灯、嵌入式灯、灯带与顶棚的连接构造示意。应

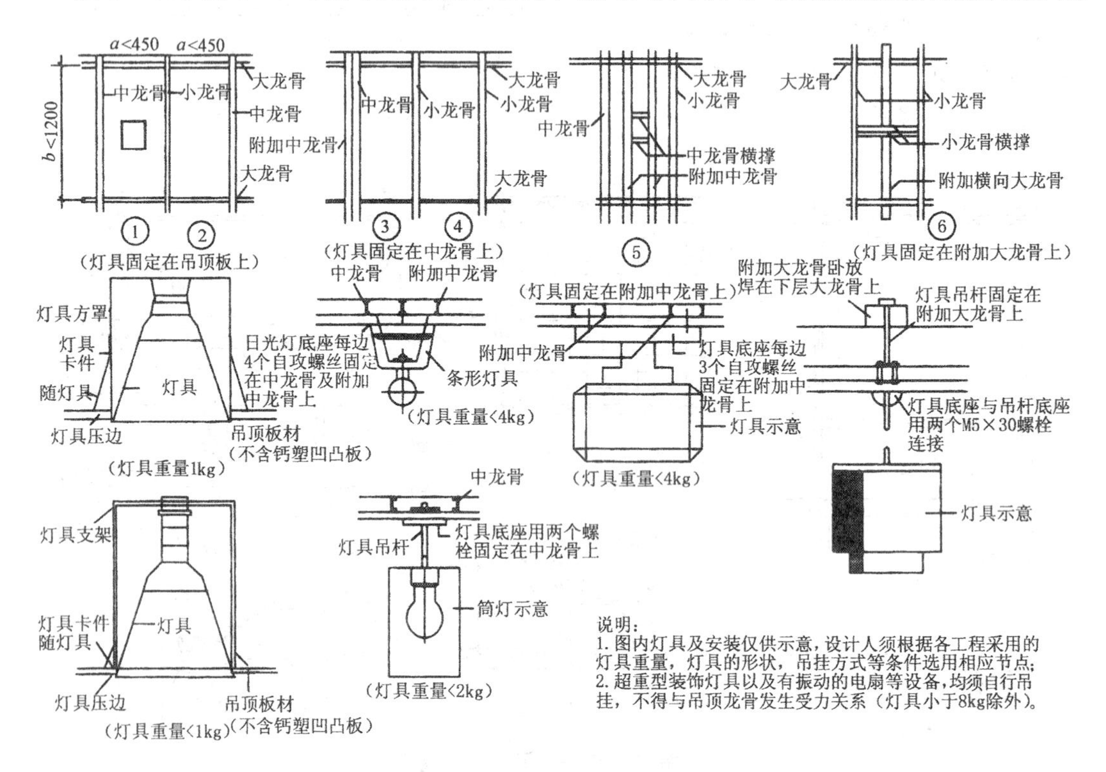

图 4-39 吸顶灯、吊灯、嵌入式灯与顶棚的连接构造示意

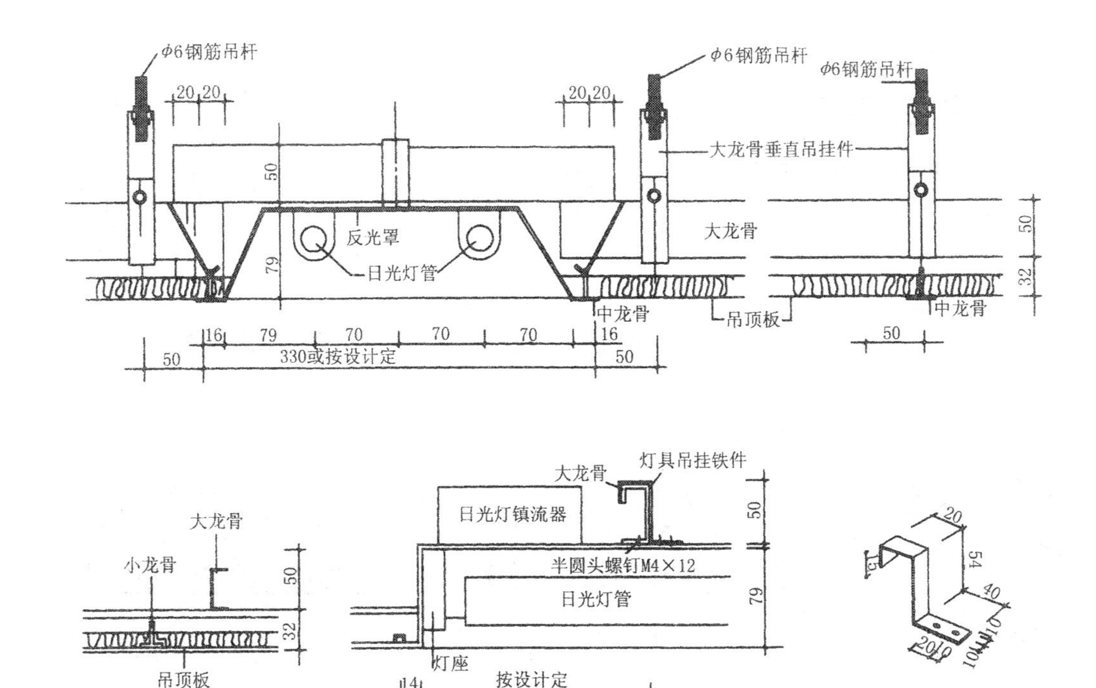

图 4-40 灯带与顶棚的连接构造示意

该注意的是，在灯具(包括风口)的选择上，应尽可能使其外形尺寸与面板的宽度成一定的模数，以便施工。

通风口及扬声器等与顶棚连接的构造参见嵌入式灯具与顶棚的连接。

五、顶棚反光灯槽构造处理

顶棚装饰中经常设置各种形式的反光灯槽，如图 4-41 所示，利用反光灯槽的造型和灯光来达到某种装饰效果或营造某种环境气氛。反光灯槽的设计应考虑反光灯槽到顶棚的距离和视线保护角，如图 4-42 所示。表 4-3 为反光灯槽挑出长度与到顶棚的距离的控制比值。同时应采取措施以避免出现暗影。图 4-43 所示为常用的集中避免出现暗影的方法。反光灯槽的基本结构构造示意如图 4-44 所示。

反光灯槽挑出长度与到顶棚的距离的控制比值 表 4-3

光檐形式	灯具类型		
	无反光罩	扩散反光罩	镜面灯
单边光檐	1.7～2.5	2.5～4.0	4.0～6.0
双边光檐	4.0～6.0	6.0～9.0	9.0～15.0
四边光檐	6.0～9.0	9.0～12.0	15.0～20.0

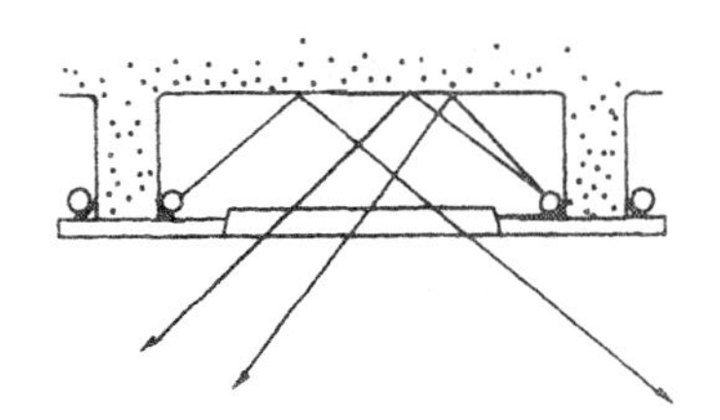

反射式光龛
利用梁间顶棚的反射，可
使室内光线均匀柔和

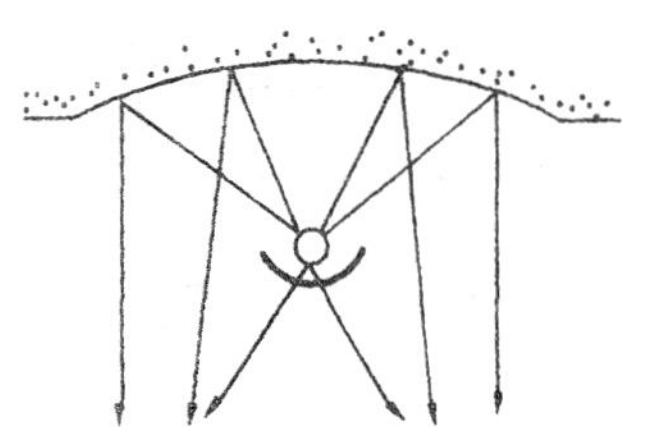

半间接式带状光源利用弧形
顶棚的反射，能在一定范围
内取得局部照明效果

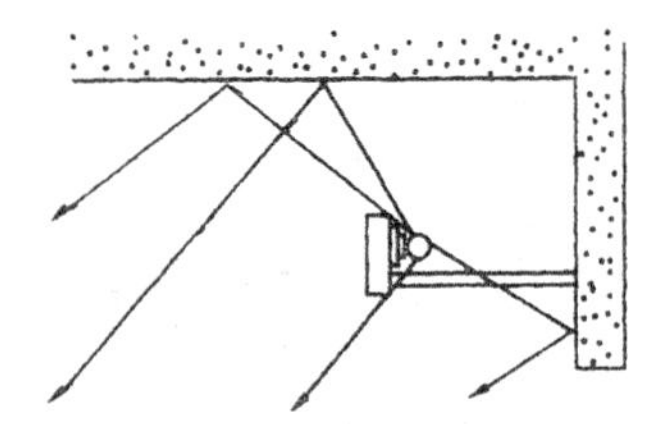

半间接式反光灯槽，用半透明
或扩散材料做灯槽，可减少其
与顶棚间的距离

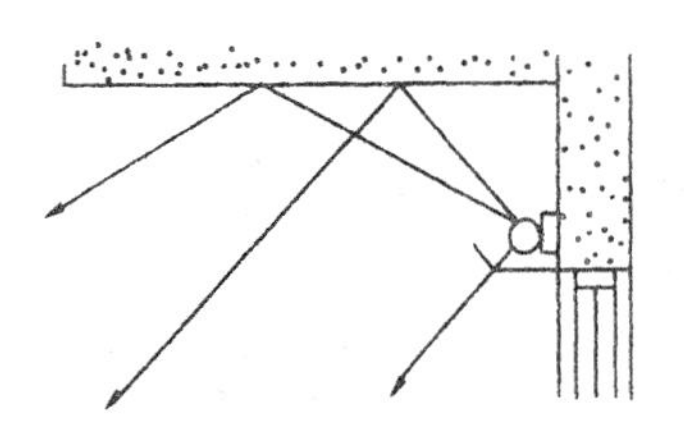

半间接式反光灯槽，用半透明
或扩散材料做灯槽，可减少其
与顶棚间的间距

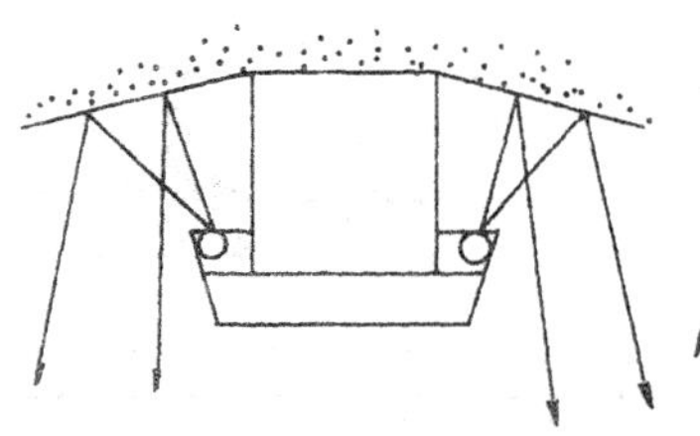

综合照明装置，各类灯具互相组合
集中装设，较为经济适用

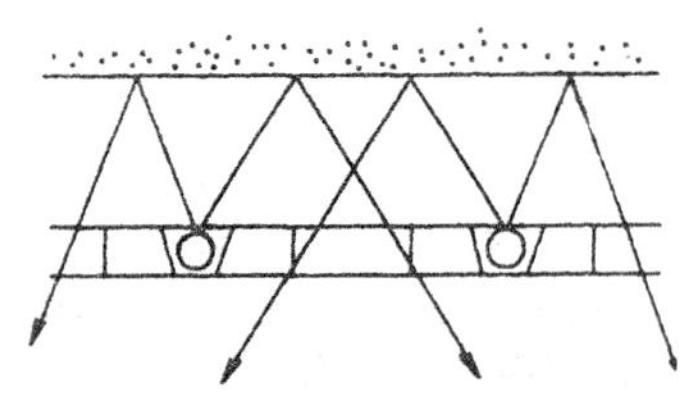

组合反光灯槽将反光槽组成图案，
可增加室内的高度感

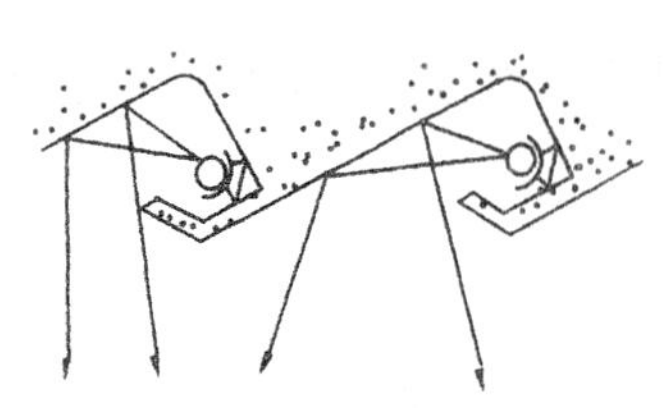

平行反光灯槽，灯槽开口方向
与观众视线的方向相同时，可避
免眩光

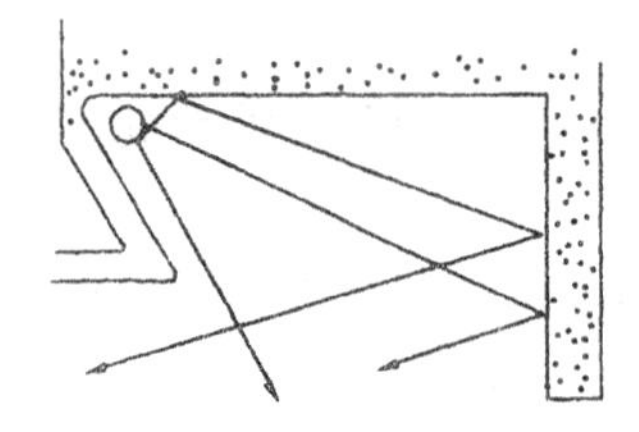

侧向反光灯槽应用墙面的反射
作成侧向面光源，发光效率一
般较高

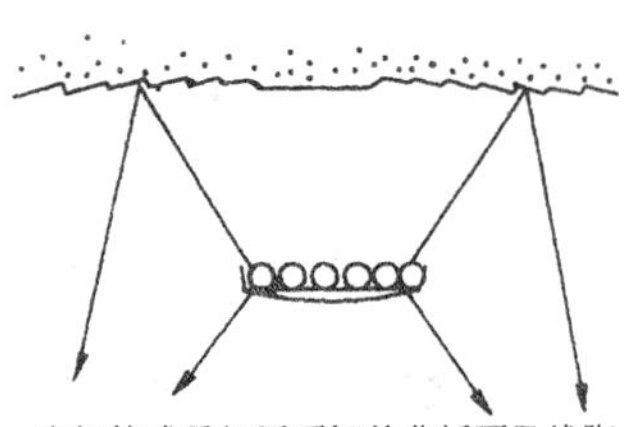

半间接式吊灯用顶棚的曲折面及线脚
分配反射光束，且有装饰效果

图 4-41 反光灯槽的形式

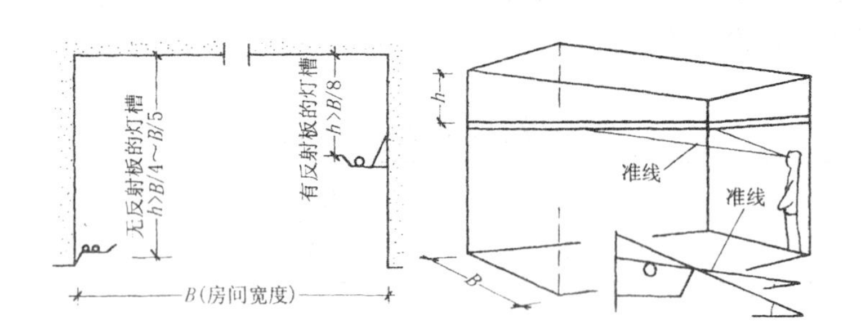

图 4-42 反光灯槽到顶棚的距离和视线保护角示意

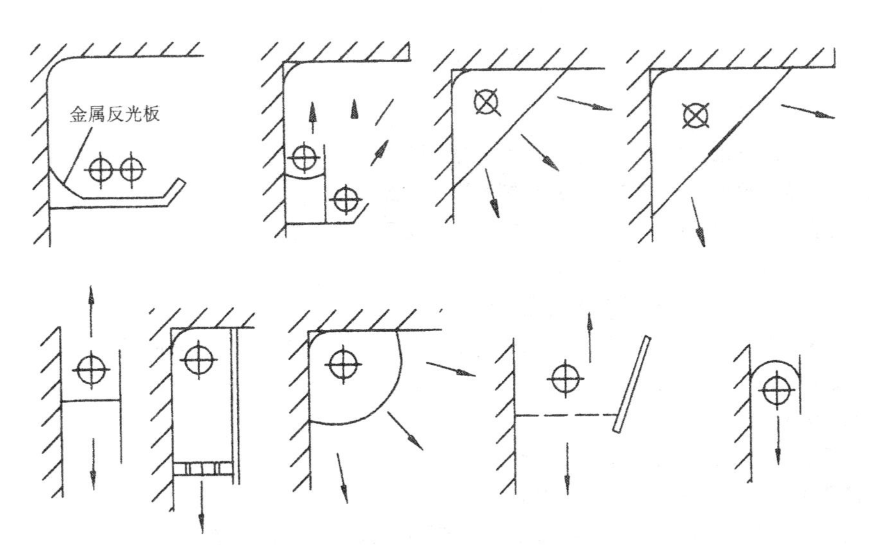

图 4-43 几种避免暗影的方法

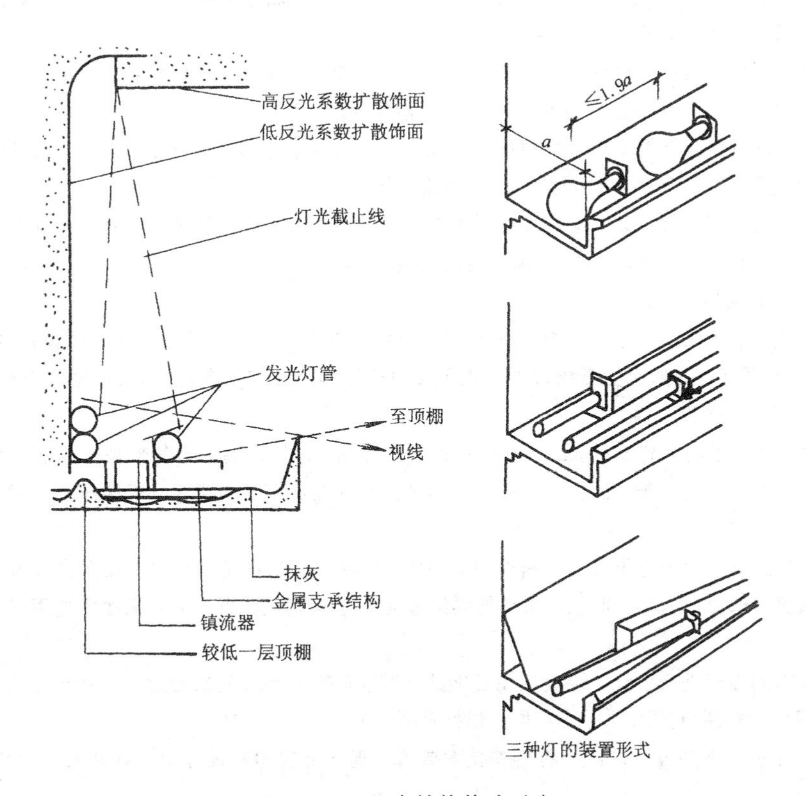

图 4-44 基本结构构造示意

复习思考题

1. 顶棚有哪些功能？

2. 按顶棚与楼屋盖位置的相互关系，顶棚可分为哪几类？

3. 什么是直接式顶棚？常见的直接式顶棚有哪几种做法？

4. 什么是悬吊式顶棚？简述悬吊式顶棚的基本组成部分及其作用。

5. 简述钢板网顶棚的装饰构造做法。

6. 简述轻钢龙骨石膏板顶棚的装饰构造做法。

7. 简述暴露骨架顶棚、部分暴露骨架顶棚、隐蔽骨架顶棚的构造做法的异同点。

8. 用简图说明金属板顶棚方板与条板交接处的构造做法。

9. 开敞式顶棚有哪些特点？

10. 用简图说明发光顶棚的构造设计要点。

11. 用简图说明迭级顶棚高低交接处理的构造做法。

12. 小型嵌入式灯具、嵌入式灯带与顶棚的连接固定构造有何不同之处？

习　题

1. 图4-45、图4-46所示为某法庭的平面图、顶棚装饰平面布置图和剖面图，试根据图中所提供的尺寸，按照要求完成下列构造设计内容：

(1) 对顶棚进行平面布置设计，绘制顶棚平面布置详图（顶棚各部分的骨架、面板、吊点的详细平面尺寸与相互位置关系，标注所选用材料的名称、规格及要求）。

(2) 对顶棚进行竖向布置设计，绘制顶棚剖面图（包括顶棚各部分的骨架、面板、吊点的详细竖向尺寸与相互位置关系，标注所选用材料的名称、规格及要求）。

(3) 对顶棚的细部进行设计，绘制顶棚各细部详图（包括各部分交接处理、灯具与顶棚连接、顶棚与墙面交接处理等，标注所选用材料的名称、规格及要求）。

(4) 绘制发光顶棚大样详图。

(5) 对顶棚进行有关技术设计，将有关技术要求体现在上述构造设计中，并加注设计说明。

2. 图4-47、图4-48所示为某餐厅的平面图和顶棚装饰平面初步布置图，试根据图中所提供的尺寸，按照要求完成下列构造设计内容：

(1) 对顶棚进行平面布置设计，绘制顶棚平面布置详图（包括顶棚造型各部分的详细平面尺寸与相互位置关系，顶棚各部分的骨架、面板、吊点的详细平面尺寸与相互位置关系，标注所选用材料的名称、规格及要求）。

(2) 对顶棚进行竖向布置设计，绘制顶棚剖面图（包括顶棚造型各部分的详细竖向尺寸、标高与相互位置关系，顶棚各部分的骨架、面板、吊点的详细竖向尺寸与相互位置关系，标注所选用材料的名称、规格及要求）。

(3) 对顶棚的细部进行设计，绘制顶棚各细部详图（包括各部分交接处理、灯具与顶棚连接、顶棚与墙面交接处理等，标注所选用材料的名称、规格及要求）。

(4) 对顶棚进行有关技术设计，将有关技术要求体现在上述构造设计中，并另加注设计说明。

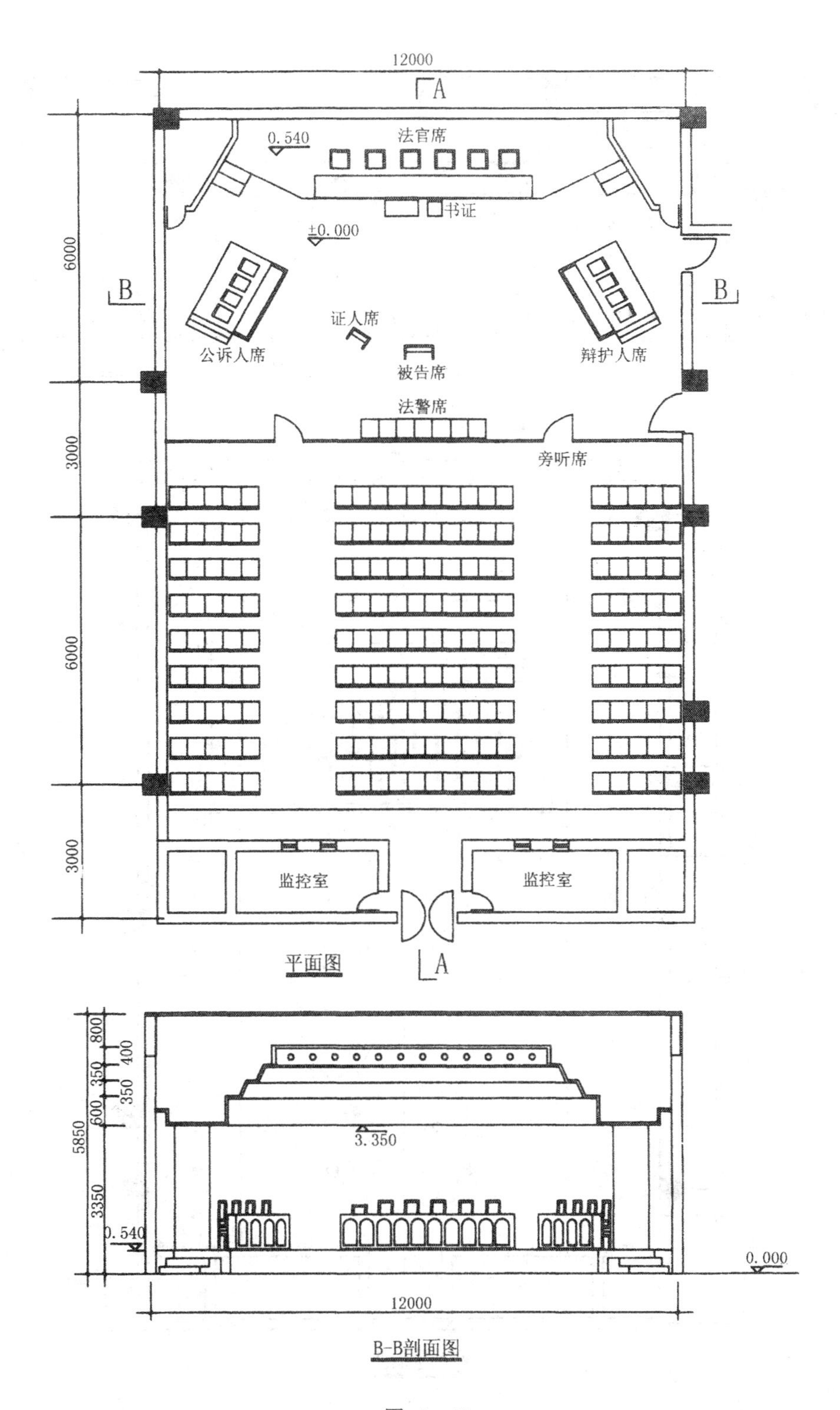
12000
A
0.540
法官席
书证
±0.000
6000
B
B
公诉人席
证人席
被告席
辩护人席
法警席
3000
旁听席
6000
3000
监控室
监控室
平面图
A
800
400
350
350
600
5850
3.350
3350
0.540
0.000
12000
B-B剖面图

图 4-45

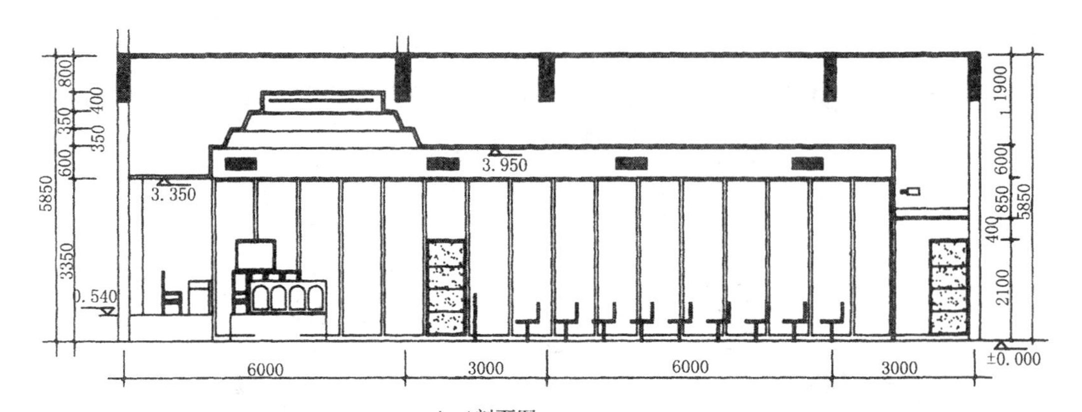

A-A剖面图

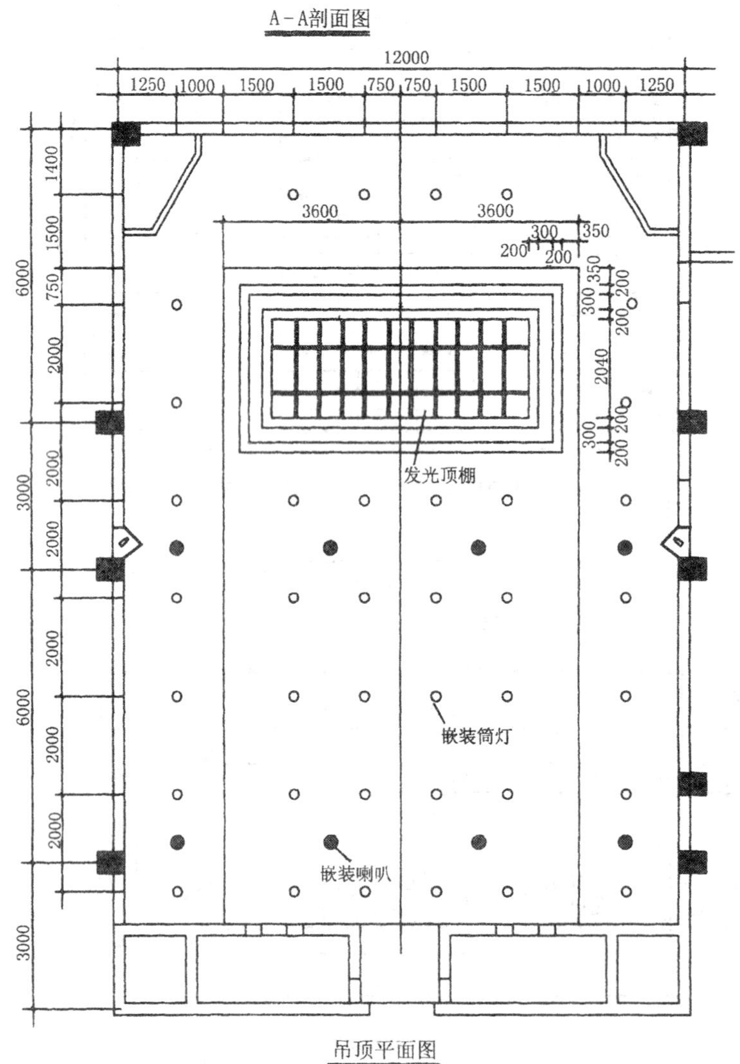

吊顶平面图

图 4-46

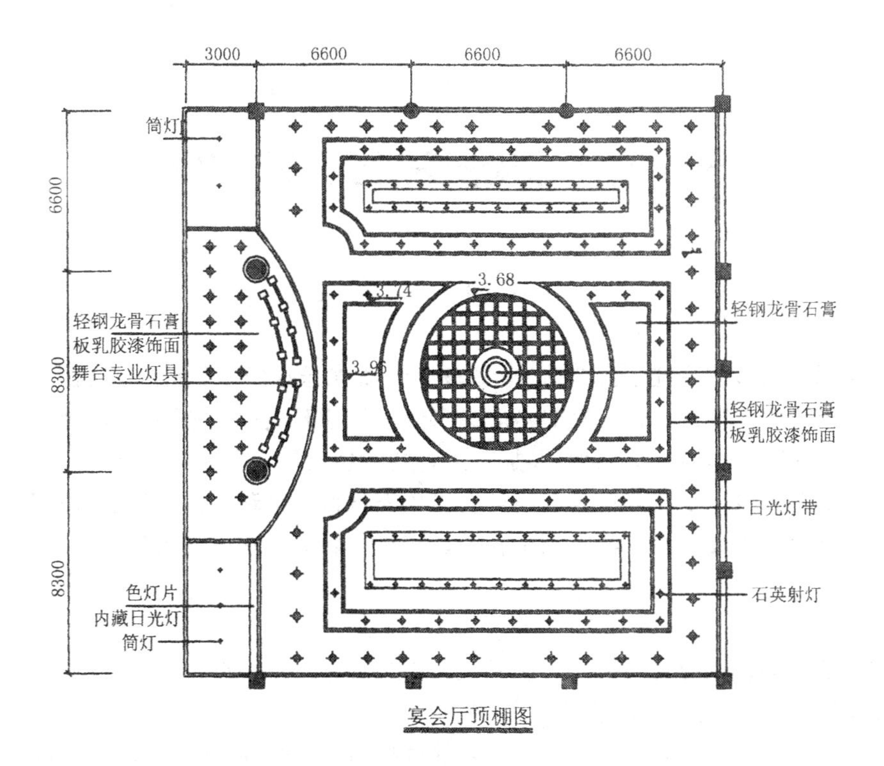

宴会厅顶棚图

图 4-47

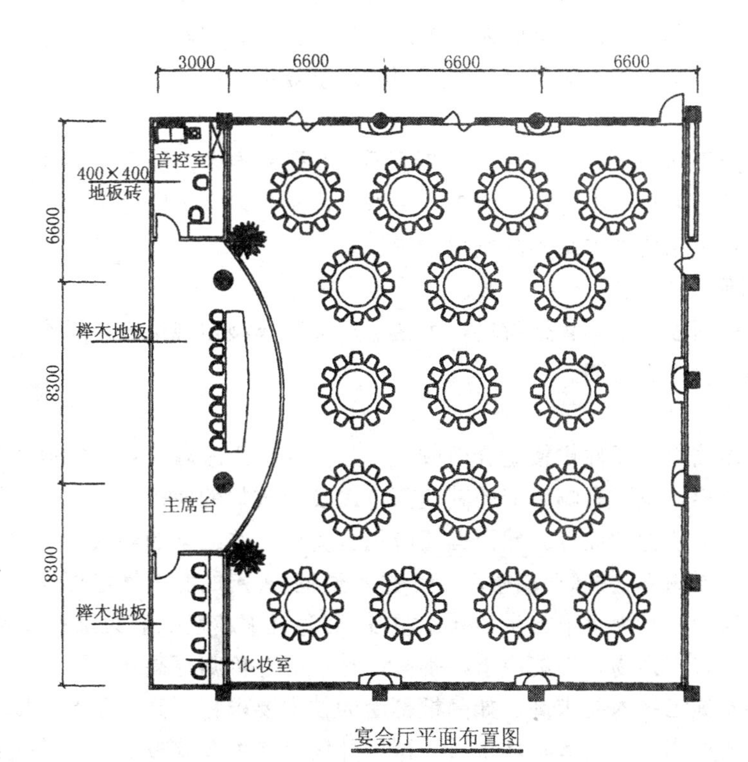

宴会厅平面布置图

图 4-48

第5章　幕墙和采光顶装饰构造

第1节　幕墙工程的基本构造

幕墙是以板材型式悬挂于主体结构上的外墙。犹如悬挂的幕而得名。早在一百多年前，幕墙已在建筑工程上使用，但早期的幕墙尚未能很好地解决一些重要技术问题，应用受到限制。近三十多年来，随着先进材料及加工工艺的迅速发展，各种类型玻璃的研制成功，种种性能优越的密封胶的发明，以及其隔声防火填充材料的出现，幕墙的各项物理性能得到大大改进，从而促使幕墙被广泛运用于各种建筑物的外墙及室内的部分隔墙。

一、幕墙的特点

幕墙之所以能得以应用与推广，主要是因为它具有以下特点：

1. 新颖而丰富的建筑艺术效果

幕墙打破了传统的墙与窗户的界限，巧妙地把两者结合为一体。既将建筑物周围丰富美丽的景观，变幻万端的光影效果映衬在建筑物的表面，实现建筑物与周围环境的有机融合，又给工作生活在建筑物内部的人们带来充足的光线和宽阔的视野。幕墙还可由多种材料组合而成，使得建筑物立面具有各种不同的建筑效果。

2. 重量轻

幕墙重量介于0.30～0.50kN/m^2，普通幕墙重量是砖墙重量的1/10左右。一般建筑物外墙及内墙重量约为建筑物总重量的1/5左右，由于幕墙大大降低了建筑物的重量，可以很大程度地减轻建筑物主体结构的负担。

3. 施工简便、工期短

由于幕墙所用板材及其骨架材料，可在工厂加工成型，现场安装操作工序少，因而可缩短建筑物的整个施工工期。

4. 维修方便

由于幕墙多数由单元件拼接组合而成，一旦出现使用故障，可以很方便地维修，甚至局、部颁标准更换，也不影响幕墙的其他部分以及建筑物的使用。

尽管幕墙有上述种种优点，然而幕墙应用也受到某些因素的约束。

(1) 价高。据测算，按《玻璃幕墙工程技术规范》规定的有关性能要求，普通铝合金明框玻璃幕墙市场价一般为每平方米800元左右，而隐框玻璃墙一般为每平方米1400元左右(单玻十层以下)，个别物理性能要求特别高的幕墙的造价则更高。

(2) 材料及施工技术要求高。如隐框幕墙的技术要求特别高，稍有不慎，就有可能留下隐患或造成人员伤亡、设备损坏事故。国内外屡有有关幕墙玻璃脱落并造成人员砸伤事故的报导。

(3) 幕墙的反射光线影响周围环境，如图5-1所示。有的幕墙光污染严重，个别幕墙由于设计不合理已经导致严重后果。因此，幕墙工程必须进行严格设计及施工管理。

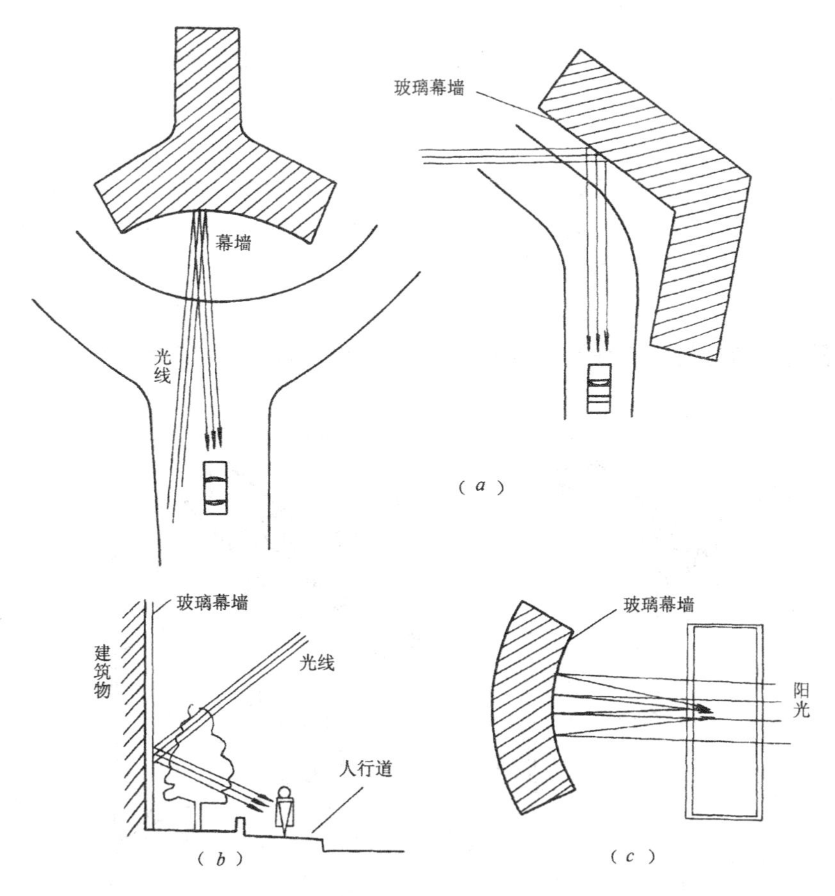

图 5-1 幕墙的反射光线对环境的影响

（a）幕墙反射光线对交通的干扰；（b）幕墙热反射、光反射对行人的干扰，植树可以减少影响；（c）幕墙对邻近建筑的光污染

二、幕墙主要组成材料

幕墙按组成材料可分为玻璃幕墙、铝板幕墙、钢板幕墙、石材墙等，按有无框架可分为有框架幕墙和无框架全玻璃幕墙。有框架幕墙结构的主要组成部分如图 5-2 所示。

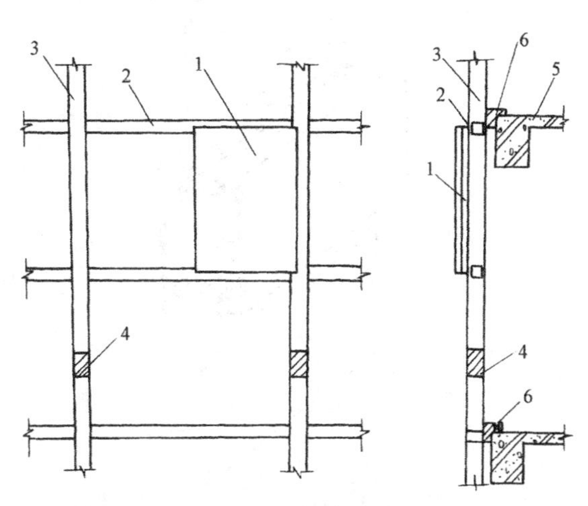

图 5-2 幕墙组成示意图

1—幕墙构件；2—横档；3—竖梃；4—竖梃活动接头；5—主体结构；6—竖梃悬挂点

幕墙所采用的主要材料，包括框架材料、填缝密封材料和饰面板等几类。为便于选择使用，现分别将各类材料的主要性能及选择要求概括如下。

（一）框架材料

根据所起作用不同，幕墙的框架材料可分两大类，一类是构成骨架的各种型材；另一种是各种用于连接与固定型材的连接件和紧固件。

1. 型材

幕墙的种类不同，所采用的骨架型材也有很大区别。常用型材有型钢、铝型材、不锈钢型材三大类。

(1) 型钢

常用型钢材质以普通碳素钢 A3 为主，断面形式有角钢、槽钢、空腹方钢等。这类型材价格低、强度高，但维修费用高，型钢按设计要求组成钢骨架，再通过配件与饰面板（如玻璃、铝板、搪瓷板等）相连接。

(2) 铝型材

铝型材主要有竖梃（立柱）、横档（横杆）及副框料等，如图 5-3 所示，这类型材价

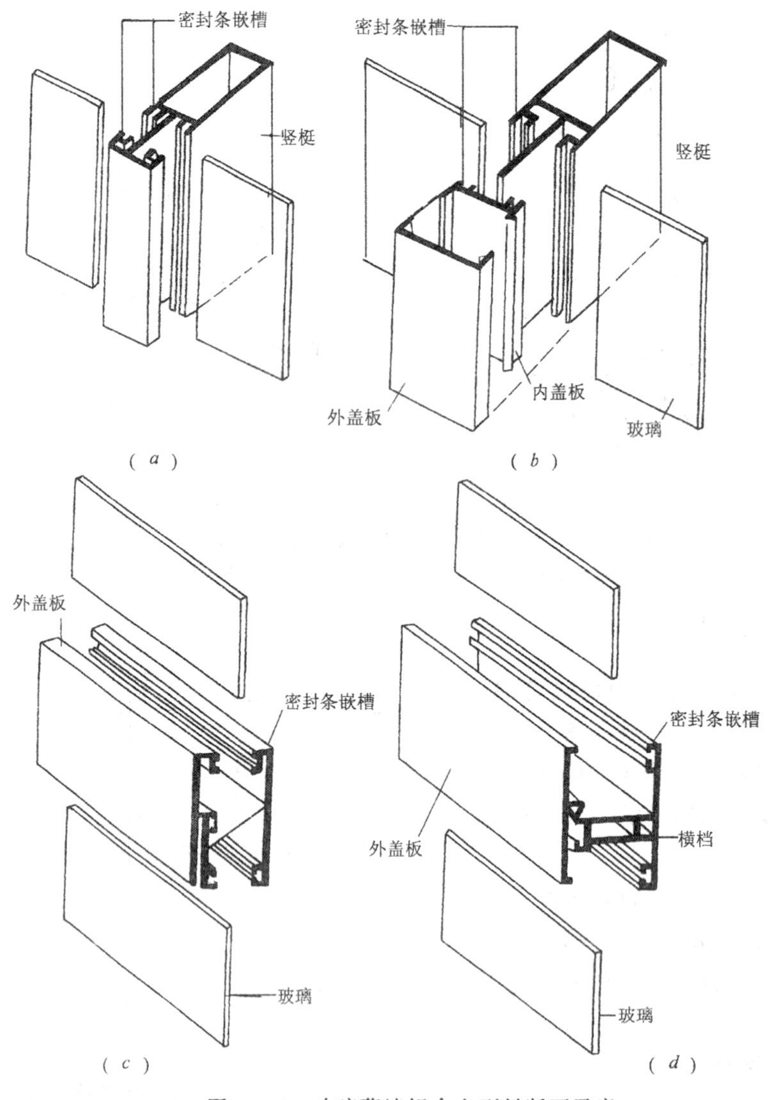

图 5-3 玻璃幕墙铝合金型材断面示意

(*a*) 竖挡之一；(*b*) 竖挡之二；(*c*) 横挡之一；(*d*) 横挡之二

格较高，但构造合理，安装方便，装饰效果较好。当幕墙需要做成特殊造型时，还有一些特殊型材可供选用，幕墙用铝型材的材质，以铝镁合金LD31为主。铝型材的规格，一般以立柱断面的高度确定。常用的有115、120、130、140、150、155、160、180mm等多种，设计时可根据使用的部位，对框架的刚度要求及风压的大小等因素进行选材。表5-1所列为国产铝合金型材玻璃幕墙常用系列的特点、适用范围。

国产玻璃幕墙常用系列　　表5-1

名　称	竖框断面尺寸 $(h \times b)$，mm^2	特　点	适用范围
简易通用型幕墙	框格断面尺寸同铝合金窗	简易、经济，框格通用性强	幕墙高度不大的部位
100系列铝合金玻璃幕墙	100×50	结构构造简单，安装方便，连接支座可采用固定连接	楼层高≤3m，框格宽≤1.2m，使用强度≤2000N/m^2，总高度50m以下的建筑
120系列铝合金玻璃幕墙	120×50	同100系列	同100系列
140系列铝合金玻璃幕墙	140×50	制作容易，安装维修方便	楼层高≤3.6m，框格宽≤1.2m，使用强度≤2400N/m^2，总高度80m以下的建筑
150系列铝合金玻璃幕墙	150×50	结构精巧，功能完善，维修方便	楼层高≤3.9m，框格宽≤1.5m，使用强度≤3600N/m^2，总高度120m以下的建筑
210系列铝合金玻璃幕墙	210×50	属于重型、标准较高的全隔热玻璃幕墙，功能全，但结构构造复杂，造价高，所有外露型材于室内部分用橡胶垫分隔，形成严密的断冷桥	楼层高≤3.2m，框格宽≤1.5m，使用强度≤2500N/m^2，总高度100m以下建筑的大分格结构的玻璃幕墙

(3) 不锈钢型材

一般采用不锈钢薄板压弯或冷轧制造成钢框格或竖框，这类型材价格昂贵，型材规格少，为了降低造价，一般还需用型钢或铝合金骨架作内衬。目前我国只有极少数厂家生产，但是这类型材的耐久性及装饰性非常突出。实际上，这类型材目前都是不锈钢外壳断面。

2. 紧固件

常用的紧固件主要有膨胀螺杆、普通螺栓、铝拉钉、射针等。膨胀螺栓和射钉一般通过连接件将骨架固定于主体结构上。螺栓一般用于骨架型材之间及骨架与连接件之间的连接。铝拉钉一般用于骨架型材之间的连接。

3. 连接件

常用连接件多以角钢、槽钢及钢板加工而成，也有一些特制的连接件。常见形式如图5-4所示。

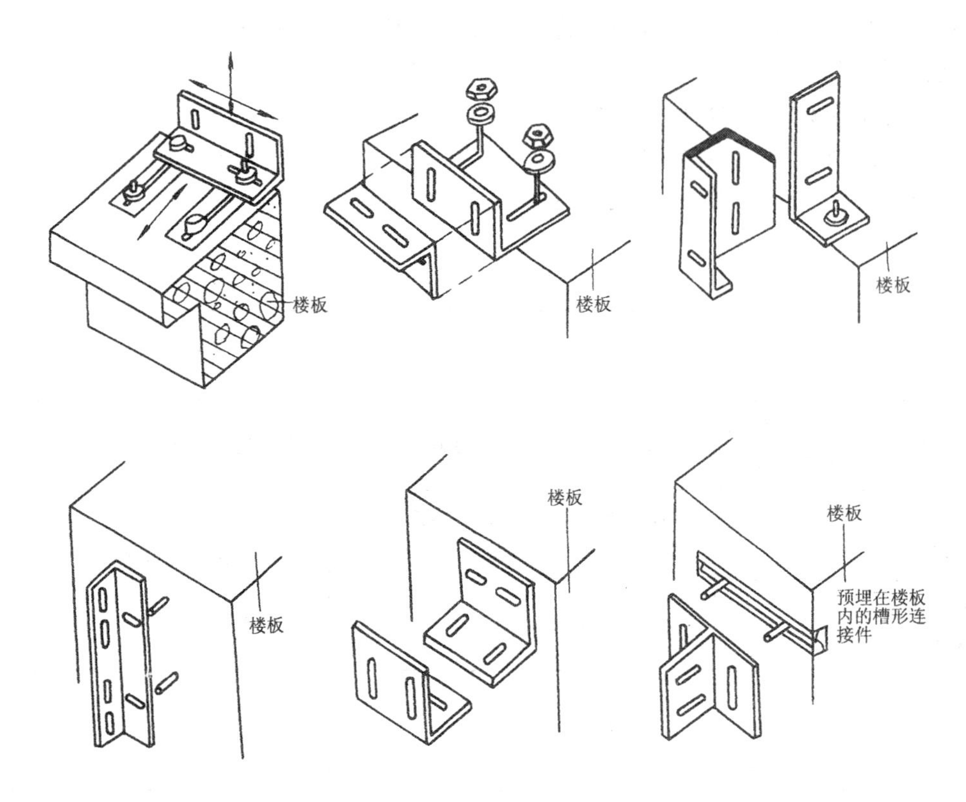

图 5-4 玻璃幕墙连接件的形式

（二）饰面板

饰面板的种类较多，有玻璃、铝板、不锈钢和石板等。

1. 玻璃

目前用于玻璃幕墙的玻璃，主要有热反射玻璃、吸热玻璃、双层中空玻璃、夹层玻璃、夹丝玻璃及钢化玻璃等。这些玻璃各有其特色。前三种为节能玻璃，后一种为安全玻璃。选用时，应根据各幕墙的要求选择合适的玻璃品种。

（1）热反射玻璃

热反射玻璃是在普通玻璃的表面覆盖了一层具有反射热光线性能的金属氧化膜，因其从光亮的一侧向灰暗的一侧看时，有类似于镜子的映象功能，故又称镜面玻璃。当然，若从灰暗一侧向光亮一侧看时，则具有透视作用。热反射玻璃常用的色彩有金色、银色、灰色、古铜色、蓝色、豆绿色等。热反射玻璃最基本的作用有两大方面：一是反射太阳辐射热，防止太阳辐射热进入室内，具有可以有效地减轻冷气负载的效果，如果做双层中空式结构，则保温隔热效果更佳（如仪征市黎明大酒店的主立面幕墙就采用了这种双层中空热反射玻璃）；二是单向透视性及镜面映象功能，即从灰暗一侧可看到光亮一侧的场景，而从光亮一侧向灰暗一侧看，看到的是类似镜面的周围映象。

（2）吸热玻璃

这种玻璃是在普通透明玻璃中加入极微量的金属氧化物而制成的，加入的金属氧化物不同，颜色也不同，常见品种有浅蓝色、浅灰色、青铜色、古铜色、金色及蓝绿色等。吸热玻璃的作用是利用金属离子吸收太阳光线中的部分热量，减少进入室内的日照热量，同时，可使室内光线呈现调和的气氛，增加装饰效果。

（3）双层中空玻璃

这种玻璃是利用密闭腔内的干燥空气，减少由于玻璃两侧的温度差而产生的传导作用，这样可以减轻暖气负载。设计时应该注意的是：中空玻璃的功能是靠干燥剂和密封材料在空腔中封闭干燥空气来维持的，因而是有一定寿命的。

（4）夹层玻璃

这种玻璃是在两层普通平板玻璃的中间夹入一个有机高分子化合物膜层，可以防止玻璃碎片飞散且不易穿透，具有很好的安全性能。材料选用时，应该注意到有机溶剂及封缝料对膜层的影响。

（5）夹丝玻璃

这种玻璃的原理类似于夹层玻璃，只不过中间是夹入了一片钢丝网而已。

（6）钢化玻璃

这种玻璃是利用突然冷却作用，在玻璃两侧表面形成了预压应力层，这样可以抵消玻璃破坏时的拉应力，从而提高了玻璃的抗冲击强度。

2. 铝板

铝板因其耐久性好。表面经涂饰处理后，装饰效果好，而得以迅速发展。常用的有单层铝板、复合铝板、蜂窝铝板三种。这三种铝板各有其特点，设计施工选用应注意区分。

（1）单层铝板

单层铝板有纯铝板，铝合金的代号为 LF21。铝板厚度一般为 2.5～4mm，背面用铝带作加强筋（加劲肋），铝带的宽度及厚度根据铝板板面而定，一般厚 2～2.5mm，宽 10～25mm。设置加强筋的铝板刚度大，可以较好地满足大面积的需要。同时，还可在铝板内侧安放岩棉、矿渣板等材料，以增加板材保温隔声的性能。铝板的表面采用阳极氧化膜或碳氟树脂喷涂。

除普通铝板外，还可以采用 LF21 防锈铝板作为幕墙板材。

（2）复合铝板

这种铝板由内外两层均为 0.5mm 厚的铝板，中间夹层为 2～7mm 的 PVC 或其他石油副产物制成，如图 5-5 所示。铝板表面有很薄的氟化碳喷涂罩面漆，复合铝板的总厚度为 4～6mm，这种铝板的主要优点是：颜色均匀，铝板表面平整，制作方便。但是如果这种铝板用于纯功能性幕墙，建筑物一旦遭受火灾，铝板间的 PVC 层受热膨胀，分解释放出有害气体，这将是非常危险的。此外，由于现在制作加工工艺所加工成型的幕墙饰面板，存在严重的薄弱环节，因而耐久性差。实际应用中要进行严格控制。

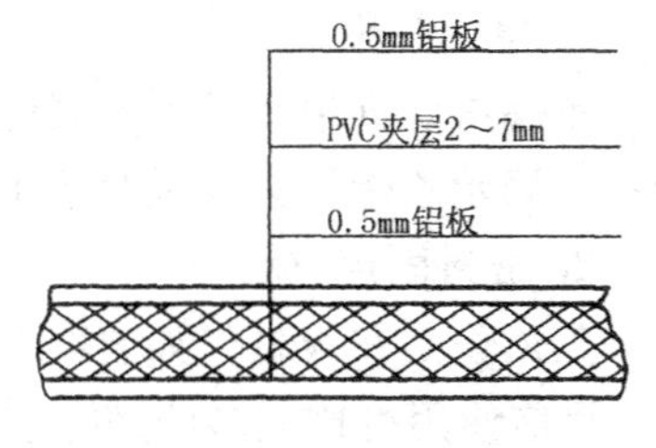

图 5-5　复合铝板

除双层复合铝板外，还有一种单面复合铝板——塑铝板。塑铝板的结构如图 5-6 所示，目前已较多应用于幕墙中。

（3）蜂窝复合铝板

这种铝板是由两块厚为 0.8～1.2mm 及 1.2～1.8mm 铝板，中间夹有不同材料制成的蜂巢形状夹层构成的复合铝板如图 5-7 所示，常用夹层材料有：铝箔巢芯、玻璃钢巢芯、混合纸巢芯。蜂窝复合板总厚度为10～25mm。这种铝板强度高、隔声隔热性能好，由于用铝量大、厚度大，因而其成本高，且加工成型较困难，安装时又因密封性能要求高，易产生漏水现象，从而影响其有关物理性能。

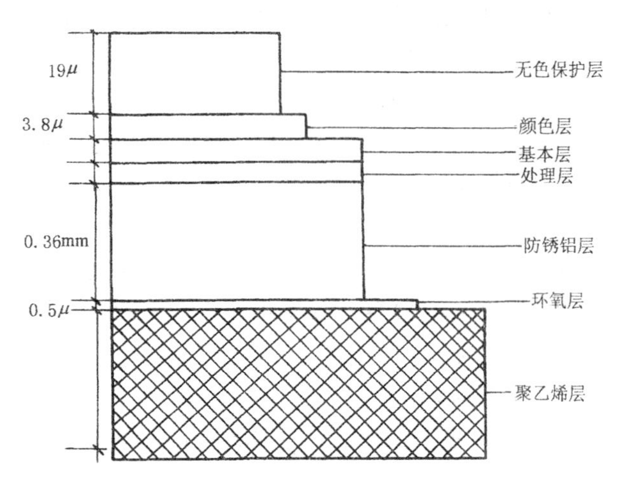

图 5-6 塑铝板的结构

3. 不锈钢板

这种钢板耐久性好，装饰效果豪华，如果对其表面进行处理，可获得更加丰富的装饰效果。幕墙用不锈钢板一般为0.2～2mm厚不锈钢薄板冲压成槽形镜板，一般均需在板背面设加劲肋以加强板的刚度。

4. 石板

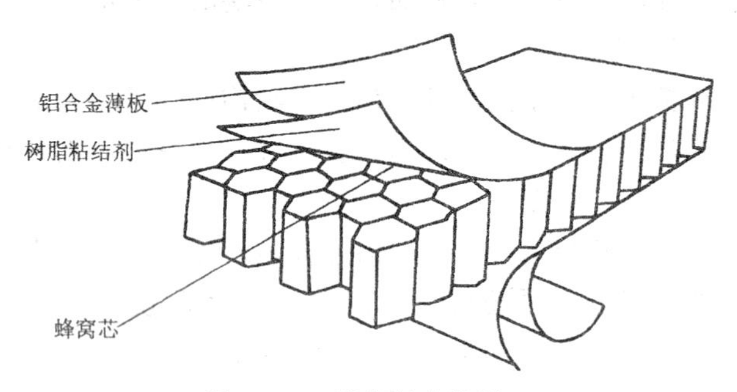

图 5-7 蜂窝复合铝板

常用天然石材有大理石和花岗石。两者的化学结构、物理力学性能、外观效果有着很大的区别，因而用途也不同。天然石板经过加工处理应用于幕墙，尤其是与玻璃等饰面板组合应用，可以产生虚虚实实的装饰效果。因而干挂石与玻璃、铝合金一道成为80～90年代幕墙材料的三大主流。但是应该注意的是石板自重大（约为玻璃的4～5倍，铝板的5～6倍），且连接构造要求高，稍有不慎，会产生严重后果。

此外，还有搪瓷钢板、彩色钢板等。

（三）封缝材料

封缝材料是用于幕墙面板安装及块与块之间缝隙处理的各种材料的总称，通常由以下三种材料组成：即填充材料、密封固定材料和防水密封材料。

1. 填充材料

主要用于框架凹槽内的底部，起填充间隙和定位的作用。填充材料主要有聚乙烯泡沫胶系、聚苯乙烯泡沫胶系及氯丁二烯胶等，有片状、板状、圆柱状等多种规格。

2. 密封固定材料

其用途是在板材（如玻璃）安装时嵌于板材两侧，起一定的密封缓冲和固定压紧的作用。目前使用得比较多的是橡胶密封条，其规格和断面形式很多，应根据框架材料的规格、凹槽的断面形式及施工方法加以选用。

3. 防水密封材料

其作用是封闭缝粘结。应用较多的是聚硫橡胶封缝料和硅酮封缝料，其中后者具有较好的耐久性，施工操作方便，品种多，因而应用最广泛。硅酮条的封缝料常见的有醋酸型硅酮封缝料和中性硅酮封缝料，至于应使用何种产品，应根据框架料的材质、玻璃的品种、施工的方法、封缝料的特点及封缝对活动缝隙的适应能力等来选择。硅酮系封缝料对活动缝隙的适应能力通常以其模数来表示。一般来说，模数越低，对活动缝隙的适应能力越强，越有利于抗震。在幕墙工程中常用的硅酮系封缝料的特性、种类及适用性可参考表 5 - 2 选择使用。

封缝料的种类及选用 表 5 - 2

硬化机理	主要硬化成分	模数	特点	适用玻璃品种					
				聚碳酸酯	热反射玻璃	夹丝玻璃	夹层玻璃	双层中空玻璃	浮法玻璃 压花玻璃 吸热玻璃 钢化玻璃
单一组分吸湿固化型	醋酸型	高、中	硬化快，腐蚀金属，粘结性和耐久性较好，透明度较高，有恶臭	×	×	×	×	×	△
	乙醇型	中	无毒无臭，无腐蚀性，硬化较慢，粘结性较好	●	△	△	△	△	△
单一	氨化物或氨基酸型	低	容易操作，无腐蚀性，耐久性较好	×	△	●	●	●	●
双组分反应固化型	氨基酸型	低	价格低，耐久性尚可，需用底涂层，对活动缝隙适应能力强，适于悬挂结构和大的可动接缝，无腐蚀性	×	△	●	●	●	●

注：●适用；△可用；×不可用

三、幕墙的基本结构类型

幕墙由于组成材料、结构形式及其作用各有不同，因而根据不同情况可将其划分成不同的类型。

根据用途不同，幕墙可分为外幕墙和内幕墙。外幕墙用作外墙立面，主要起围护作用，内幕墙用于室内，可起到分隔和围护作用。根据饰面所用材料不同幕墙又可分为：玻璃幕墙、铝板幕墙、不锈钢幕墙、石材幕墙。

大部分幕墙主要由饰面板和框架组成，也有部分幕墙饰面板和框架合为一体。有框架幕墙的饰面板支撑固定于框架上，由框架将幕墙自重及所承受各种荷载，通过连接件传递给主体结构。无框架幕墙的自重及各种荷载，则直接通过连接件传递给主体结构。因此根据结构构造组成不同，可将幕墙划分为以下几种结构形式。

1. 型钢框架结构体系

这种结构体系是以型钢做幕墙的骨架，将饰面板或铝合金窗、钢窗等固定在骨架上。这类幕墙结构，价格较其他金属框架便宜。而且可以充分利用钢结构强度高的特点，使固定框架的锚固点间距增大，更适用于较为开敞的空间。当然，也可以采用小规格型钢做成的网格尺寸较小的框架结构。型钢规格尺寸按计算确定。

应用这类骨架应该特别注意以下二点：

（1）注意铝合金饰面板或铝框、铝质连接件与型钢之间的直接接触可能引起的电化腐蚀问题，应采取隔离措施，以及加强对钢框架的防腐。如在接触面之间加设胶木、PVC 或不锈钢垫片，采用不锈钢连接件、不锈钢螺栓等；

(2) 型钢骨架直接外露将影响幕墙的装饰性。可采用外包不锈钢或钛金板等措施弥补这一缺陷。

2. 铝合金明框结构体系

这种结构体系是以特殊断面的铝合金型材做幕墙的框架，饰面板镶嵌在框架的凹槽内，框架型材兼有龙骨及固定饰面板的双重作用，结构构造可靠、合理，施工安装简单。这种结构类型目前在玻璃幕墙中运用最多。铝合金型材的规格尺寸，可根据使用部位和抗风压能力通过计算来确定。铝合金明框结构玻璃幕墙立面示意如图 5 - 8 所示。

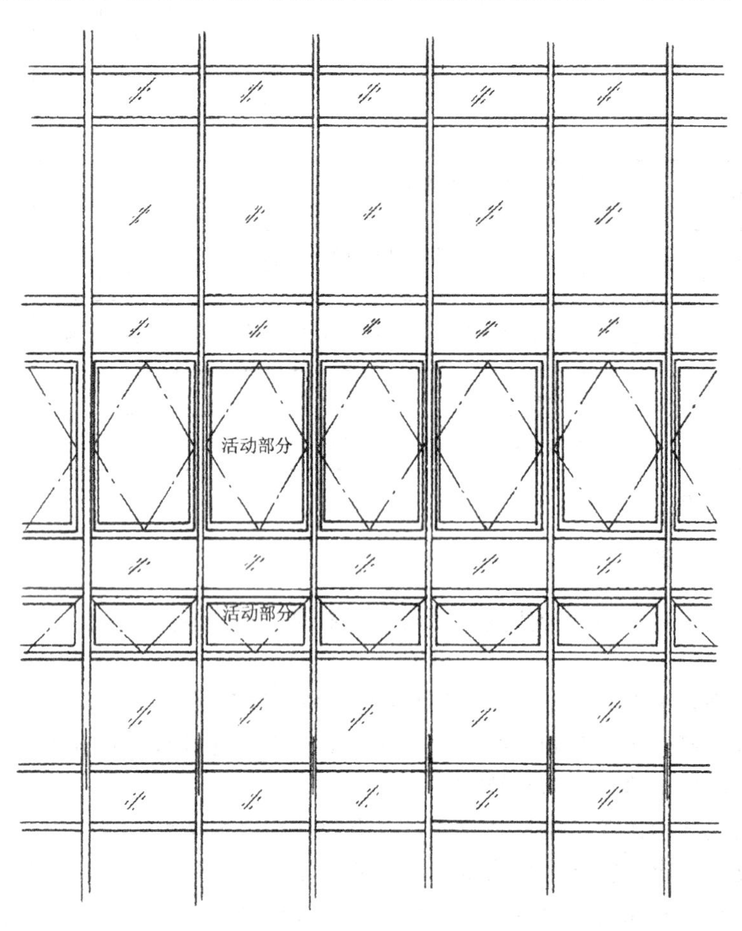

图 5 - 8　铝合金明框结构玻璃幕墙立面示意

3. 铝合金隐框结构体系

这类结构体系，框架结构不露在幕墙饰面外面，使幕墙的外表显得更加新颖、简洁。根据框架结构暴露的程度，可分为全隐框结构体系、横隐竖不隐结构体系、竖隐横不隐结构体系三种。这类结构的关键技术是饰面板与框架的连接。如装饰面板为金属板材，则很方便，只需通过连接件固定即可。如果饰面板为玻璃板，则比较麻烦，目前主要是通过结构胶将玻璃粘贴在框架表面或专用的副框表面（副框再通过专用连接件与骨架连接）。由于玻璃的自重大，而结构胶的抗剪能力低，粘贴胶缝还需经受温度变化作用。日光照射还会使胶缝材料老化等，因而耐久时间不可能过长。选择这类结构，当采用玻璃作饰面板时，在选材、施工工艺等方面应该慎重，严把质量关，否则，会留下严重隐患。此外，这类幕墙一般造价高。因而设计时应该综合考虑使用要求、装饰效果、材料供应和造价等因素。图 5－9 为铝合金隐框结构玻璃幕墙立面示意。

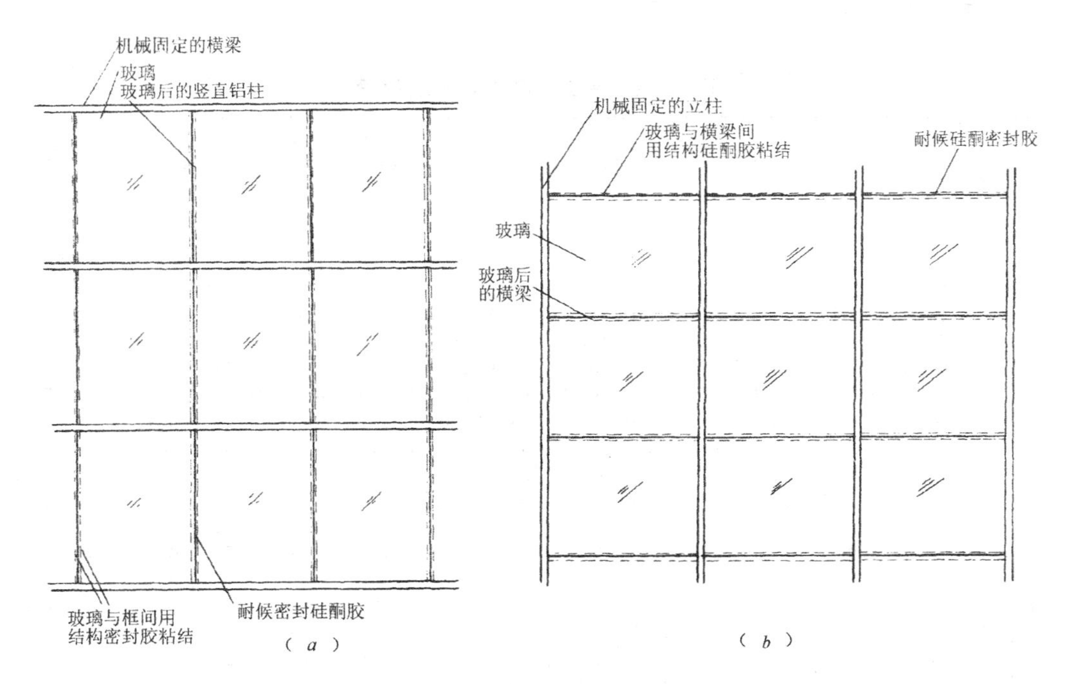

图 5－9 铝合金隐框结构玻璃幕墙立面示意

（a）竖隐横不隐结构体系；（b）横隐竖不隐结构体系

4．无框架结构体系

这类幕墙结构主要用于饰面板尺寸大，刚度也大的幕墙。面板本身既是饰面构件，又是承重构件。目前主要应用于无框玻璃幕墙。因为没有骨架，整个幕墙必须采用尺寸很大的大块玻璃，这样就使得幕墙的通透感更强，视线更加开阔，而其立面也更加简洁。这类玻璃幕墙又有底部支撑结构、悬挂式结构和混合式结构三种。当玻璃高度很大时，必须采用悬挂式结构，否则，玻璃在自重作用下，会弯曲变形，影响饰面效果。悬挂式结构是以专门的吊具将大片玻璃悬吊起来，玻璃另一侧内在侧向予以支承约束。应该注意的是，这类幕墙的玻璃强度及刚度应仔细复核，必要时需计算配置加劲肋。

四、幕墙设计中的技术要求

幕墙作为一种新型的围护或分隔结构，必须满足相应的功能要求。构造设计时，应该根据使用要求解决好以下一些技术问题。

（一）满足自身强度要求

作用在幕墙上的荷载有幕墙自重、风荷载、地震作用、温度作用等。这些荷载中，除饰面板为石板外，一般自重较小，约为 0.30～0.5kN/m^2 左右；风荷载按《玻璃幕墙工程技术规范》及有关研究资料，应该取 50 年一遇的最大瞬时风压值作为设计依据，为 30 年所遇平均风压值的 2.25 倍，同时不得低于 1kN/m^2；地震荷载计算时，地震影响系数按相应抗震设防烈度的最大值取用，另外还应乘以动力放大系数β=3；温度按年最大温差20℃取值计算。上述各类荷载中，风荷载对幕墙结构影响最大，高层建筑尤甚。根据计算的各类荷载，分别对幕墙的饰面板，框架杠件，连接节点，胶缝进行承载力计算。表5-3、表5-4分别为幕墙玻璃不同高度处风荷载作用下的允许使用面积。

不同高度上平板玻璃的允许使用面积 表5-3

地上高度(m)	大致对应层数	风压力(100Pa)	普通平板玻璃(mm)							压花玻璃(mm)	双层中空玻璃(mm)			夹丝玻璃(mm)	
			3	4	5	6	10	12	19	4	5+5	6+6.8(夹丝层)	8+8	6.8	10
3		9.81	1.80	2.60	3.60	4.40	10.00	12.00	26.00	1.35	5.00	8.50	10.55	4.40	8.50
4		9.81	1.80	2.60	3.60	4.40	10.00	12.00	26.00	1.35	5.00	8.50	10.55	4.40	8.50
5	(1)	10.49	1.67	2.43	3.35	4.12	9.35	11.21	24.30	1.26	4.67	7.57	9.86	4.11	7.94
6		11.57	1.53	2.20	3.05	3.73	8.47	10.17	22.03	1.14	4.24	6.85	8.94	3.73	7.20
7		12.45	1.42	2.05	2.83	3.46	7.87	9.45	20.47	1.06	3.94	6.38	8.30	3.46	6.69
8	(3)	13.34	1.33	1.91	2.65	3.30	7.35	8.82	19.11	0.99	3.67	5.96	7.76	3.23	6.25
9		14.12	1.25	1.81	2.50	3.06	6.94	8.33	18.06	0.93	3.47	5.63	7.33	3.08	5.90
10		14.91	1.18	1.71	2.37	2.89	6.58	7.89	17.11	0.89	3.29	5.33	6.94	2.89	5.59
11		15.59	1.13	1.64	2.26	2.77	6.29	7.55	16.35	0.85	3.14	5.09	6.64	2.77	5.35
12	(4)	16.28	1.08	1.57	2.17	2.65	6.02	7.23	15.66	0.81	3.02	4.88	6.36	2.65	5.12
13		16.97	1.04	1.50	2.08	2.54	5.78	6.94	15.03	0.78	2.89	4.68	6.10	2.54	4.91
14		17.55	1.00	1.45	2.00	2.47	5.59	6.70	14.53	0.75	2.79	4.53	5.89	2.46	4.75
15	(5)	18.24	0.97	1.40	1.94	2.37	5.38	6.45	13.98	0.73	2.69	4.35	5.67	2.37	4.57
16		18.83	0.94	1.35	1.88	2.29	5.25	6.25	13.54	0.70	2.60	4.22	5.49	2.29	4.43
18	(6)	19.42	0.91	1.31	1.82	2.22	5.05	6.06	13.13	0.68	2.53	4.09	5.33	2.22	4.20
20	(7)	19.91	0.88	1.28	1.76	2.18	4.93	5.91	12.81	0.67	2.46	3.99	5.20	2.17	4.19
22		20.40	0.87	1.25	1.73	2.12	4.81	5.77	12.50	0.65	2.40	3.89	5.07	2.12	4.09
24	(8)	20.89	0.85	1.22	1.69	2.06	4.69	5.63	12.21	0.63	2.35	3.80	4.95	2.06	3.99
26	(9)	21.28	0.83	1.20	1.63	2.04	4.61	5.53	11.98	0.62	2.30	3.73	4.86	2.03	3.92
28		21.67	0.81	1.18	1.63	1.99	4.52	5.43	11.76	0.61	2.26	3.67	4.77	1.99	3.85
31	(10)	22.16	0.80	1.15	1.59	1.95	4.42	5.31	11.50	0.60	2.21	3.58	4.67	1.95	3.76

高层部位玻璃的允许使用面积 表5-4

高度(m)	玻璃厚度(mm)					
	5	6	8	10	12	19
45	1.36	1.81	2.32	3.38	4.63	10.53
65	1.24	1.65	2.11	3.08	4.23	9.60
85	1.16	1.54	1.98	2.88	3.95	9.01
105	1.10	1.46	1.87	2.73	3.75	8.54
125	1.05	1.40	1.78	2.62	3.59	8.16
175	0.97	1.29	1.65	2.41	3.30	7.51
225	0.91	1.21	1.55	2.26	3.10	7.04

（二）满足风压变形性能要求

风压变形性能系指建筑幕墙在与其平面相垂直的风力 F 作用下，保持正常使用功能的性能。通常采用控制幕墙构件的容许挠度值的方法来解决。挠度允许值一般在(1/150～1/800)L 范围之内。允许挠度值取值宜与所确定的幕墙风压变形性能分级值相适应，不宜过大,也不宜过小,过小则会影响造价。风压弯形性能分级值见表 5－5 规定:幕墙在风荷载标准值作用下,其竖梃和横档的相对挠度不应大于 $L/180$(L 为竖梃和横档两支点间的跨度),绝对挠度不应大于 20mm。

风压变形性能分级值 　　表 5－5

级　别	Ⅰ	Ⅱ	Ⅲ	Ⅳ	Ⅴ
分级指标(Pa)	≥5.0	<5.0 ≥4.0	<4.0 ≥	< ≥	< ≥

(三)满足雨水渗透性能要求

雨水渗透性能是指在风雨同时作用下,幕墙阻止雨水透过的性能。《玻璃幕墙工程技术规范》规定:玻璃幕墙在风荷载标准值除以 2.25 的风荷载作用下不发生雨水渗漏,在任何情况下,玻璃幕墙开启部分的雨水渗漏压力应大于 250Pa。幕墙的分值见表 5－6。该分值以试件出现严重渗漏时所承受的压力差为判断依据。

雨水渗漏性能要求 　　表 5－6

级　别		Ⅰ	Ⅱ	Ⅲ	Ⅳ	Ⅴ
分级指标(Pa)	可开部分	≥350	<500 ≥350	<350 ≥250	<250 ≥150	<150 ≥100
	固定部分	≥2500	<2500 ≥1600	<1600 ≥1000	<1000 ≥700	<700 ≥500

(四)空气渗漏性能

空气渗透性能是指幕墙在风压作用下,其可开启部分为关闭状态时的整个幕墙透气的性能。《规范》以幕墙每米长缝隙一小时的空气渗透量为分级值依据(内外压力差为 10Pa),判别幕墙空气渗透性能好坏。其固定部分的渗透量不大于 $0.10m^3/(m \cdot h)$。开始部分的空气渗透量不应大于 $2.5m^3/(m \cdot h)$。幕墙空气渗透性能分级见表 5－7。

空气渗透性能分级 　　表 5－7

级　别		Ⅰ	Ⅱ	Ⅲ	Ⅳ	Ⅴ
分级指标	可开部分	≥0.5	<0.5 ≥1.5	<1.5 ≥2.5	<2.5 ≥4.0	<4.0 ≥6.0
	固定部分	≥0.01	<0.01 ≥0.05	<0.05 ≥0.10	<0.10 ≥0.20	<0.20 ≥0.50

(五)满足保温隔热性能要求

保温隔热性能是指在幕墙两侧存在空气温差条件下,幕墙阻抗从高温一侧向低温一侧传热的能力(不包括从缝隙中渗透空气的传热)。幕墙保温性能用传热系数 K 或传热阻 Ro 表示,表 5－8 根据 K 值或 Ro 值对幕墙的保温隔热性能进行分级。

保温性能分级　　表 5 - 8

级　　别	Ⅰ	Ⅱ	Ⅲ	Ⅳ
$K(W/m^2 \cdot K)$	≤0.70	>0.70 ≤1.25	>1.25 ≤2.00	>2.00 ≤3.30
$R(m^2 \cdot K/W)$	≥1.4	<1.4 ≥0.8	<0.8 ≥0.5	<0.5 ≥0.3

幕墙的保温性能应通过控制总热阻值和选取相应的材料来解决，为了减少热损失，可以从三个方面改善做法：第一方面是改善采光窗的保温隔热性能，尽量选用中空玻璃，并减少开启扇；第二方面是对非采光部分采用隔热效果好的材料做后衬墙（如浮石、轻混凝土）或设置保温芯材，常用芯材的性能见表 5 - 9；第三方面是作密闭处理和减少透风。各种玻璃墙体的保温效果及与普通砖墙的比较见表 5 - 10。

常见保温芯材的性能　　表 5 - 9

名　　称	K 值($kcal/h \cdot m^2 \cdot ℃$)	密度(kg/m^3)	抗 火 性	对温度的敏感	刚性反映
刚性低蜂窝芯材	2.18～2.67	12.2～34.2	如药物浸湿则不燃	如浸湿则不敏感	良好
铝芯材	2.18～2.67	9.76～19.6	不燃	无	良好
泡沫玻璃	0.58～1.21	2.80～11.2	—	—	—
岩棉、玻璃棉、砂棉等纤维保温材料	0.97～1.84	7.32	—	仅矿棉敏感	无刚性

各种玻璃幕墙的保温效果　　表 5 - 10

玻 璃 类 型	间 隙 宽 度 (mm)	热传导系数 K ($kcal/h \cdot m^2 \cdot ℃$)
单层玻璃		5.10
双层中空玻璃	6 9 12	2.4 2.7 3.0
防阳光双层玻璃	6 12	2.18 1.57
三层中空玻璃	2×19 2×12	1.90 1.80
反射中空玻璃	12	1.40
实心墙 240mm 实心墙 365mm		2.92 1.92

（六）满足隔声性能要求

隔声性能是指通过空气传到幕墙外表的噪声，经幕墙反射、吸收和其他路径转化后的减少量，称为幕墙的有效隔声量。幕墙的隔声效果主要考虑隔除室外噪声。按照声音传播的质量定律，玻璃幕墙的隔声量肯定低于实体承重墙，一般单层玻璃有效隔声量为 25～29dB，采用中空玻璃为 27～32dB。

幕墙隔声性能好坏可根据表5-11分级判别。

隔声性能分级值　　　　表5-11

级　别	Ⅰ	Ⅱ	Ⅲ	Ⅳ
分级值 R_w (dB)	≥40	<40 ≥35	<35 ≥30	<30 ≥25

（七）满足平面内变形性能要求

幕墙平面内变形是由于建筑物受地震力引起的建筑物层间发生相对位移时，幕墙便产生平面内变形。平面内变形性能是指幕墙适应建筑物层间变位的能力，即不会导致幕墙构件损坏的变形能力。幕墙平面内变形性能的好坏是以相对位移量（即层间角变位值θ）为分级依据的，具体分级值见表5-12。

平面内变形性能分级　　　　表5-12

级　别	Ⅰ	Ⅱ	Ⅲ	Ⅳ	Ⅴ
层间角变位值	θ>1/100	θ>1/150	θ>1/200	θ>1/300	θ>1/400

（八）满足耐撞击性能要求

耐撞击性能表示幕墙对冰雹、大风时飞来物、人的动作、鸟等撞击外力的耐力。用撞击外力的运动量值分级，见表5-13。

耐撞击性能分级　　　　表5-13

级　别	Ⅰ	Ⅱ	Ⅲ	Ⅳ
运动量F（N·m/s）	≥280	280>F≥210	120>F≥140	140>F≥70

幕墙设计时应该考虑各种可能对幕墙造成撞击的危害，选用不同耐撞击性能的幕墙饰面板及必要的保护措施。

（九）满足建筑防火设计要求

幕墙设计必须具有一定的防火性能，以满足防火规范的要求。然而，多数幕墙均不耐火，存在严重隐患。这是由于一方面，多数幕墙材料，如玻璃、铝合金型材、钢材及高分子结构配件等耐火性能均很差；另一方面，幕墙与水平楼盖及隔墙之间往往存在缝隙处理不当或未经处理，均会导致火灾蔓延。因此，幕墙设计时应该采取可靠防火措施。《高层民用建筑设计防火规范》(GB 50045—93）对玻璃幕墙作以下专门规定：

（1）窗间墙、窗槛墙的填充材料应采用非燃烧材料，如其外墙面采用耐火极限不低于1小时的非燃烧材料时，其墙内填充材料可采用难燃烧材料。

（2）无窗间墙和窗槛的玻璃幕墙，应在每层楼板设置不低于80cm高的实体墙裙，或在玻璃幕墙内侧，每层设自动喷水保护，且喷头间距不应大于2m，如图5-10所示。

（3）玻璃幕墙与每层楼板、隔墙处的缝隙，必须用非燃烧材料严密填实，如图5-11所示。

这三条规定对其他材料的幕墙亦可参考使用。

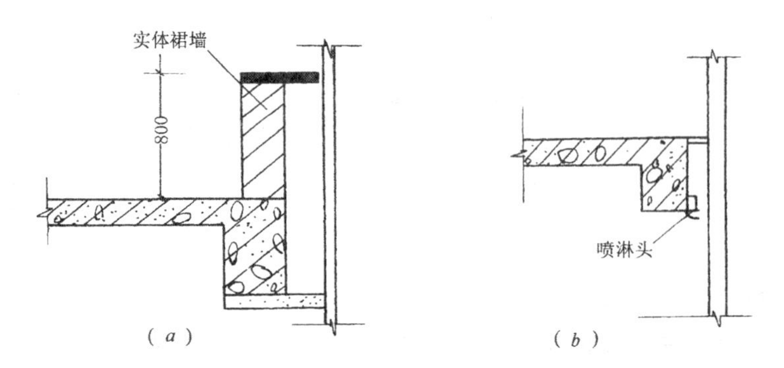

图 5-10 楼层的隔火措施

(a) 楼板边缘设墙裙；(b) 幕墙内侧设自动喷水保护

(十) 满足防雷设计要求

幕墙的防雷设计常常被忽视。一般来说，建筑物遭受的雷灾有顶雷和侧雷两大类。对于低矮的多层建筑，主经是遭顶雷袭击。而对高度大的多层及高层建筑，则会可能同时遭到顶雷和侧雷的袭击。

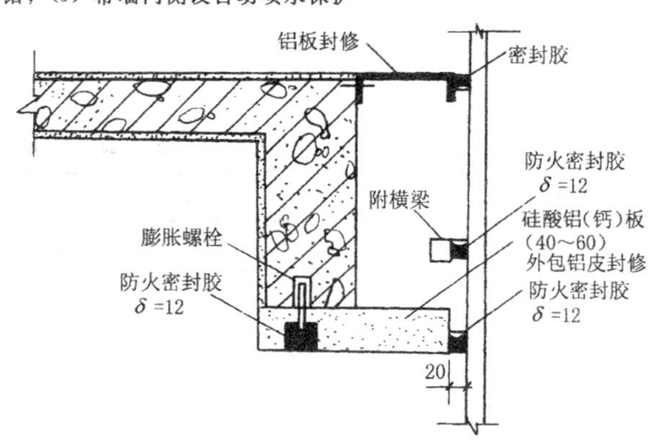

图 5-11 玻璃幕墙与楼板、隔墙缝隙的处理

幕墙的防顶雷，可用避雷带和避雷针。当采用避雷带时，可结合装饰。如采用不锈钢栏杆兼作避雷带，不锈钢栏杆应与建筑物防雷系统相连接，并保证接地电阻满足要求。幕墙避雷系统应与建筑物主体结构连接，如图5-12、图5-13所示。

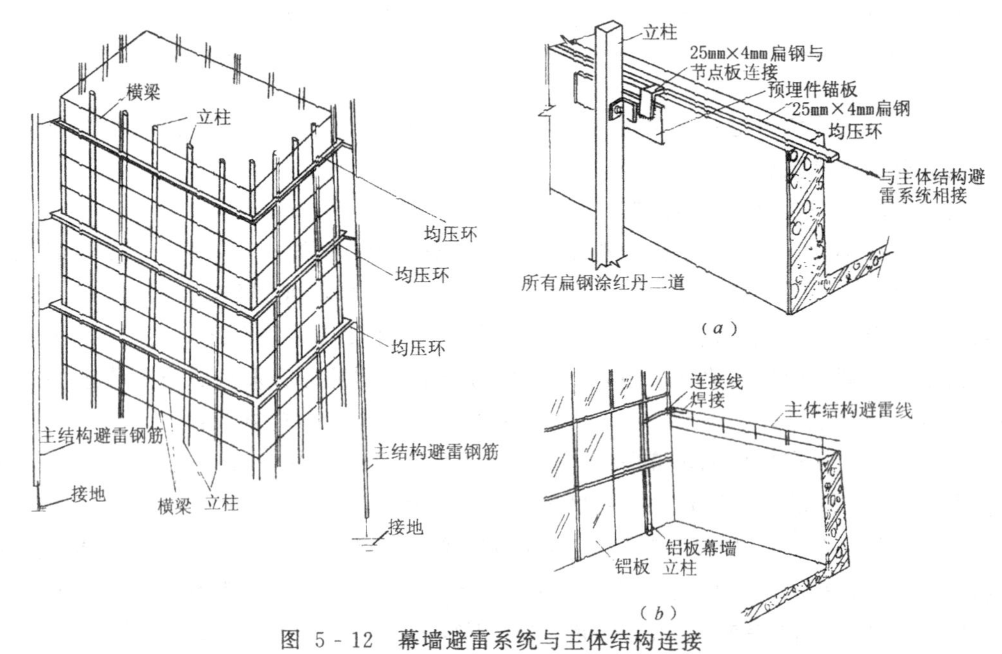

图 5-12 幕墙避雷系统与主体结构连接

(a) 幕墙避雷系统；(b) 幕墙骨架与主体结构调整连接

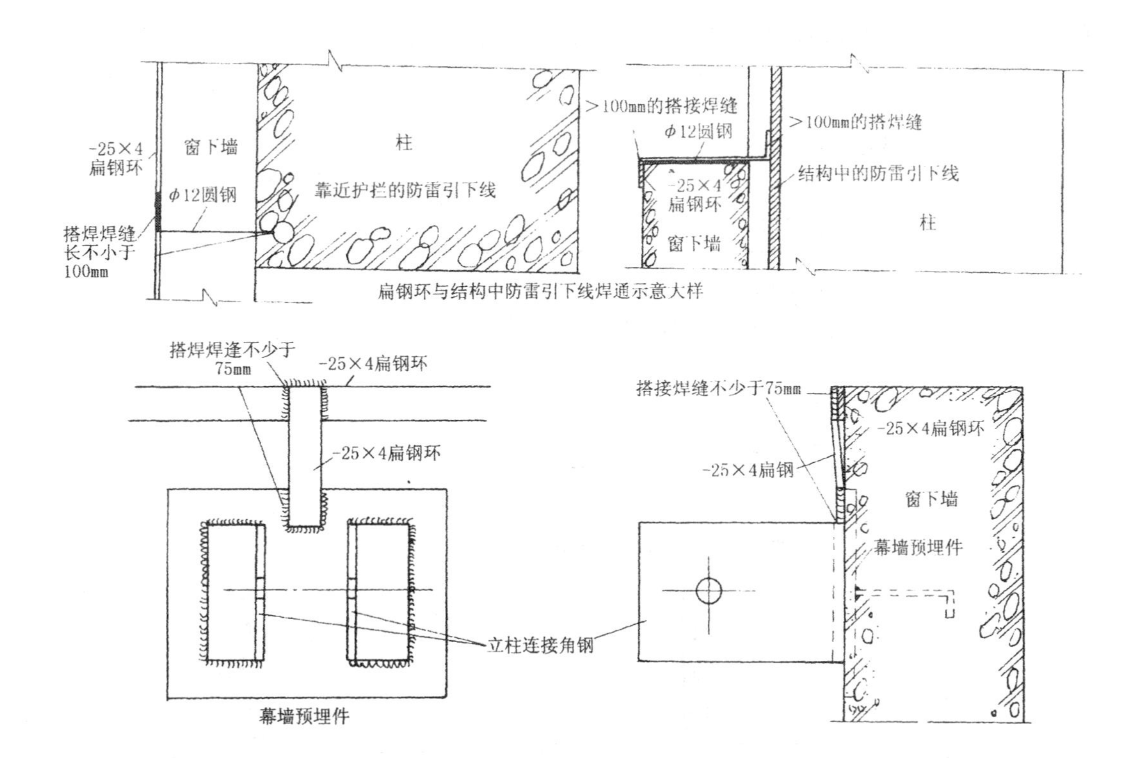

图 5-13　幕墙防雷连接大样

（十一）满足幕墙保养与维修的要求

幕墙表面会受到大气的污染作用，根据表面污染的不同程度，应定期对幕墙进行清洗。此外，尚需定期检查与维修。如螺栓是否松动，连接件是否锈蚀，玻璃是否破损松动，密封胶和密封条是否脱落、损坏等。同时，设计时必须预先考虑在屋顶设置擦窗机。

五、幕墙的结构布置

幕墙的构造设计必须首先确定幕墙的形式、总尺寸、骨架及饰面板的布置形式、位置与间距等，然后再进行细部设计。

（一）幕墙的立面划分设计

幕墙的立面划分设计（即幕墙竖直方向、水平方向布置的设计）必须根据幕墙所依附建筑物的平面及体型、幕墙的立面形式与装饰效果等因素来综合考虑，其关键是确定幕墙的总尺寸和分格尺寸。

幕墙的分格尺寸不宜过大，也不宜过小。过大会导致玻璃类饰面板易受热应力影响而开裂。过小会引起幕墙杆件规格及数量过多，制作安装复杂。图 5-14 为一般分件式铝合金幕墙的立面划分形式。

幕墙的立面划分设计应注意以下两个问题：

1. 水平方向布置

幕墙的平面布置应注意竖向杆件与建筑物间隔墙或柱之间的关系，既要考虑分格的要求，又要考虑防火的要求，一般要求幕墙竖杆与建筑物墙柱重合，如图 5-15 (*a*) 所示，以便在主体结构与竖向杆件之间安装防火材料和隔声材料，处理建筑物与幕墙之间的间隙，使左右房间完全分隔，否则处理不当，不便于充填防火隔声材料，如图 5 - 15（b）所示。

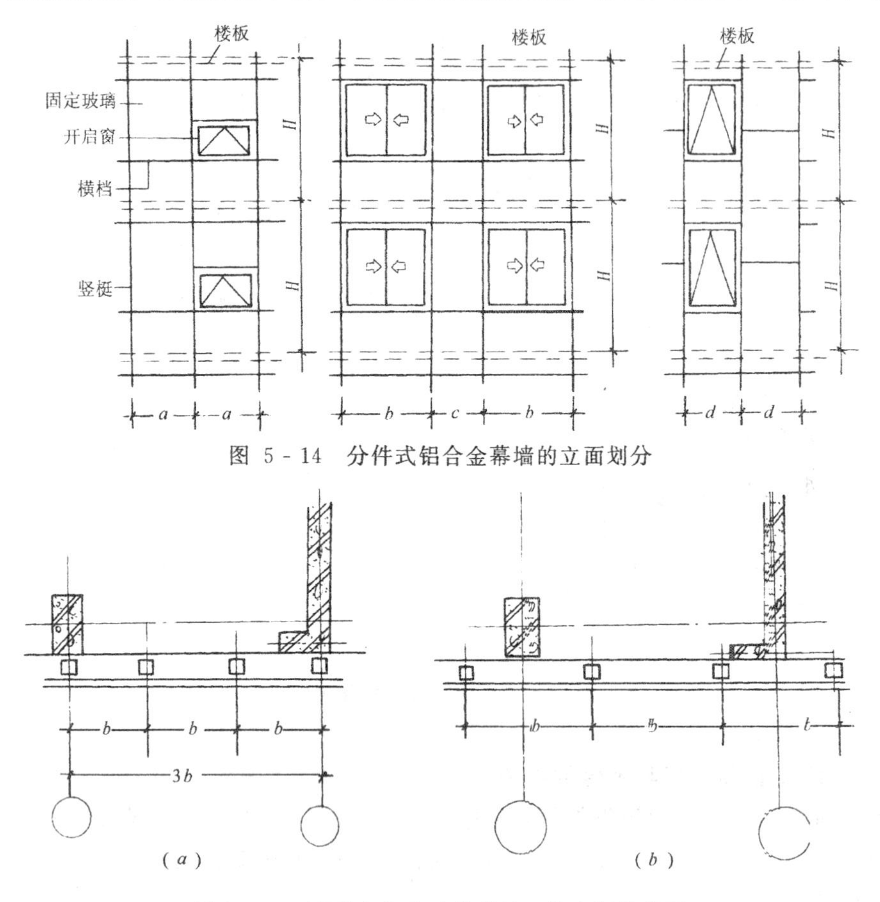

图 5 - 14　分件式铝合金幕墙的立面划分

图 5 - 15　幕墙竖杆与建筑物墙、柱之间的位置

（a）正确的布置；（b）不正确的布置

2. 竖直方向布置

幕墙的立面布置关键是幕墙横杆与建筑物楼盖之间的位置关系，幕墙横档的布置同样也要与层高相协调。通常每一个楼层都是一个防火分区，所以，在楼层处应设横挡，以免出现一块玻璃跨越上、下楼层的情况，如图 5 - 16（a）所示。否则，如图 5 - 16（b）所示，一旦跨层玻璃破碎，防火材料脱落，火灾就会马上向上层蔓延。当建筑物各层层高不相同时，要保证幕墙的韵律效果，处理立面形式划分比较麻烦。一般有以下几种做法：

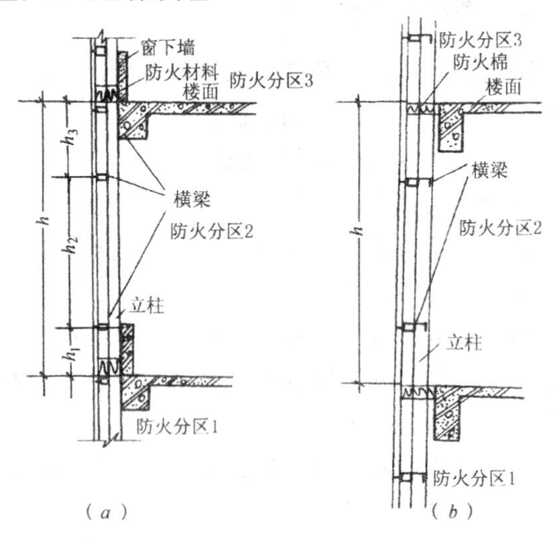

图 5 - 16　幕墙横杆与建筑物楼盖之间的位置

（a）正确的布置；（b）不正确的布置

（1）幕墙横杆与楼层持平，此时可用构件与楼面梁板连接封闭。为保护幕墙，应加设栏杆。

（2）幕墙横杆与楼层踢脚板高度持平。

（3）幕墙横杆与楼层窗台持平。

总之，幕墙的立面划分设计，应结合外观与功能，认真推敲、仔细复核尺寸，尽量保证装饰效果，切不能主观随意划分。

第2节　玻璃幕墙的构造

玻璃幕墙的细部构造做法因玻璃幕墙结构体系不同而异，以下就常用的玻璃幕墙细部的一般构造做法和特殊构造做法介绍如下：

一、幕墙的竖杆固定

铝合金玻璃幕墙，无论是明框玻璃幕墙，还是隐框玻璃幕墙都有金属框架。分析常见的结构体系可知，框架竖杆（竖梃）是主要承重结构，幕墙饰面板及横杆（横档）等一般均连接固定在竖杆上，因而竖杆的固定非常重要。固定方式多用两片角钢或夹具与主体结构相连。竖梃与主体结构的连接，不应采用膨胀螺栓，应采用预埋件连接，只有当旧建筑改造，加装玻璃幕墙时，才可以部分采用剪切受力的膨胀螺栓连接，但要，每隔3～4层补装一道预埋件连接。

角钢或夹具通过不锈钢螺栓与竖杆连接，如图5-17所示。应该注意的是，若竖梃为铝合金，应在角钢(或夹具)与竖梃间加设绝缘垫片，以避免发生电化腐蚀。对于有防雷要求的幕墙，则应按防雷要求将部分竖梃与角钢或夹具连通，以保证引雷系统电路畅通。

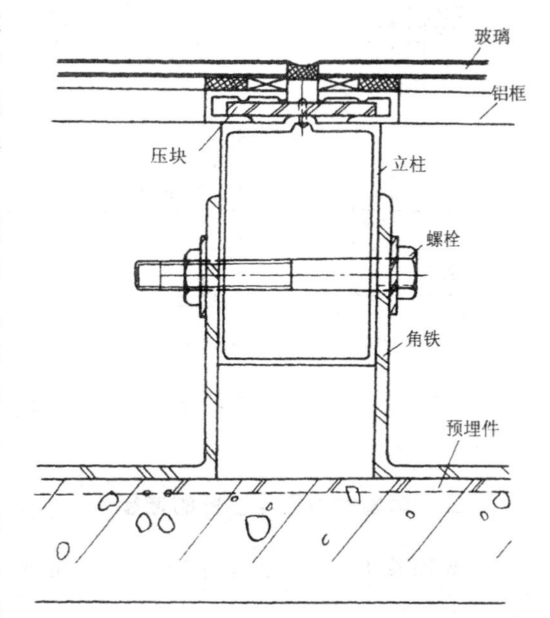

图5-17　幕墙竖梃与主体结构直接连接

通常竖梃应直接与主体结构连接，以保证幕墙的承载力和侧向稳定性，但有时由于主体结构平面的复杂性，使某些竖梃与主体结构之间有较大的距离，无法直接连接，这时，需要在幕墙竖梃与主体结构之间设置特殊的构件进行连接，如设置连接桁架，如图5-18所示，或加垫工字钢连接，如图5-19所示。

竖梃连接在主体结构上，为适应主体结构的侧移、竖梃温度变形的影响和主体结构竖向压缩变形的影响，竖梃应有活动接头。活动接头通过专用的芯柱（内衬套）连接上、下竖梃。芯柱与竖梃密接，滑动配合，与下方竖梃有螺栓固定。芯柱套入上、下竖梃的长度应不小于200mm或$2h_c$(h_c为竖梃截面高度)，如图5-17所示。

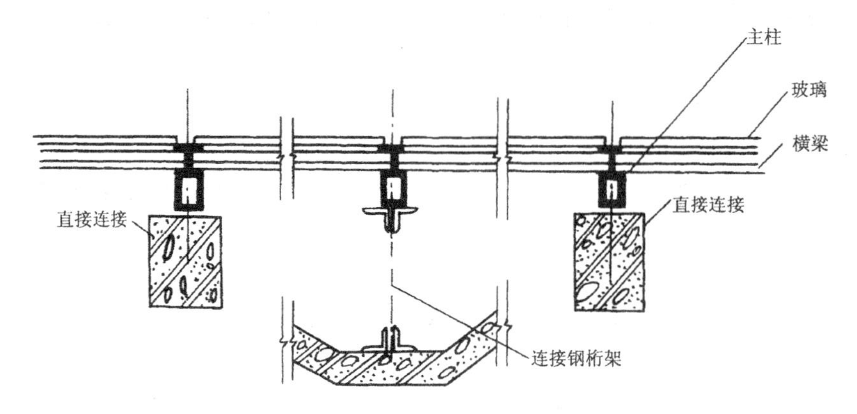

图 5-18 竖梃通过桁架与主体结构连接

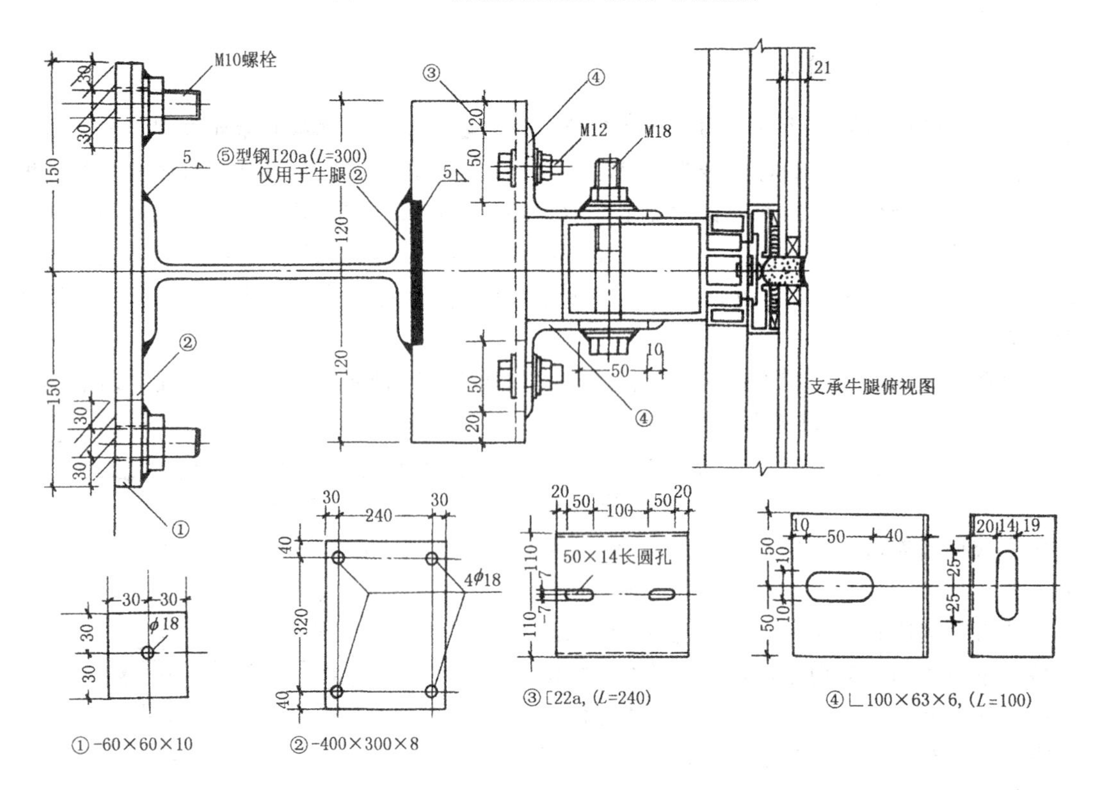

图 5-19 竖梃通过加垫工字钢与主体结构连接

二、幕墙的横杆与竖杆的连接

幕墙横杆(横档)与竖杆(竖梃)的连接一般通过连接件、铆钉或螺栓连接,如图5-20所示。

三、玻璃与框架的固定

玻璃与框架的连接固定,主要考虑连接的可靠性和保证幕墙的使用功能(即水密性、气密性)。玻璃的固定要求较高,图5-21为明框玻璃幕墙的玻璃与框架的固定节点,其关键

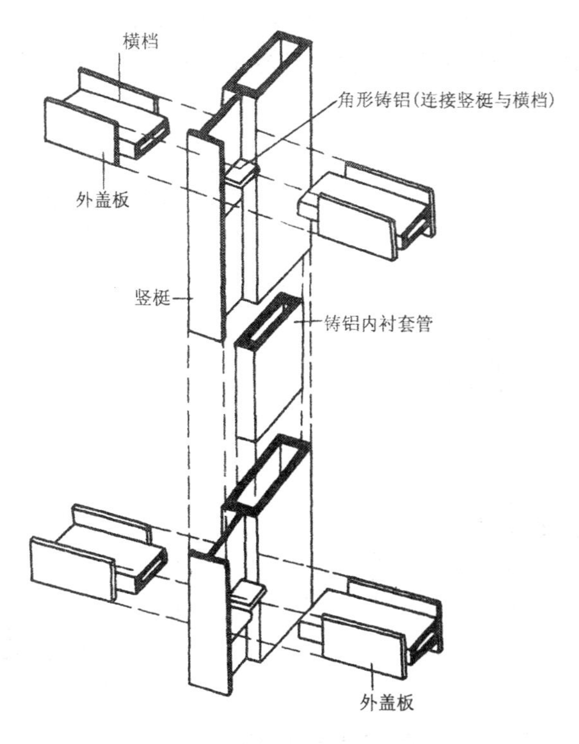

图 5-20 幕墙横档与竖梃的连接

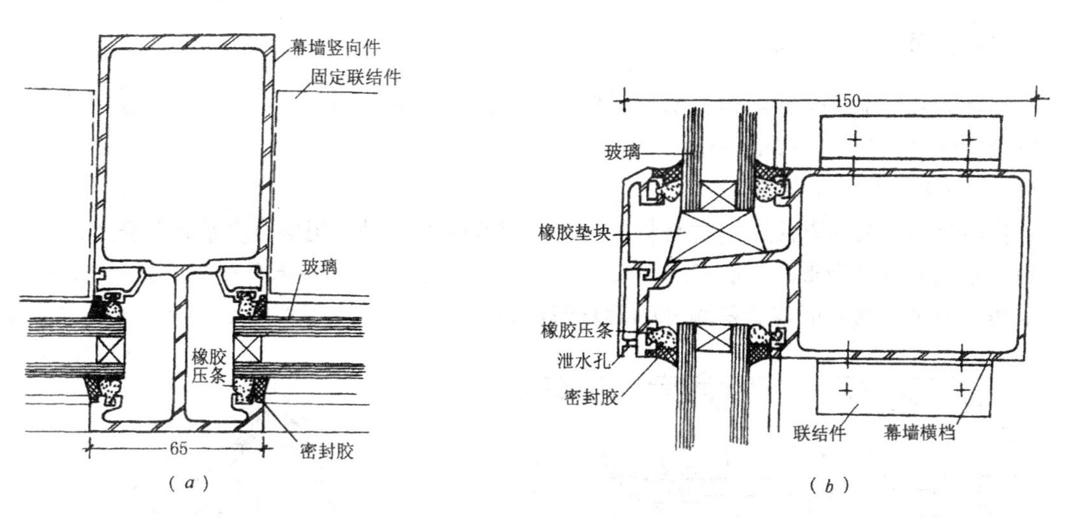

图 5-21 明框玻璃幕墙玻璃与框架的固定举例

(*a*) 玻璃与竖梃的连接；(*b*) 玻璃与横档的连接

问题是防水和避免玻璃因温度等因素变形而破裂，防水的处理方法为采用合适的圆胶压条、可靠的密封胶、以及等压胶、排水孔等辅助措施，防止玻璃破裂的措施是采用弹性密封材料，玻璃与支承横档间设橡胶垫块等，以避免玻璃与型材直接挤压。图 5-22 为隐框玻璃幕墙的玻璃与框架固定节点，其关键问题是玻璃与封框之间的胶连接是否可靠。以往有些幕墙工程中，采用现场直接将玻璃与框架粘贴的连接形式，这种方式极不可靠，质量难以控制，框架的变形也会有直接的影响，对高度较大的建筑幕墙尤其不适合，应严禁采用。隐框玻璃幕墙应采用如图 5 - 22 所示的方式，即在工厂将玻璃与封框用结构胶固定好，然后再将封框通过连接件固定在框架上。

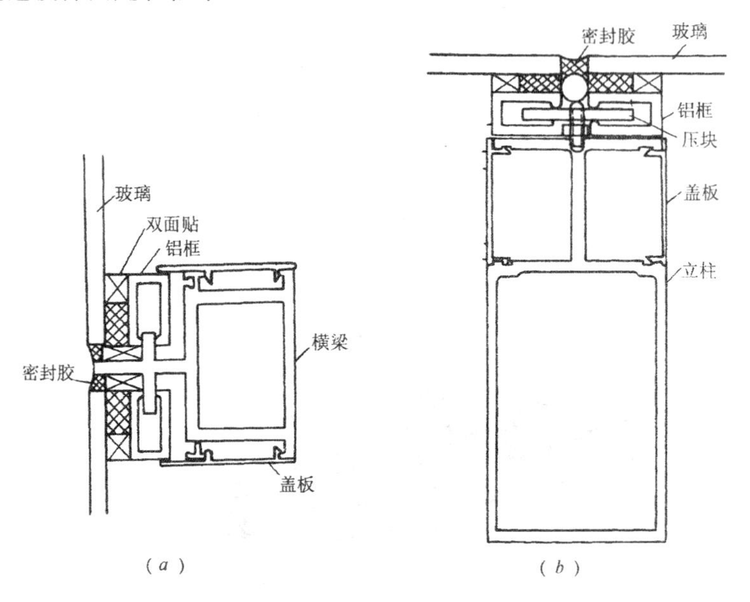

图 5 - 22 隐框玻璃幕墙玻璃与框架的固定举例

(b) 玻璃与竖梃的连接；(b) 玻璃与横档的连接

四、转角部位的处理

幕墙的转角部位包括阳角、阴角、任意角等。转角部位的处理主要包括骨架布置、饰面板固定位置、交接处接缝处理。

1. 90°阳角的构造处理

目前有两种处理方法：一种是将两根竖杆相互垂直布置，用铝合金板作封角处理，可将铝合金板做成多种形状，丰富装饰效果；另一种是直接采用 90°阳角型材。图 5 - 23 所示为采用两根竖杠的明框玻璃幕墙 90°阳角转角节点；图 5 - 24 所示为采用单根 90°阳角型材

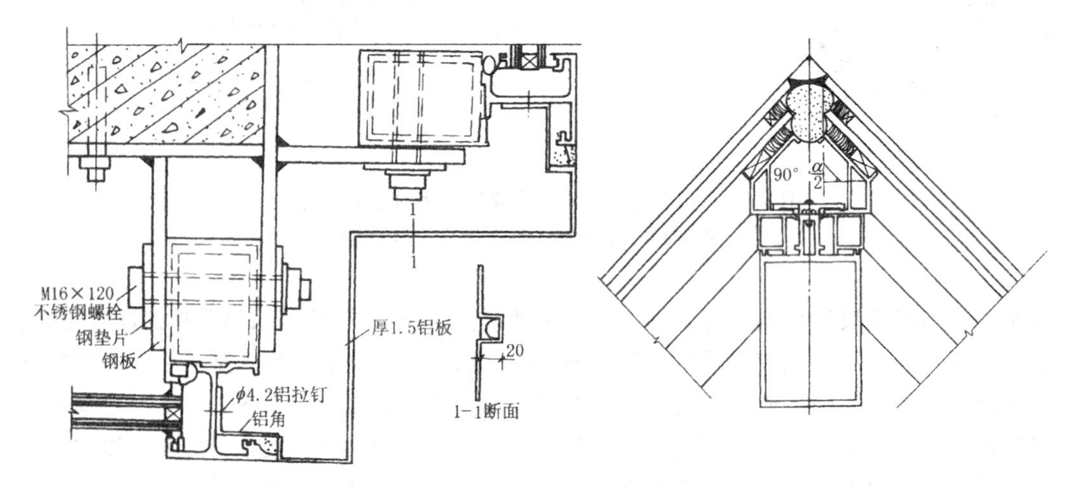

图 5 - 23 双竖杆明框玻璃幕墙 90°阳角转角节点

图 5 - 24 单竖杆隐框玻璃幕墙 90°阳角转角节点

的隐框玻璃幕墙90°阳角转角节点。

2. 90°阴角的构造处理

一般也有两种处理方法。一种是将两根竖杆垂直布置，竖杆之间的空隙，外侧用封缝材料密封，内侧则用成形薄铝板饰面；另一种是采用90°阴角型材。图5-25为采用两根竖杆明框玻璃幕墙90°阴角转角节点；图5-26为采用单根90°转角型材的隐框玻璃幕墙90°阴角转角节点。

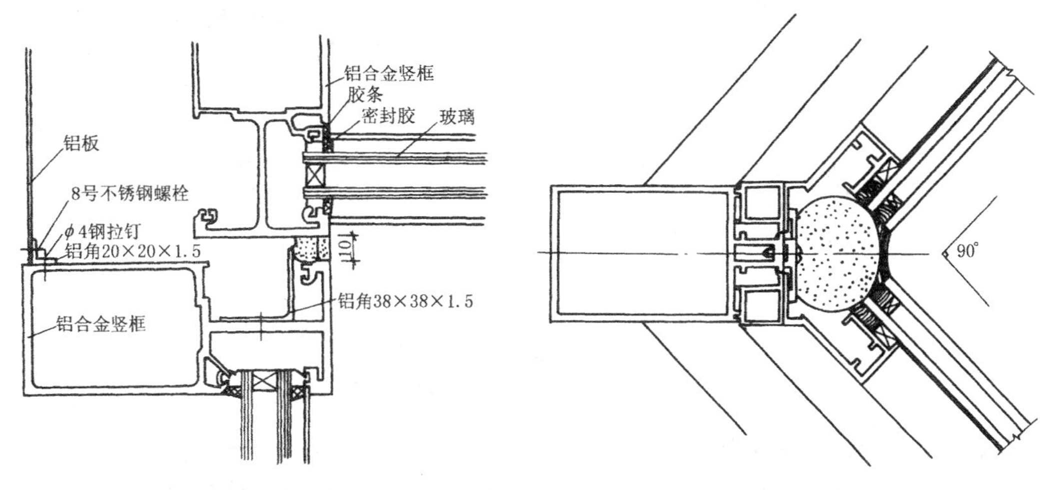

图5-25 双竖杆明框玻璃幕墙90°阴角转角节点　　图5-26 单竖杆隐框玻璃幕墙90°阴角转角节点

3. 任意转角的构造处理

任意转角的构造处理可以仿造90°转角的处理方法。既可以采用两根竖杆的布置方式，也可以采用单根转角型材的布置方式。但由于任意角的型材种类有限，所以主要处理方法是通过调整两竖杆的相对位置，并加设定位件，来达到幕墙造型要求。基本做法可参考90°阴角及阳角的做法。图5-27是采用两根竖杆明框玻璃幕墙任意转角节点；图5-28是采用单根转角型材的隐框玻璃幕墙任意转角节点。

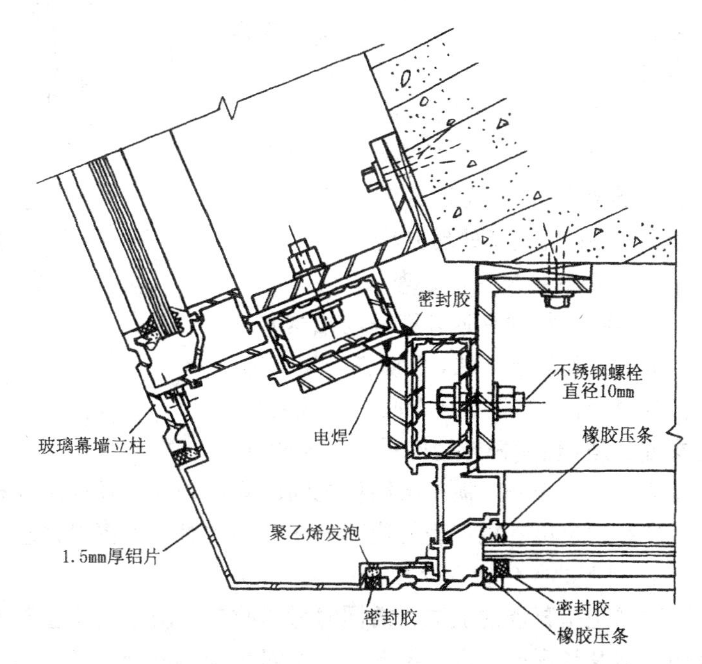

图5-27 双竖杆明框玻璃幕墙任意转角节点

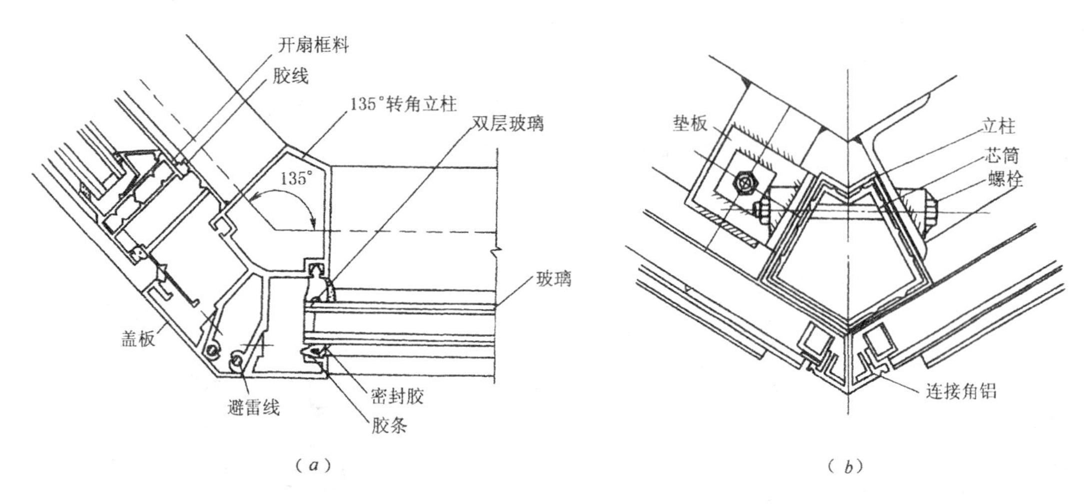

图 5-28 单竖杆玻璃幕墙任意转角节点

(a) 明框玻璃幕墙；(b) 隐框玻璃幕墙

五、端部收口的构造处理

端部收口处理，需要考虑两种材料之间的衔接，以及如何将幕墙端部遮盖起来等问题。一般包括侧端、底部和顶部三大部分。

1. 侧端的收口构造处理

侧端的收口处理主要是如何将最边部的竖杆连接固定并遮挡封闭的方法。图 5-29 为两侧端收口处理方法举例。

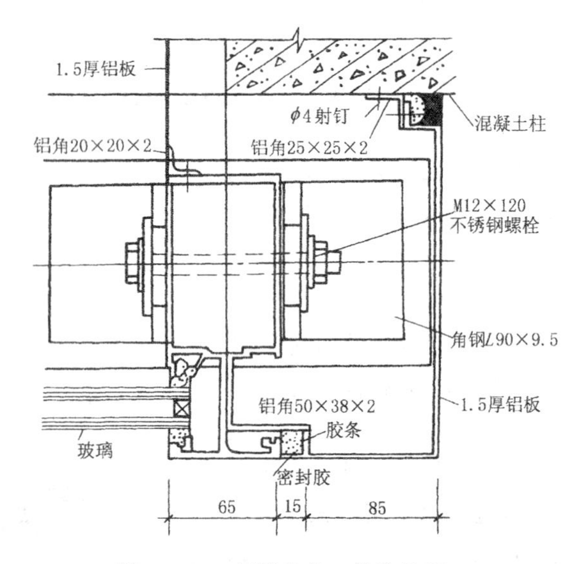

图 5-29 侧端的收口构造处理

2. 底部的收口构造处理

底部收口指的是幕墙横杆与结构水平面接触部位的处理方法，即横杆与窗下墙、横杆与窗合板、横杆与地面间的连接处理。基本方法是，使横杆与结构脱开一段距离，以便安装布置横杆，横杆与结构之间的间隙，采用弹性封缝材料做密封和防水处理。如有合适的型材也可直接将型材边部嵌入结构，然后再密封处理，如图 5-30 所示。

3. 顶部的收口构造处理

顶部是指幕墙的上端，需同时考虑收口、防水及防止幕墙立面污染的问题。有时还要兼顾防雷及景观的要求。图 5-31 为幕墙顶部的处理方法举例。

4. 变形缝部位的构造处理

玻璃幕墙在沉降缝部位的构造做法，应适应主体结构的沉降、伸缩的要求，并使该部位的处理既美观又具有良好的防水性能。图 5-32 是沉降缝处的构造做法举例，在沉降缝左右两侧分别布置竖杆，使幕墙在此部位分开，形成两个独立的幕墙骨架体系。并采用两道防水层做法，在铝板交接处，采用密封胶做封闭处理。

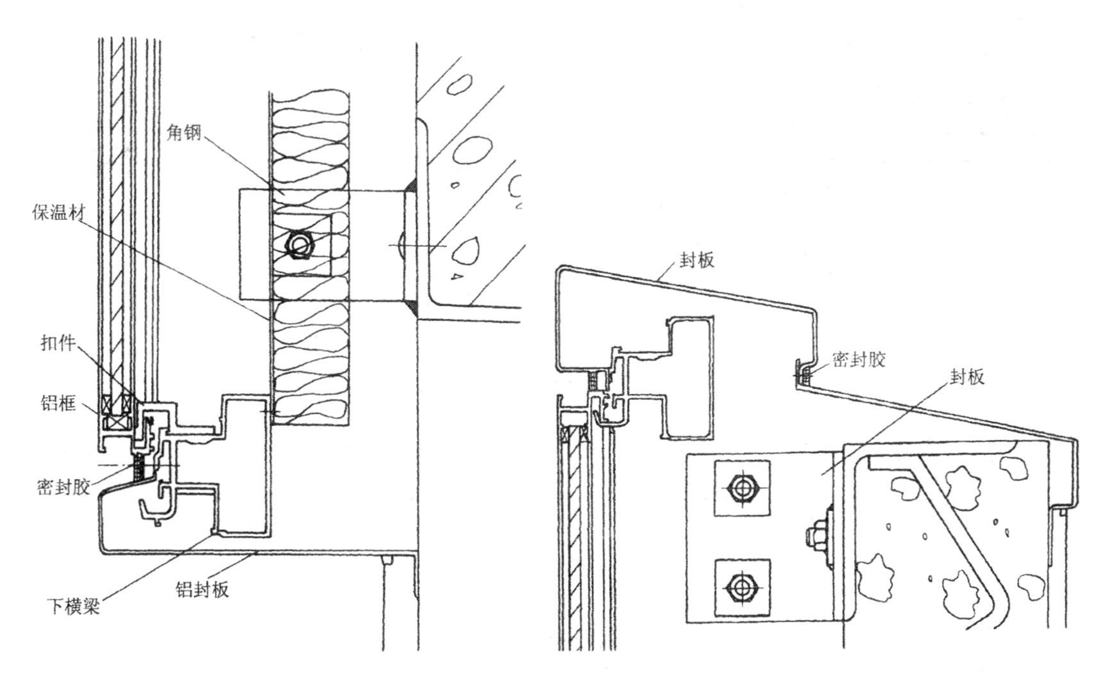

图 5 - 30　底部的收口构造处理　　　　图 5 - 31　幕墙顶部的构造处理方法举例

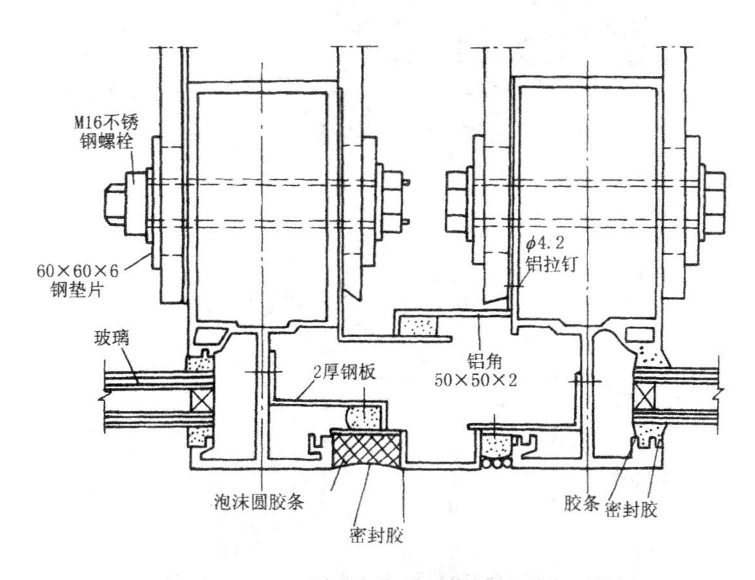

图 5 - 32　幕墙在沉降缝处的处理方法举例

六、全玻幕墙的构造设计

全玻幕墙的支承系统分为悬挂式、支承式和混合式三种，如图 5 - 33 所示。全玻幕墙的玻璃在 6m 以上时，应采用悬挂式支承系统。

图 5 - 34 为全玻幕墙安装构造示意图。图 5 - 35 为悬挂式全玻幕墙的吊具示意图。

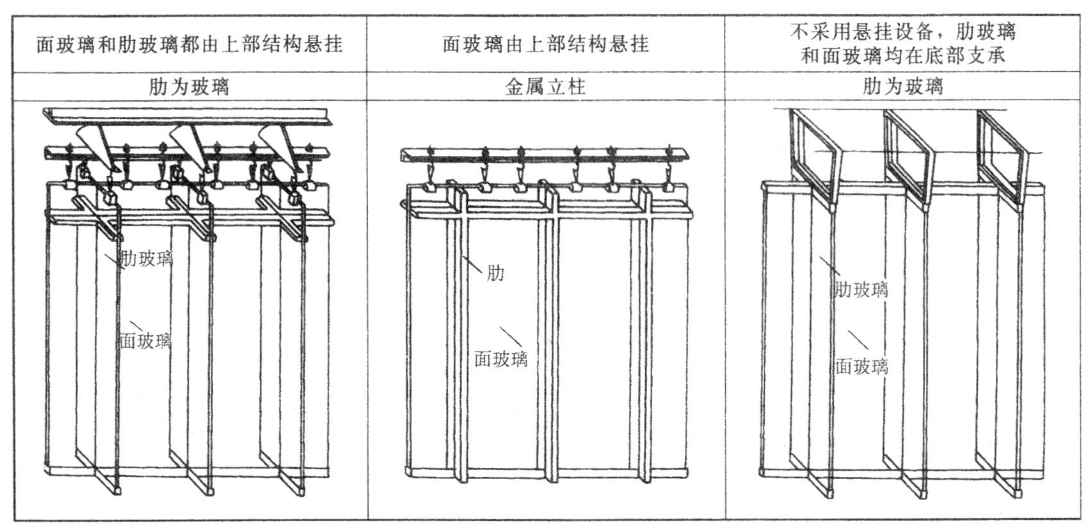

图 5-33　全玻幕墙的支承系统

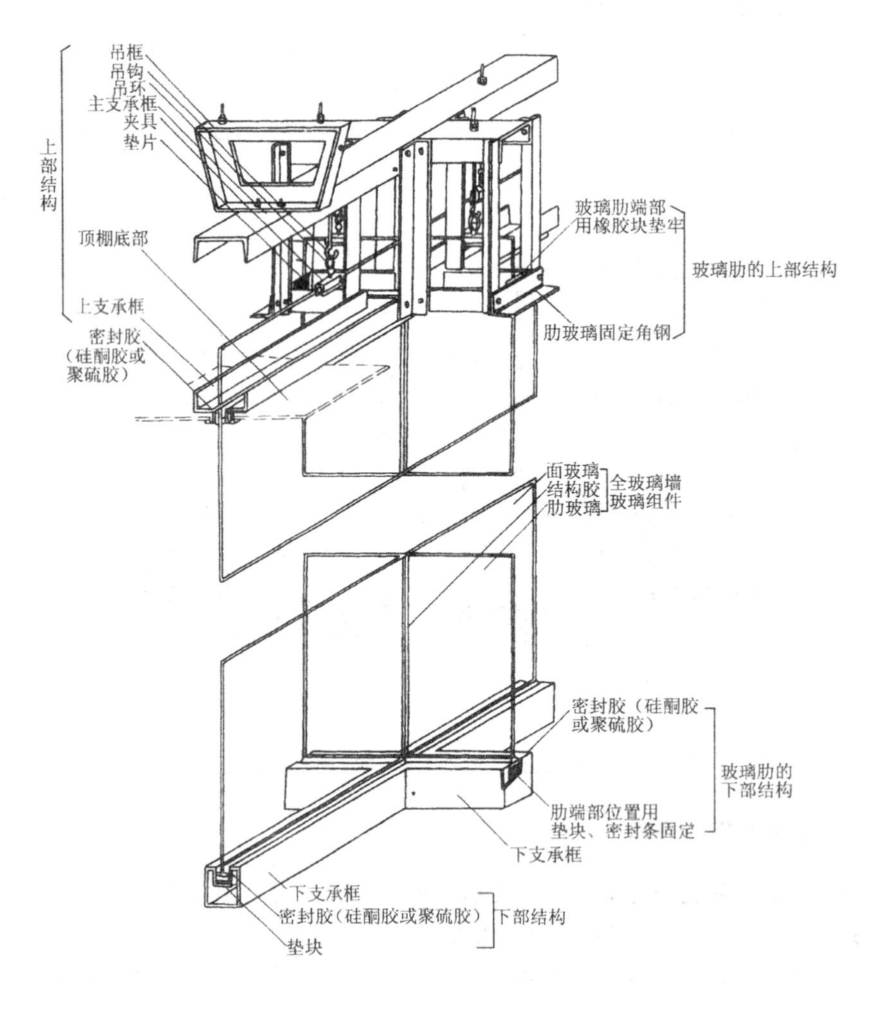

图 5-34　全玻幕墙安装构造示意图

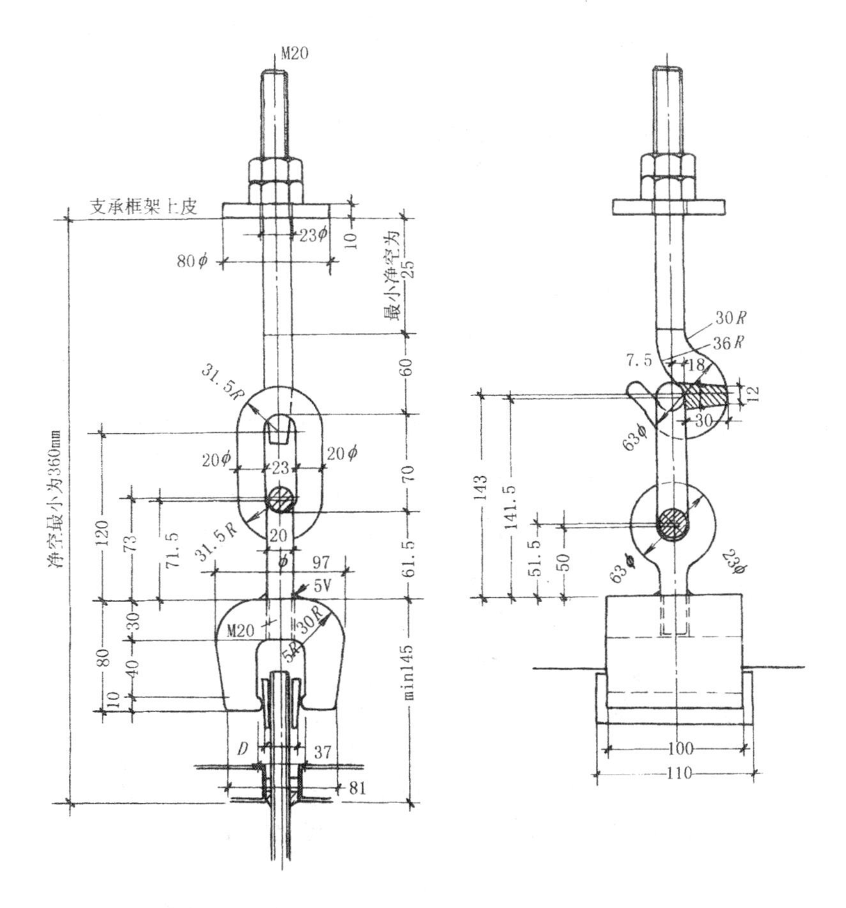

图 5-35 悬挂式全玻幕墙的吊具示意图

第3节 其他幕墙的构造

除玻璃幕墙之外，实际工程中，金属幕墙、搪瓷幕墙、石板幕墙等也有较多应用。这类幕墙无论在装饰效果上还是在构造上，与玻璃幕墙均有较大区别。另外，将几种幕墙组合应用，如铝板幕墙与玻璃幕墙，石板幕墙与玻璃幕墙等，也较为普遍。不同种类幕墙交接处的构造更为复杂。

一、金属幕墙

金属幕墙中应用较多的是铝板幕墙、不锈钢板幕墙。下面以铝板幕墙为例介绍金属幕墙的有关构造。

1. 饰面板的加工处理

单层饰面铝板的厚度一般不可能很厚，应将板四周折边，或冲成槽形。为加强铝板的刚度，可采用电栓焊将铝螺栓焊接在铝板背面，再将加固角铝紧固在螺栓上。或者直接用结构胶将饰面铝板固定在铝方管上。图 5-36 为单层饰面铝板的加固处理示意。

复合铝板一般厚度较大，可根据单块幕墙面积大小将复合纸板加工成图 5 - 28 所示的几种形式。其中，平板式、槽板式用于面积较小的幕墙，加劲肋式用于面积较大、风荷载较大的幕墙上。复合铝板应在弯折处采用铝角加固，如图 5 - 37(*e*)所示。

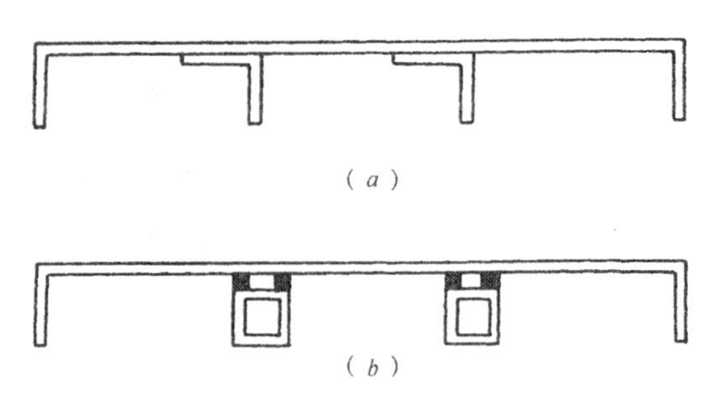

图 5 - 36　单层饰面铝板的加固处理示意

(*a*) 角铝加固；(*b*) 加劲肋加固

2. 饰面板与框架的连接构造

饰面铝板与框架的连接有两种方法：一种是用铝铆钉或铝铆钉加角铝将饰面铝板固定在框架上，另一种是采用结构胶将饰面铝板固定在封框上，然后再将封框固定在框架上。图 5 - 38 为饰面铝板的连接固定构造。

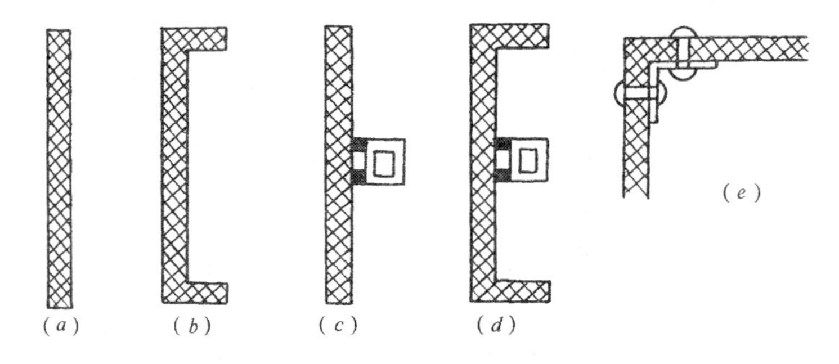

图 5 - 37　复合铝板及加固

(*a*) 平板式；(*b*) 槽板式；(*c*)、(*d*) 加劲肋加固；(*e*) 角铝加固

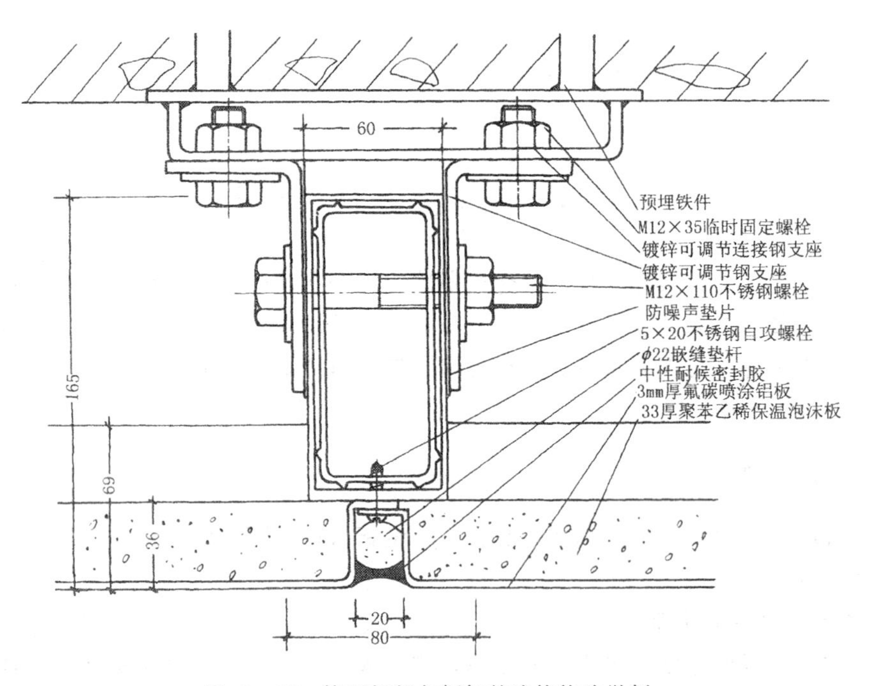

图 5 - 38　饰面铝板与框架的连接构造举例

3. 铝板幕墙与玻璃幕墙交接的构造处理

图 5 - 39 为铝板幕墙与玻璃幕墙交接的构造举例。

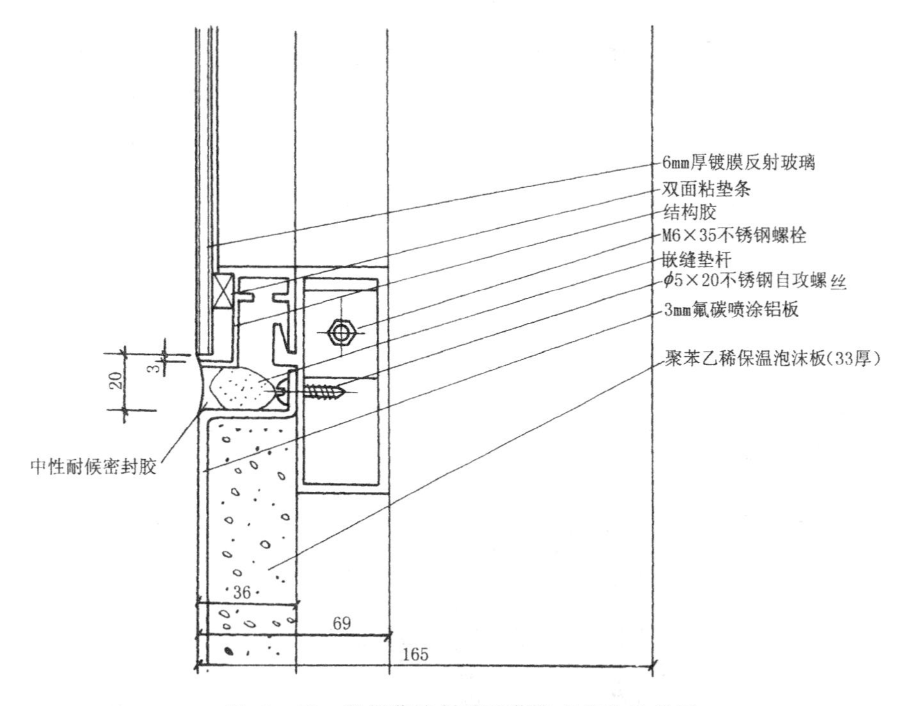

图 5 - 39　铝板幕墙与玻璃幕墙交接构造举例

二、石板幕墙

石板幕墙可以塑造多种与玻璃幕墙截然不同的装饰效果。石板幕墙具有耐久性较好、自重大、造价高的特点，主要用于重要的、有纪念意义或装修要求特别高的建筑物。

1. 石板的要求

石板幕墙需选用装饰性强、耐久性好、强度高的石材加工而成。应根据石板与建筑主体结构的连接方式，对石板进行开孔槽加工。石板的尺寸一般在 $1m^2$ 以内，厚度为 20～30mm，常用 25mm。

2. 石板幕墙的连接构造

石板与建筑主体结构的装配连接方式有两种。一种是干挂法，如图 5 - 40 所示，即直接将石板通过不锈钢挂件连接固定在主体结构墙体或用槽钢制作的支架上。另一种是采用与隐框玻璃幕墙相类似的结构装配组件法，即将石板用结构胶固定在铝框上，成为结构装配组件，如图 5 - 41 所示，再用机械固定方法将结构装配组件固

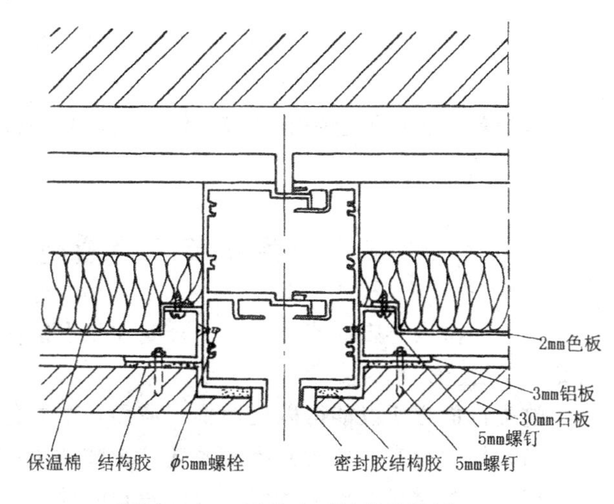

图 5 - 40　干挂法石板幕墙举例

定在骨架上。前者多用于低层建筑或高层建筑的裙房，后者适用于高度较大的建筑。

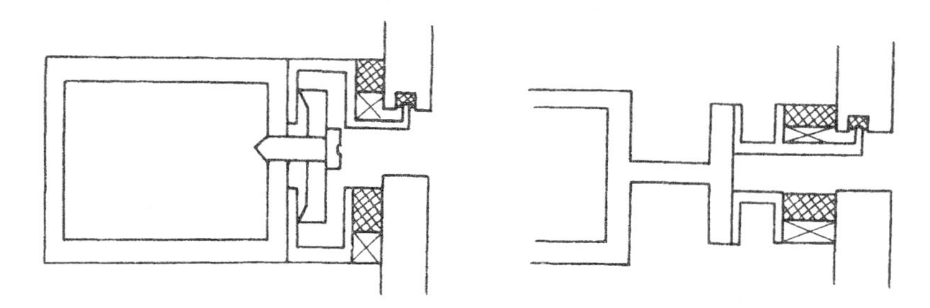

图 5 - 41　采用结构装配组件的石板幕墙

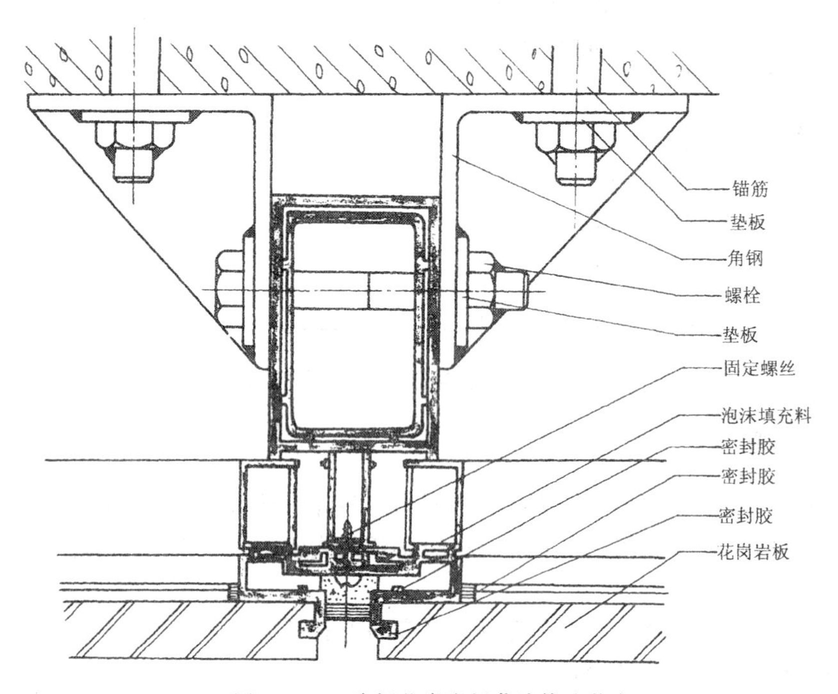

图 5 - 42　隐框花岗岩板幕墙构造节点

石板幕墙往往配合隐框玻璃幕墙、玻璃窗一起使用。图 5 - 42 为一隐框花岗岩板幕墙的构造示意。

第 4 节　金属包柱饰面构造

目前在国内外广泛流行用贵重金属作重点饰面材料的做法，这些金属主要有不锈钢、钛合金、铝合金、铜合金等。

这类饰面之所以能得以迅速推广应用，主要是因为具有以下特点：

(1) 饰面具有金属的光泽和质地，装饰效果优雅美观、华丽高贵；

(2) 这些材料的耐久性好，可以较长时间地保持初始的装饰效果；

(3) 通过对饰面进行特殊加工，或采用不同金属组合可获得丰富多彩的装饰效果。以不锈钢为例，如果对不锈钢表面进行抛光处理，其饰面具有镜面反射作用，可与周围环境景物交相辉映。在灯光的配合下，还可形成晶莹明亮的高光点，从而有助于形成空间环境中的兴趣中心注意点。如果对饰面采用蚀刻工艺，则可丰富饰面效果；

(4) 具有较高的强度和硬度，在施工和使用过程中不易发生变形。

由此可见，金属建筑装饰材料具有非常明显的优越性。

不锈钢、铝合金、铜合金、钛合金这类材料的价格非常昂贵，设计选用时，应将它们应用于重点装饰部位，如栏杆、包柱、小饰件等。此外，这类金属材料的特性相差很大，加工技术要求较高。

本书主要结合金属包柱饰面，介绍这些金属材料的主要特性、饰面成型方法与加工构造要点。

一、常用金属包柱饰面材料

1. 不锈钢饰面板

不锈钢是指在钢中以铬为主加元素，已形成钝化状态，具有不生锈特性的钢材。不锈钢的种类很多，性能差异也很大。根据不锈钢的成分，将其大致分为高铝型和高铅锌型两大类。根据不锈钢在900～1100℃高压淬火处理后的反应和微观组织，将其分为马氏体系、铁素体系和典氏体系三类。其中，后两者经常用于建筑装饰。

装饰饰面用不锈钢板的规格种类也很多，厚度为0.2～4mm，常用的是2mm以下的板材。包柱饰面不锈钢厚度一般在1mm左右。

2. 铝合金饰面板

作为包柱饰面板，最需要的是具有较高的强度和刚度，同时便于加工。因而，选用铝合金饰面板作包柱材料时，应采用较厚的纯铝板（25mm以上）及塑铝板。相比较而言，前者耐久性及可加工性更好一些。

3. 铜合金饰面板

由于铜材会生铜绿，影响美观，故多采用铜合金作装饰饰面材料，饰面光滑、光泽中等，经磨光处理后表面可制成亮度很高的镜面铜。常用的铜合金种类有：黄铜（铜与锌合金，耐腐性好）、青铜（铜锡合金）、白铜（铜镍合金）、红铜（铜与金的合金）。铜合金饰面板的加工性能很好，切削制作、成型加工均比较方便，通过不同的工艺，可加工成镜面、古铜色、布面、纱面、腐蚀面、凹凸面等效果。

4. 钛合金的特性

钛合金饰面板实际上是将钛合金镀在不锈钢板等基层材料的表面，使基材表面达到金光灿烂、华贵无比的装饰效果。钛金与金箔的装饰效果相似，但牢固性比贴金箔好，价格稍低。缺点是制品的尺寸大小受到限制，现场施工及再加工较困难。因此，当包柱用钛金板的尺寸受到限制时，应选择合适的构造处理方法进行处理。

二、金属包柱饰面的基本构造

金属包柱一般处于室内或出入口的显著位置，距人的视线近，与人体接触频繁，因此要求柱体装饰造型美观，工艺处理精细，施工准确，而且有足够的强度和刚度。常用的包柱截面形式为矩形、圆形等。

金属包柱饰面的基本构造主要包括以下几个部分：

1．骨架成型

包柱需要先制作包柱骨架，然后拼装成所需的形状。制作骨架首先应考虑骨架的外形尺寸。一般情况下，原柱体的平面尺寸和垂直度在施工中都有一定的误差，有的甚至还很大。因此，最好是测量好柱子的实际尺寸，也就是考虑了施工误差的影响后，再来确定包柱的尺寸。图5－43是确定一个方柱装饰成圆柱的直径尺寸的例子。

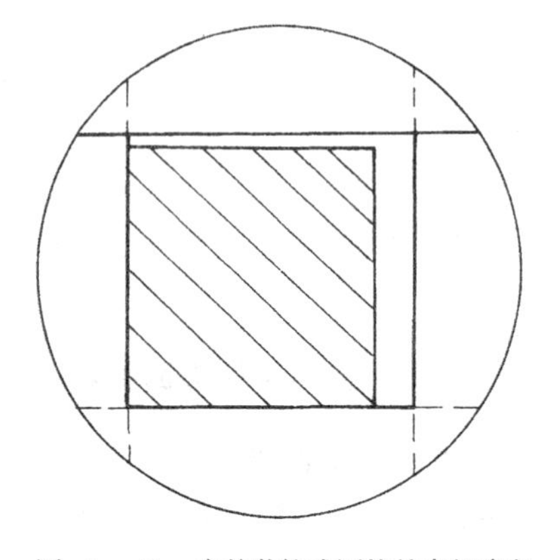

图 5－43　方柱装饰成圆柱的直径确定

根据骨架所用材料类型不同，骨架结构可分为木结构、钢结构两种，前者用木方螺丝连接，后者用角钢焊接或螺栓连接而成。木骨架主要用于粘贴不锈钢饰面板、钛金板、铜合金板等。而钢骨架主要用于铝合金饭的安装。柱体骨架成型工艺构造包括竖向龙骨定位、横向龙骨与竖向龙骨连接组框、骨架与建筑柱体的连接固定、骨架形体校正等几部分。木骨架一般采用40mm×40mm以上的木方通过加胶钉接或榫槽连接形成，钢骨架多选用角钢或槽钢通过焊接形成。骨架材料的截面尺寸主要依据柱子的高度和形状确定。

2．基层板固定

设置基层板的目的是为了增加柱体骨架刚度，便于固定粘贴面层板。

基层板主要用胶合板加工而成，胶合板直接用铁钉或螺丝固定在骨架上。对基层板的主要要求是表面要平滑，尺寸要准确。这一点对于薄板包贴圆柱的要求最高。否则将不能保证饰面板的准确安装。

3．金属饰面板安装

金属饰面板的安装，目前的安装方式主要有三种。第一种是胶粘，第二种是焊接，第三种是钉接。其中，第一种因操作简便应用最广泛；第二种应先在骨架中埋设垫板，焊接技术要求高，后期还要进行磨抛光处理，所以应用较少；第三种安装方便而且牢固，但饰面有较大缝隙。无论何种安装方式，都要求饰面板尺寸准确无误。否则，饰面板与基层板连接不实，饰面板刚度差，易变形翘曲，严重者会过早脱落，达不到预期的装饰效果。

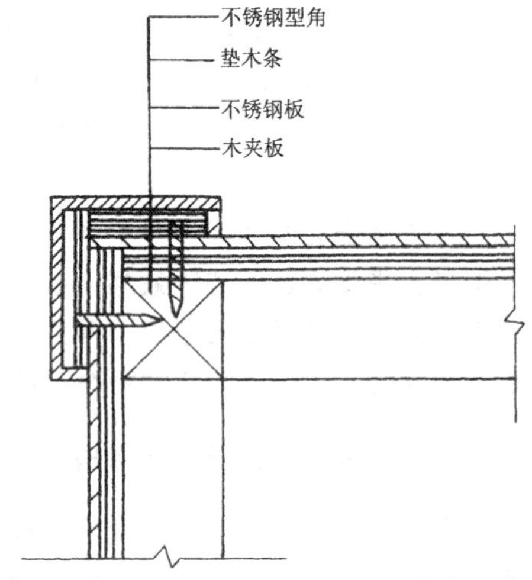

图 5－44　方形包柱的转角收口

柱面上安装金属饰面板的形状有平面式和圆柱式两种方式。

平面式饰面应用于方形柱体骨架上，可用万能胶把金属板粘贴在基层木夹板上，然后在转角处用成型角压边，再用少量密封胶封口，如图5－44所示。

圆柱式饰面则应用于圆柱(或椭圆)柱体骨架上。

通常在工厂将圆柱面加工成两片或三片、四片金属曲片然后再组装而成。安装的关键在于片与片之间的对口处的构造。

若采用粘贴连接方式，安装对口方式主要有直接卡口式和嵌槽压口式两种。直接卡口式是在两片金属板对口处。安装一个不锈钢卡口槽。该卡口槽用螺钉固定于柱体骨架的凹部，然后分别将两片金属板折边端部压入卡口槽内即可，如图 5 - 45（a）所示。嵌槽压口式是先把金属板在对口处的凹部木骨架用螺钉或铁钉固定，再把一条宽度小于凹槽的木条，固定在凹槽中间，两边空出的间隙宽度各约 1mm 左右。在木条上涂刷万能胶，稍干后，向木条上嵌入金属槽条，然后将曲面金属板两侧边分别压入缝内即可，如图 5 - 45（b）所示。

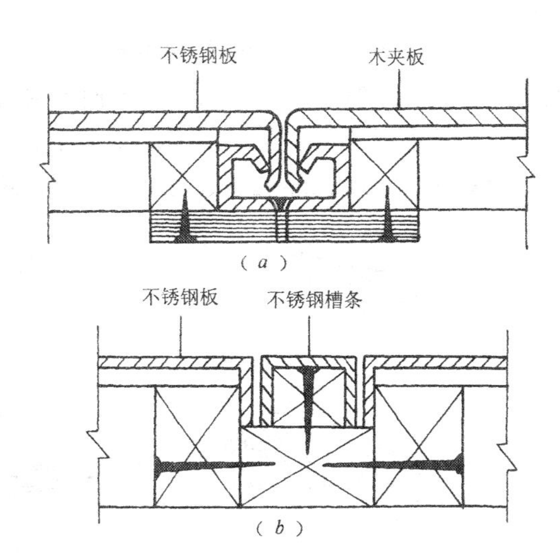

图 5 - 45 圆包柱卡口式和嵌槽压口式收口
（a）卡口式；（b）嵌槽压口式

若采用焊接式，则应在骨架上预留垫板，然后选择合适的焊接方法焊接。图 5 - 46 为不锈钢板焊接预埋垫板示意。

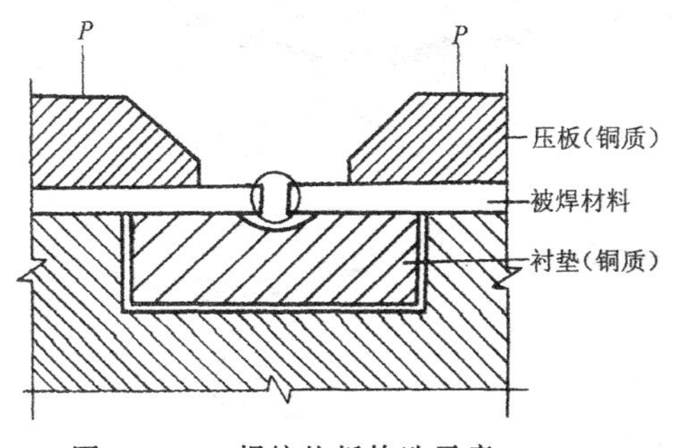

图 5 - 46 焊接垫板构造示意

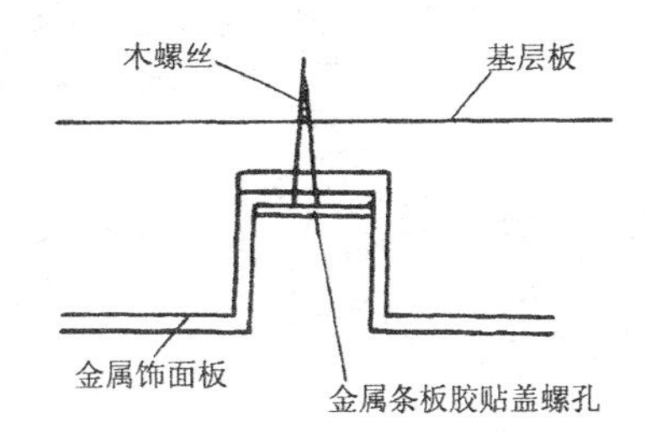

图 5 - 47 饰面板钉接构造示意

若采用钉接，则将金属板的两端折边通过连接件用螺钉与包柱钢骨甲连接，然后把橡胶压条嵌入槽内再用密封胶封口即可，如图 5 - 47 所示。

第 5 节 采光顶的构造

采光顶指建筑物的屋顶、雨篷等的全部或部分材料被玻璃、塑料、玻璃钢等透光材料所取代，所形成的具有装饰和采光功能的建筑顶部结构构件。

一、采光顶饰面的特点

随着建筑技术的发展，采光顶的使用日渐增多，甚至成为某些大型公共建筑设计的流行手法，如宾馆、大型商业中心、展览馆中的共享空间、入口雨棚等。采光顶之所以受到欢迎，主要由于具有以下特点：

(1) 提供了遮风避雨的室内环境，同时又将室外的光影变化引入室内，使人有置身于室外开放空间的感觉，从而满足了人们追求自然情趣的愿望。

(2) 提供了自然采光，减少了照明开支，又能通过温室效应降低采暖费用。

(3) 丰富多样的采光顶造型，增强了建筑的艺术感。图 5 - 48 为常见的采光顶造型。

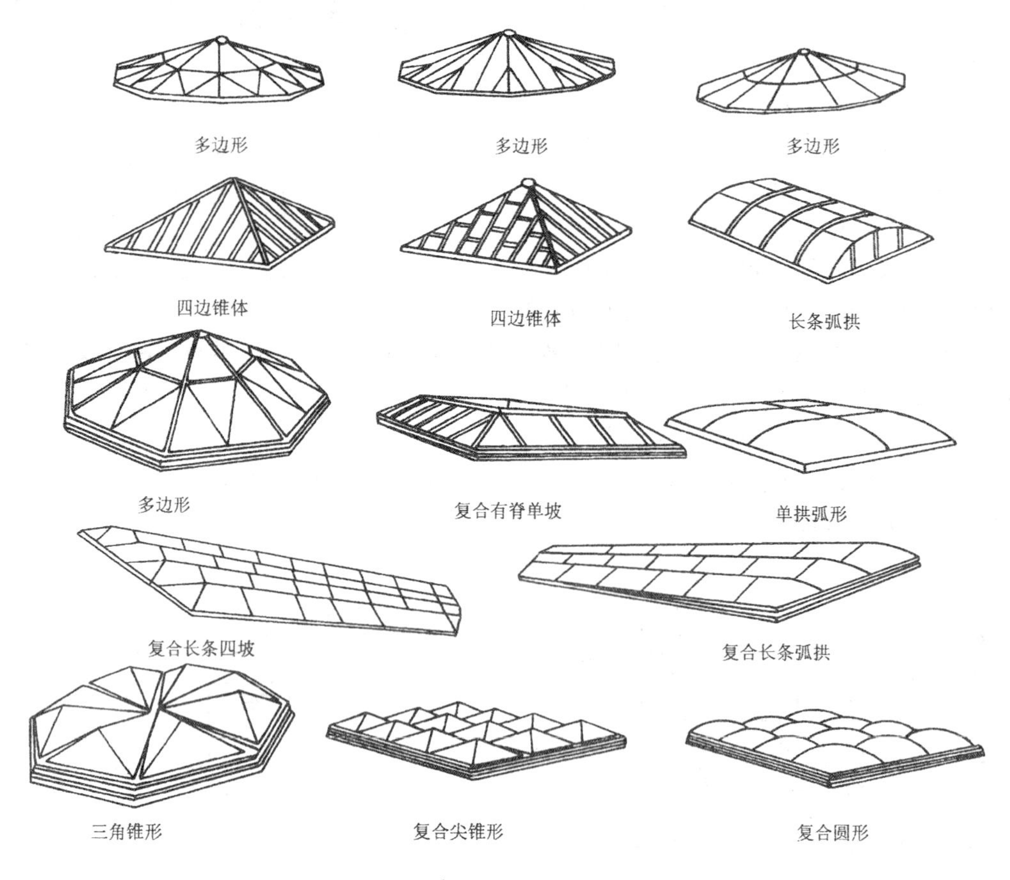

图 5 - 48 常见采光屋顶的类型示意

二、采光顶常见透光材料的特性与选用

采光顶主要由透光材料、骨架材料、连接件、粘结嵌缝材料等组成。骨架材料主要有铝合金型材、型钢等。材料特性与幕墙骨架材料接近，不同的是具体截面形式不一样。粘结嵌缝材料与幕墙所用材料基本相同。连接件一般有钢质和铝质两种。这三类材料将在本节后半部分结合构造设计介绍。这里主要介绍透光材料。

采光顶透光材料应该具有足够的安全性和采光性能，主要有以下几种：

1. 安全玻璃

由于采光顶往往位于室内或入口的主要空间顶部，因此安全问题是首要的，稍有不慎，极有可能造成人员伤亡或设备事故。安全玻璃中，夹胶玻璃或夹丝玻璃往往是首选材料，这两种玻璃的透光率为 90%以上，抗冲击性能和抗穿透性均很好，即使受冲击破坏，也不会因破碎导致四散分开脱落。为了保证室内的热工性能要求，通常还将安全玻璃加工成双层中空形式。

2. 聚碳酸酯片

聚碳酸酯片又称透明塑料片，它和玻璃有相似的透光性能，透光率通常在82%～89%之间，主要特点是耐冲击性（耐冲击性能是玻璃的250倍左右），保温性能优于玻璃，且能冷弯成型，是理想的采光顶材料，它的缺点是随时间的推移会老化变黄，从而影响它的各项性能：表面耐磨性比玻璃差，线膨胀系数是玻璃的7倍左右。

3. 有机玻璃（学名增塑丙烯酸甲酯聚合物）

有机玻璃片的特性与聚碳酸酯片接近，透光率较高可达91%以上。目前在采光顶中应用较多的是有机采光罩，它是以有机玻璃板材为主要材料制成的双层结构装置，这种采光罩除了具有较高的透光率和抗冲击性能外，其水密性和气密性均很好，安装维修方便，外形变化多种多样，且外观华丽。

三、采光顶构造设计要求

采光顶由于所处位置特殊，比幕墙结构有更高的技术要求，构造设计时，应使采光顶满足下列技术要求。

（一）满足强度安全要求

采光顶需要抵抗风荷载、雪荷载、自重、地震荷载等。因此，采光顶的骨架、连接件饰面板均必须具有较高承载力，以满足安全要求。分析有关采光顶的质量事故原因，不难发现存在如下薄弱环节：

（1）结构刚度偏低，导致饰面玻璃破裂；

（2）骨架之间连接承载力不足，引起采光顶塌落；

（3）结构构造不合理，地震作用下饰面板错动脱落；

（4）饰面板强度不足而破坏。

因此，构造设计时，应选用合理的结构形式，进行必要的分析计算，以及采取一定的防护措施。

（二）满足水密性要求

水密性指的是采光顶在风、雨同时作用下，或积雪局部溶化，屋面有积水的情况下，阻止雨水渗漏进内侧的能力。

采光顶的排水，对具有整体结构的单体采光件而言(如有机玻璃采光罩)是不存在问题的，但是对采用单块材料拼装而成的各类采光顶来说，排水防渗漏是一个关键问题，解决这一问题的措施一般有三种：

（1）使采光面材料保持一定的坡度，雨水顺坡而下，由集水槽及时排走，防止积水；

（2）接缝处采用可靠的防水构造接口，并采用性能优越的封缝材料；

（3）室内金属型材上加上排水槽，以便将漏进内侧的少量雨水收集起来排走。

（三）满足防结露的要求

当室内外存在较大的温差时，在采光顶的内侧就会产生结露现象。结露所形成的冷凝水掉落下来，就会引起使用者的不适，影响室内的使用，严重者还会引发事故。解决这一问题一般有以下三种措施：

(1)提高采光顶的内侧表面温度。常用方法为在采光顶的周围加暖水管或吹送热风。通过这些措施，使玻璃(或其他采光件)表面温度保持在露点温度之上，即可防止冷凝水的产生。

(2) 保证必要的排水坡度。当采光屋面的排水坡度大于30°时，可以利用采光顶骨架材料上的排水槽排掉，也可专门设置排水槽。采用这种方法，应注意在纵横两个方向均设排水槽，同时排水路径不能过长。否则，可能会使水聚集过多而滴落。

(3) 选择合适的采光顶饰面板品种。如采用中空玻璃等一些板材。

图5-49为一般玻璃采光顶构造组成示意。从图中可以看出，采光顶结构主次杆件均设有排水槽，可起到排除渗漏水及结露水的作用。

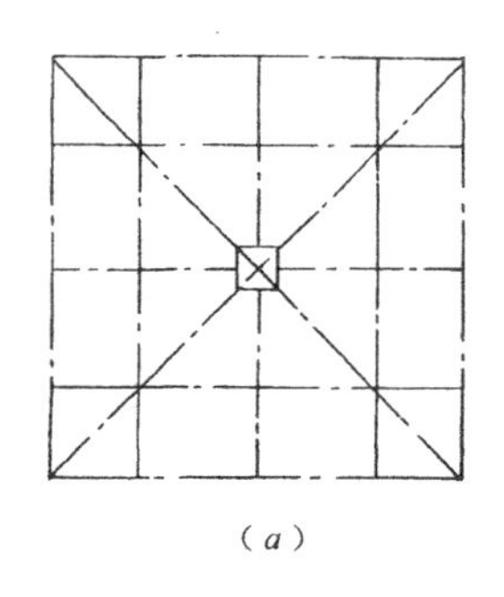

(*a*)

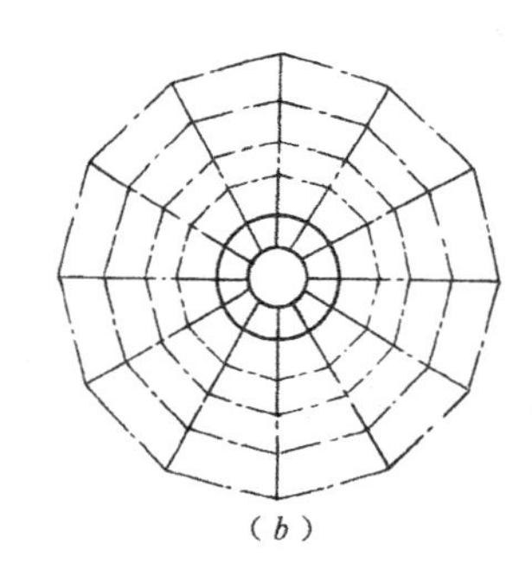

(*b*)

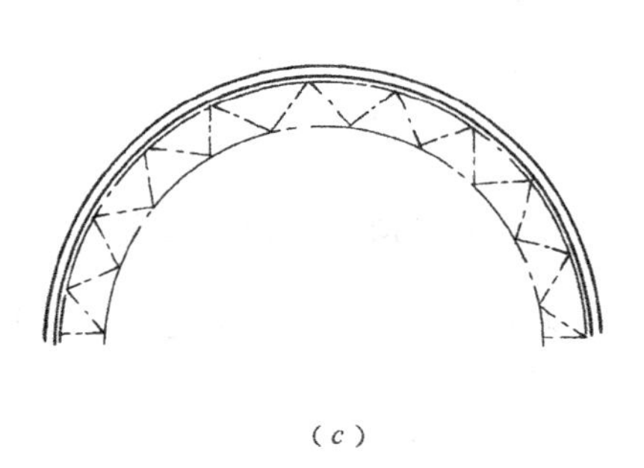

(*c*)

图 5-49 玻璃采光顶构造组成示意

(*a*) 棱锥体采光顶；(*b*) 圆锥体采光顶；(*c*) 球形采光顶

(四) 满足防眩光的要求

由于采光顶都是位于建筑顶部，极易因阳光直射而在室内形成眩光，从而影响它的使用。解决这一问题的办法有两个：

(1) 使用磨砂玻璃之类的饰面板，使光线漫反射；

(2) 在采光顶下加吊折光片顶棚。折光片可用塑料、有机玻璃片、铝片等来制作。

(五) 满足防火要求

这里主要指的是用采光顶所封闭空间的防火问题。在一些大型公共建筑物中，由于采光顶所形成的共享空间是穿全楼或多层楼层，从而使得防火分区面积大大超过规定，而且火灾极易通过这一空间蔓延，烟热不易排出。为此，可参照新编《高层民用建筑设计防火规范》(GB 50045—93)来执行。主要规定有如下几点：

(1) 高层建筑的中庭，当采用玻璃屋顶时，其承重构件如采用金属构件时，应设自动灭火设备保护或喷涂防火材料，使其耐火极限达到1h的要求；

(2) 高层建筑的中庭的防火措施应符合下列要求：

1) 房间与中庭回廊的门应设自动关闭的乙级防火门；

2) 与中庭相连的过厅通道处，应设防火大门或防火卷帘门分隔；

3) 中庭每层回廊应设有自动灭火系统，其喷头间距不小于2m，不大于3.8m，中庭高度超过8m时，还应增设水幕设备；

4) 中庭每层回廊应设火灾自动报警设备；

5) 应按规定设排烟设施：

①净空高度小于12m的室内中庭可采用自然排烟措施，其可开启的平开窗或高侧窗的面积不小于中庭面积的50%；

②不具备自然排烟条件及净空高度超过 12m 的室内中庭设置机械排烟设施，室内中庭体积小于 17000m^3 时，其排烟量按其体积的 4 次换气量计算。

此外，还要在中庭顶棚、走道、周围房间等部位设有烟感探测器。同时还要采取隔离措施，保证周围房间的烟火不致窜入中庭空间。

（六）满足防雷要求

采光顶的骨架及附件大都用金属制成，其防雷要求特别严格，而一般情况下无法在采光顶的顶部设置防雷装置。因而主要措施是将采光顶设在建筑物防雷装置的 45°线之内，且该防雷系统的接地电阻应不大于 4Ω。

四、采光顶的细部构造设计

（一）采光顶骨架的布置与连接固定

对个整体式采光顶已在工厂加工成型，无骨架布置与骨架间连接问题。只有对于由单块饰面板拼装而成的采光顶，才必须考虑。

骨架的布置，一般需根据采光顶的选型、平面尺寸、顶高、饰面板尺寸等因素来共同确定。图 5 - 50 为几种常见造型采光顶的骨架布置图。

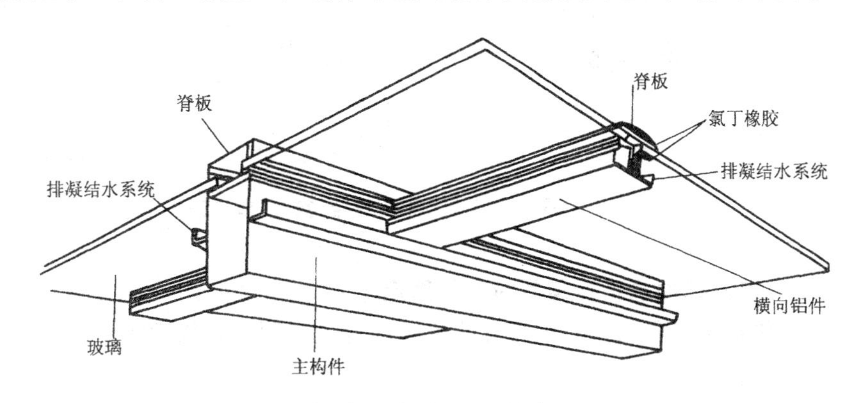

图 5 - 50　常见采光顶的骨架布置图

骨架之间及骨架与主体结构间的连接，一般要采用专用连接件，无专用连接件时，应根据连接处所在位置，设计专门的连接件，一般均采用型钢与钢板加工制作而成，并且要求镀锌。若骨架材料为铝合金，应加设绝缘片，且连接它的螺栓、螺丝应用不锈钢材质。图 5 - 51 为采光顶骨架各部位节点的连接示意图。

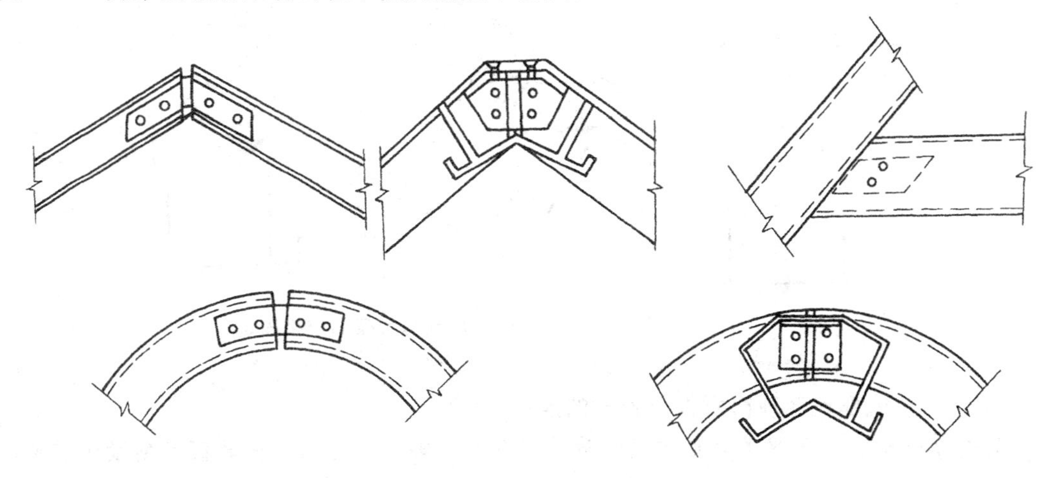

图 5 - 51　采光顶骨架各部位节点连接示意图（一）

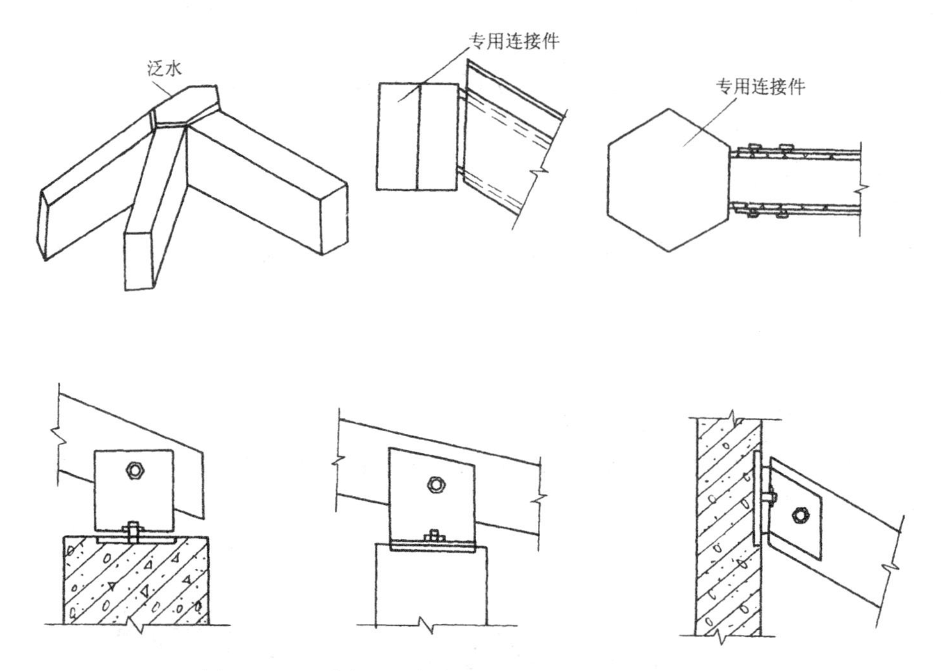

图 5-51 采光顶骨架各部位节点连接示意图（二）

（二）饰面板与骨架间的连接固定

饰面板与骨架间的连接固定方式，与骨架形式、饰面板材质、采光顶饰面形式等因素有关。

1. 铝合金明框玻璃顶饰面板与骨架的连接

铝合金明框玻璃采光顶玻璃框格所用杆件和固定玻璃的构造做法与铝合金幕墙的构造做法大体相同，只是在杆件底(中)部都带有集水槽，使下泄到杆件侧边的凝结水汇集到集水槽中形成有组织外排水，图 5-52 为铝合金明框骨架采光顶玻璃与骨架的连接固定。

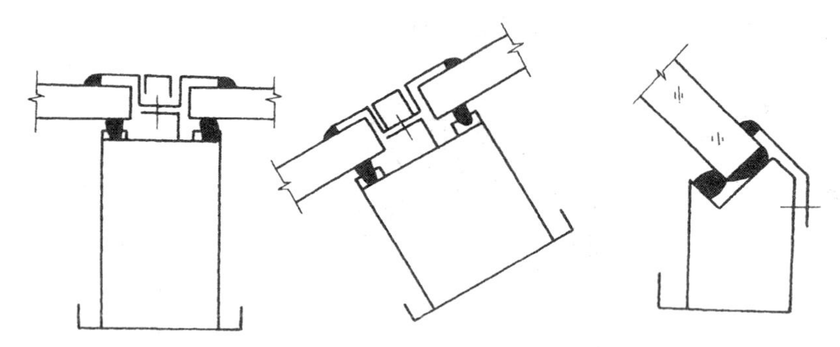

图 5-52 铝合金明框骨架采光顶玻璃与骨架的连接固定

2. 铝合金隐框玻璃顶饰面板与骨架的连接

铝合金隐框玻璃采光顶分整体式和分体式两类，整体式是指将玻璃直接粘接在框架杆件上的玻璃采光顶，粘结材料采用结构胶和耐候胶，饰面板与骨架之间需铺垫垫条，饰面板接缝处应留空隙，并塞入弹性垫杆，最后用结构胶封缝，如图 5 - 53 所示。

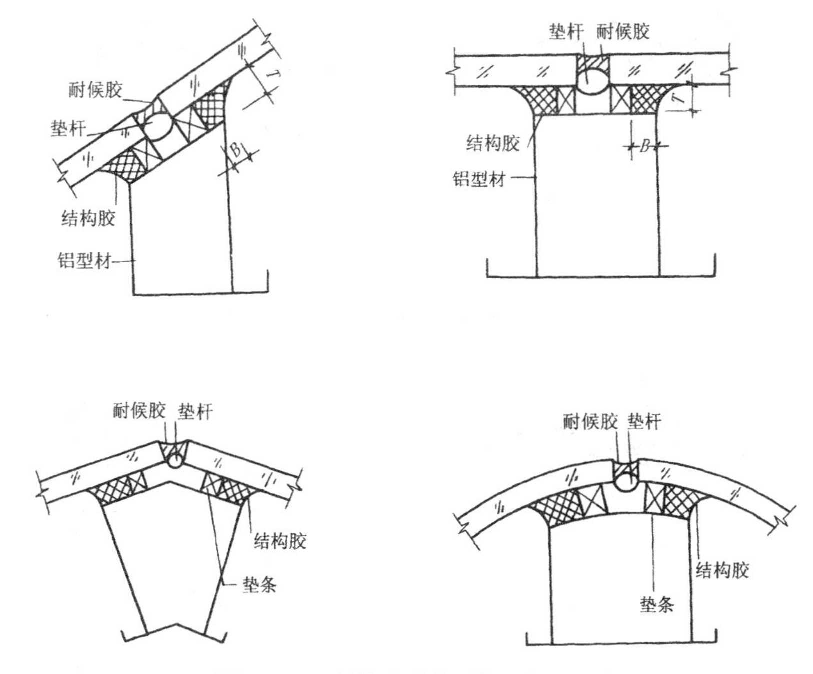

图 5 - 53 整体式采光顶饰面板的固定

分离式是指将玻璃粘在副框上，然后再用固定片将副框固定在主框杆件上的玻璃采光顶。固定的方法有内嵌式、外挂内装固定式和外挂外装固定式。内嵌式是将副框直接嵌入框格内，如图 5 - 54 所示；外挂内装固定式是将副框的上框挂在框架横梁上，竖框及下框

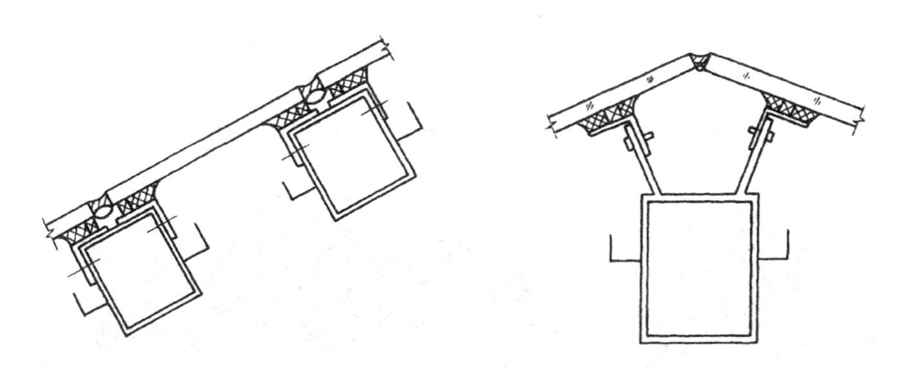

图 5 - 54 内嵌式玻璃采光顶饰面板的固定

用固定片固定在框架斜杆及横梁上，如图 5 - 55 所示；外挂外装固定式是将副框的下框放在横梁上，上框卡在横梁上，竖框用固定片在外侧安装固定在框架斜杆上，如图 5 - 56 所示。

此外，还有聚碳酸酯透明采光顶，这种采光顶有人字形、金字塔形或群塔形、围棋形及波浪形 4 种采光顶，是用结构胶或垫条将结构塑料装配组件固定在铝合金或金属框格中形成的采光顶。图 5 - 57 为聚碳酸酯片与骨架的连接构造。

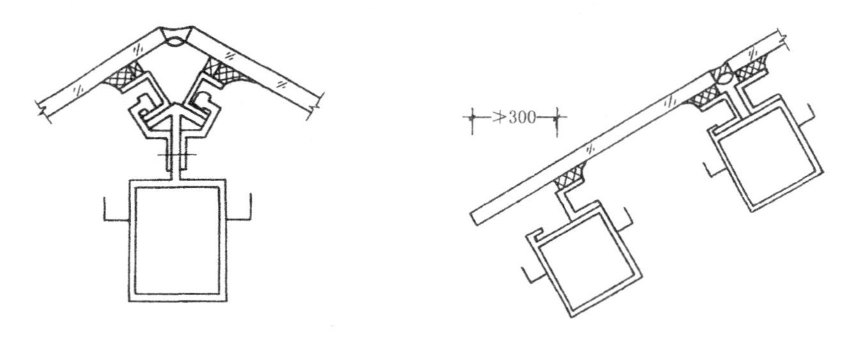

图 5-55　外挂内装固定式玻璃采光顶饰面板的固定

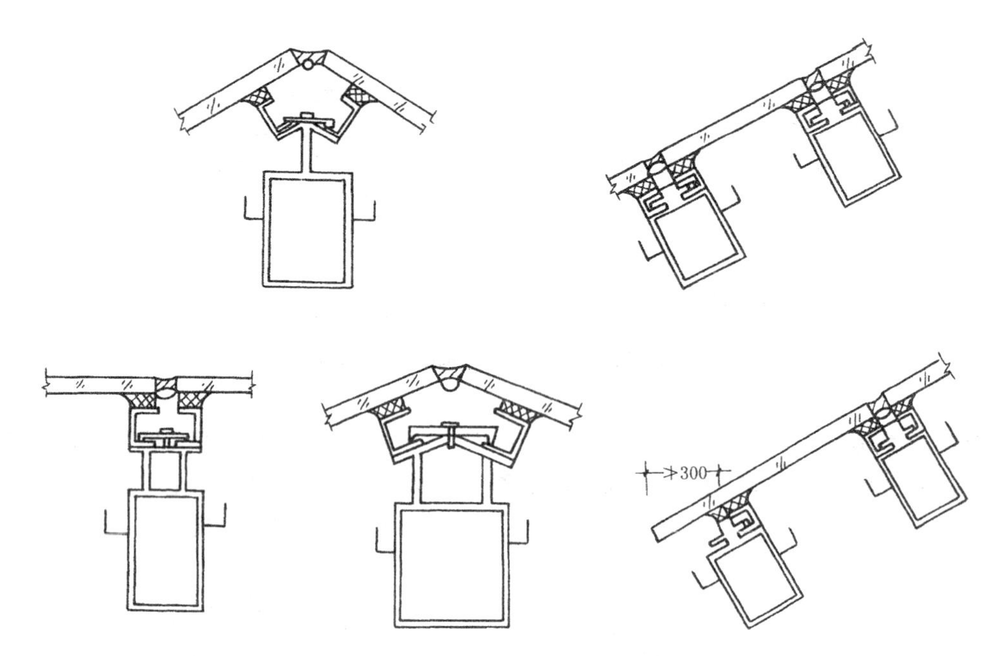

图 5-56　外挂外装固定式玻璃采光顶饰面板的固定

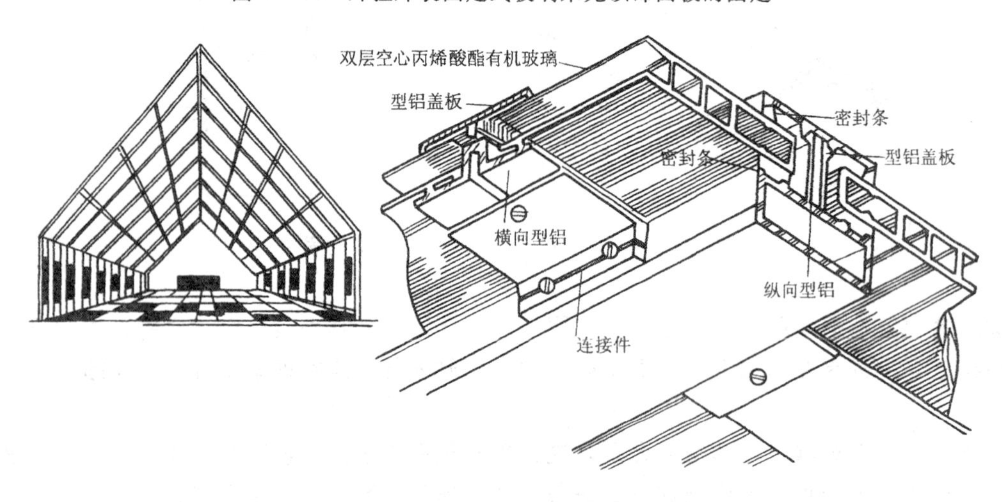

图 5-57　聚碳酸酯片与骨架的连接构造

复习思考题

1. 幕墙分为哪几类？玻璃幕墙有哪些优、缺点？
2. 有框幕墙的骨架布置应注意哪些问题？
3. 有框幕墙的竖杆与主体结构如何连接？
4. 有框幕墙的横杆与竖杆之间如何连接？
5. 对竖杆的接头有何要求？如何接长？
6. 隐框玻璃幕墙的关键构造是什么？如何保证其质量与安全？
7. 明框玻璃幕墙与隐框玻璃幕墙的玻璃与骨架的固定有何不同？
8. 玻璃幕墙应如何满足防火要求？
9. 采光玻璃屋顶的关键构造问题是什么？如何解决这些问题？

第6章　隔墙和隔断装饰构造

第1节　概　　述

隔墙与隔断都是具有一定功能或装饰作用的建筑配件，它们均为非承重构件。隔墙与隔断的主要功能是分隔室内或室外空间。设置隔墙与隔断是装饰设计中经常运用的对环境空间重新分割和组合、引导与过渡的重要手段，如图6-1所示。

隔墙与隔断在功能和结构上有许多共同之处。两者可从以下两个方面来区分。

1. 分隔空间的程度与特点不同

一般认为，隔墙都是到顶的，使其既能在较大程度上限定空间，又能在一定程度上满足隔声、遮挡视线等要求。而隔断限定空间的程度较弱，在隔声、遮挡视线等方面往往并无要求，甚至要求具有一定空透性能，以使两个分隔空间有一定的视觉交流等。

2. 它们拆装灵活性不同

隔墙一旦设置，往往具有不可变动性，至少是不能经常变动。而隔断在分隔空间上较灵活，有的则比较容易移动和拆装，从而可在必要时，使当初分隔的相邻空间连通。

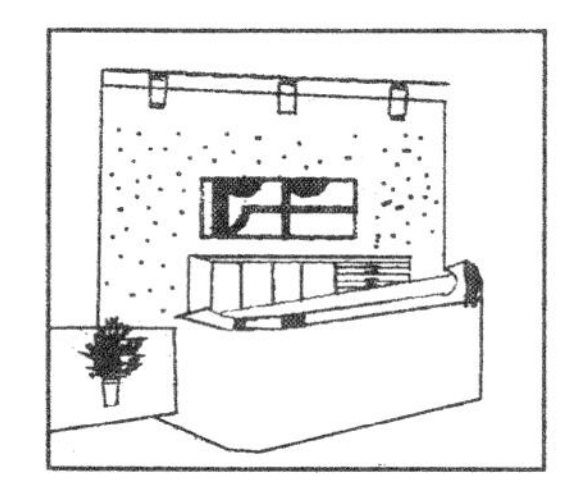
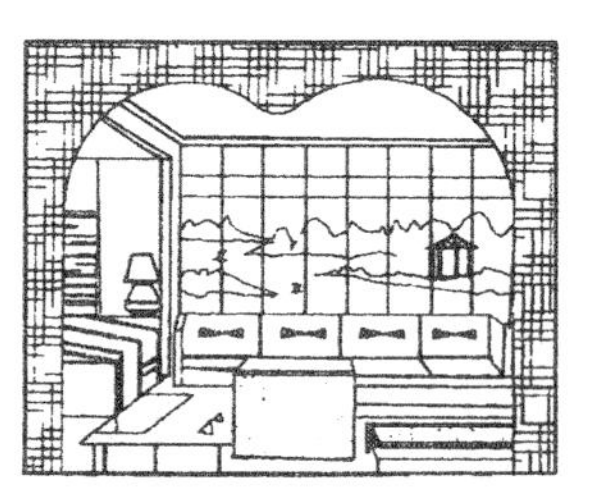

图6-1　隔墙与隔断的装饰作用示例

第2节　隔墙的装饰构造

由于隔墙应用广泛，往往兼有多项功能，而且不能承受外来荷载，本身的重量还要由楼板或小梁来承受，因此，装饰构造设计时应注意以下要求：

(1) 自重轻，有利于减轻楼盖的负荷；

(2) 具有一定的强度、刚度和良好的稳定性，保证安全正常使用；

(3) 墙体薄，可增加建筑的有效使用空间；

(4) 隔声性能好，使各使用房间互不干扰；

(5) 对一些特殊部位的隔墙，还应具有防火、防水、防潮等能力；

（6）便于拆除，不至因拆除而造成其他结构构件的损坏。

隔墙的类型较多，按构造方式不同，可以分成砌块式隔墙、立筋式隔墙、板材式隔墙三大类。

一、砌块式隔墙

砌块式隔墙是指采用普通粘土砖、空心砖、加气混凝土砌块、玻璃砖等块材砌筑而成的非承重墙。砌块式隔墙的构造简单，应用时要注意块材之间的结合、墙体的稳定性、墙体重量及刚度对楼盖及主体结构的影响、墙体与原结构墙和梁的连接等问题。

一般较低矮的隔墙可采用普通粘土砖砌筑成 1/4 砖墙或 1/2 砖墙。1/2 砖墙的高度不宜超过 4m，长度不宜超过 6m，否则，应采取设置构造柱、拉梁的加固措施。1/4 砖墙的稳定性较差，一般仅用于小面积的隔墙。

各种空心砖隔墙、轻质砌块隔墙的重量轻、隔热性能好，当墙体厚度较薄时，也应采取加强其稳定性的措施。

空心玻璃砖具有较高的强度，外观整洁、美丽而光滑，易清洗，保温、隔声性能好，具有一定的透光性。因此，空心玻璃砖隔墙具有较好的装饰性。玻璃砖规格有152mm×152mm×80mm，203mm × 203mm × 90mm，305mm × 305mm × 90mm 等，侧面有凸槽，可采用水泥砂浆或结构胶，把单个的玻璃砖拼装到一起。玻璃砖拼缝一般为 10mm。曲面玻璃砖隔墙要根据玻璃砖的规格尺寸来限定最小曲率半径和块数，最小拼缝不宜小于 3mm，最大拼缝不宜大于 16mm。玻璃砖隔墙面积不宜过大，高度宜控制在 4.5m 以下，长度

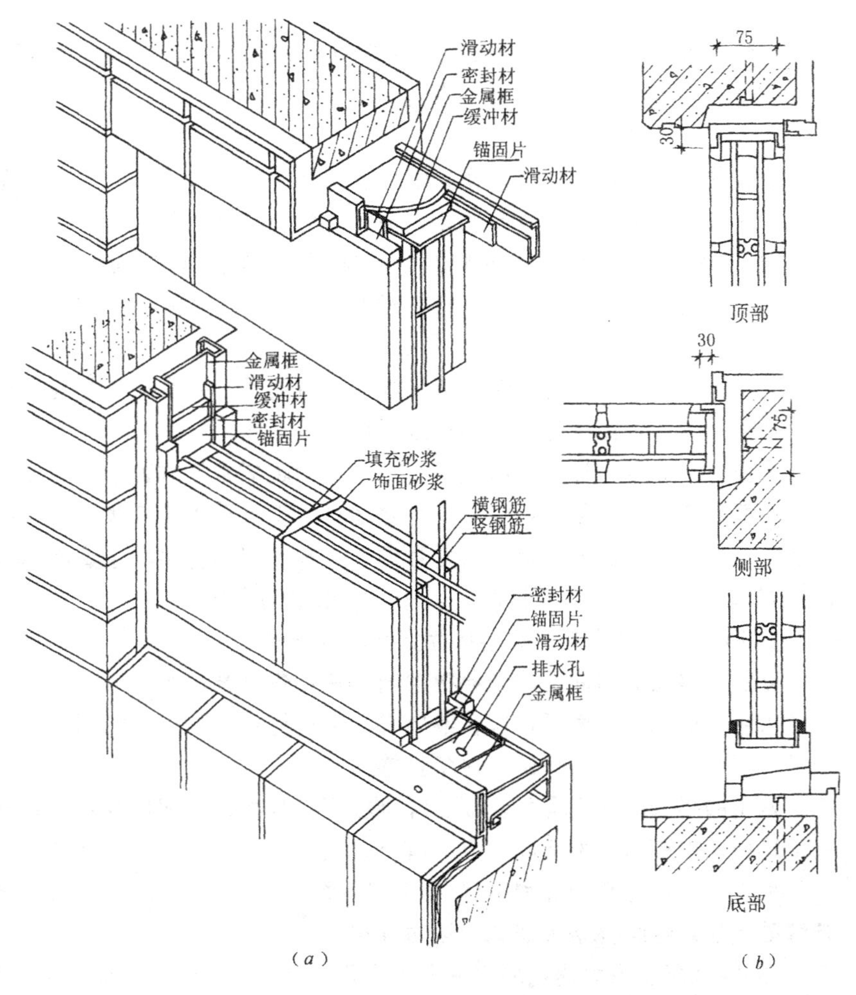

图 6-2 有框玻璃砖隔墙的构造示意与详图

(a) 金属框玻璃砖隔墙的构造示意；(b) 金属框玻璃砖隔墙的构造节点详图

不宜过长。在玻璃砖的凸槽中可加通长的钢筋或扁钢，并将钢筋或扁钢同隔墙周围的墙柱或过梁连接起来，以提高隔墙的稳定性。当玻璃砖隔墙面积超过 12～15m^2 时，应适当加垂直和水平支撑予以加固。图 6－2 为某玻璃砖隔墙的构造示意图。

二、立筋式隔墙

立筋式隔墙是指用木材、金属型材等做龙骨(或称骨架)，用灰板条、钢板网和各种板材做面层所组成的轻质隔墙。如板条抹灰隔墙、木夹板隔墙、轻钢龙骨石膏板隔墙等。立筋式隔墙基本构造要点有：

1. 选配布置隔墙龙骨

常用的隔墙龙骨有木龙骨和金属龙骨等几种。

(1) 木龙骨

木龙骨的骨架由上槛、下槛、墙筋、斜撑构成。木料截面视隔墙高度可为 50mm×70mm 或 50mm×100mm。墙筋间距应配合面板材料的规格确定，一般为 400～600mm，斜撑间距约 1.5m。

木骨架与墙体及楼板应牢固连接，为防水防潮，隔墙下部宜砌二至三皮普通粘土砖。同时，对木骨架应作防火、防腐处理。

(2) 金属龙骨

金属龙骨一般采用薄壁钢板、铝合金薄板、型钢加工而成。金属龙骨隔墙的骨架一般由沿顶龙骨、沿地龙骨、竖向龙骨、横撑龙骨、加强龙骨和各种配套件组成。一般做法是在沿地、沿顶龙骨布置固定好后，按面板的规格布置固定竖向龙骨，间距一般为 400～600mm。在竖向龙骨上，每隔 300mm 左右应预留一个专用孔，以备安装管线使用。

安装固定沿顶、沿地龙骨构造做法一般有两种。一种做法是在楼地面施工时上、下设置预埋件；另一种做法是采用射钉或金属胀管螺栓。

竖向龙骨固定在沿顶、沿地龙骨上，其间距应根据饰面板的宽度设置。由于饰面板的厚度一般较薄，刚度较小，竖向龙骨之间可根据需要加设横撑龙骨。隔墙的刚度和稳定性主要依靠龙骨所形成的骨架，故龙骨的安装是否牢固直接关系着隔墙质量。轻钢龙骨的截面形式一般有 T 形和 C 形两种。其中，C 形最为常用。

2. 饰面板与隔墙骨架的连接固定与板面修饰

立筋式隔墙的饰面可采用各种加筋抹灰和各种饰面板。

采用加筋抹灰饰面时，应在隔墙骨架上加钉板条、或钢板网、钢丝网，然后做各类抹灰，还可在此基础上再加做其他各种饰面。

常用的隔墙饰面板有胶合板、纤维板、石膏板、水泥刨花板、石棉水泥板、金属薄板和玻璃板。面板与骨架的固定方式有钉、粘或通过专门的卡具连接三种。

面板之间接缝有明缝和暗缝两种。明缝可加工成各种装饰缝型。表面需做抹灰时，在暗缝处应加贴纤维类条带盖缝，以防开裂。

图 6－3 所示为立筋式隔墙的典型实例，为轻钢龙骨石膏板隔墙。这种隔墙质量轻，防火性能好，施工方便，所以应用较多。

轻钢龙骨石膏板隔墙是用纸面石膏板和纤维石膏板作隔板贴于骨架两侧形成的。在隔声要求较高的建筑中，可在两层面板之间加设隔声层，或同时设置3、4层面板，形成2～3层空气层，以提高隔声效果。这种隔墙的基本构造及节点构造，如图6-3所示。

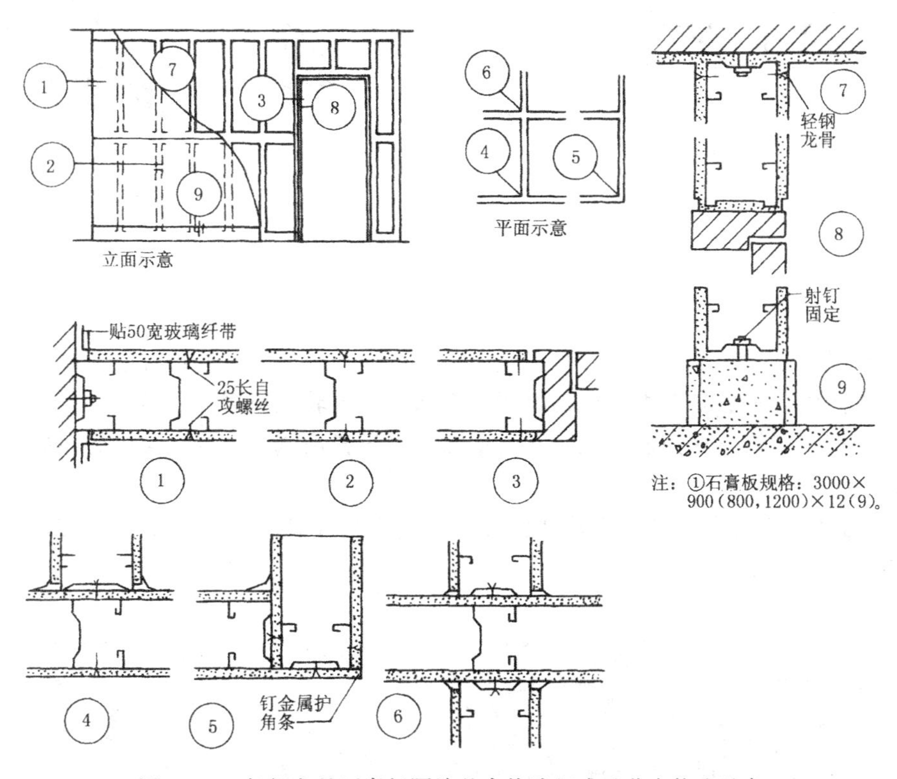

图6-3 轻钢龙骨石膏板隔墙基本构造组成及节点构造示意

(1) 龙骨布置固定

将沿地、沿顶轻钢龙骨布置固定好，按面板的规格布置固定竖向龙骨，间距一般为400～600mm。

(2) 纸面石膏板铺贴固定

将纸面石膏板用螺丝钉直接钉在金属龙骨上。采用双层纸面石膏板时，两层板接缝一定要错开，竖向龙骨中间通常还需设置横向龙骨，一般距地1.2m左右，第一层石膏板安装时用25mm长的螺丝钉，第二层用35mm长的螺丝钉，阴角处可用铁角固定，在设置插座处，开洞周围应贴玻璃纤维布。

(3) 板面接缝处理

石膏板之间接缝有明缝和暗缝两种。明缝一般适用于公共建筑大开间隔墙，暗缝适用于一般居室，明缝做法是石膏板墙安装时预留有8～12mm间隙，再用石膏油腻子嵌入，并用勾缝工具勾成凹面立缝。为提高装饰效果，在明缝中可嵌入压条(铝合金或塑料压条)。暗缝的做法是将石膏板边缘刨成斜面倒角，再与龙骨复合。安装后在拼缝处填嵌腻子，待初凝后再抹一层较稀腻子，然后粘贴穿孔纸带，待水分蒸发后，再用石膏腻子将纸带压住并与墙面抹平。图6-4为石膏板隔墙面板接缝及阳角构造处理示意。

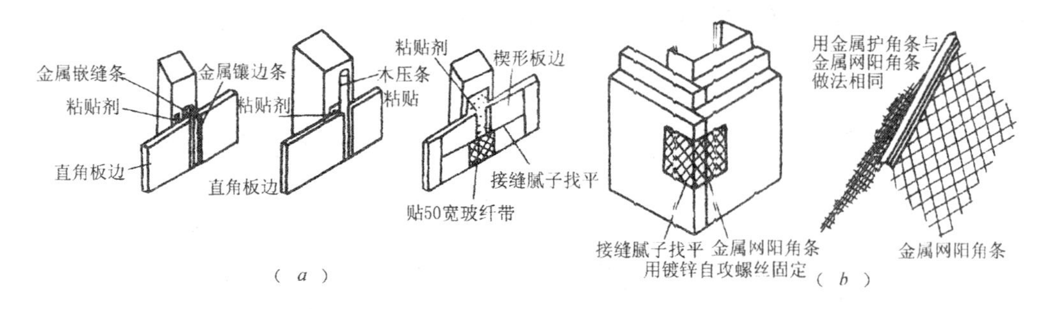

图 6－4　石膏板隔墙面板接缝及阳角构造处理示意

（a）面板接缝构造处理；（b）阳角构造处理

（4）防潮处理

石膏板吸水后易变形，因此石膏板墙安装后应做防潮处理。处理方法有两种：一种方法是涂料法防潮，一般在石膏墙面刮腻子，再涂刷一道乳化熟桐油；另一种做法是在石膏板墙上裱糊塑料壁纸，裱糊前应先在石膏板面满批石膏油腻子一遍，结硬后用砂纸打磨平整。

图 6－5 为板条抹灰隔墙基本构造组成及节点构造示意。图 6－6 为木夹板隔墙基本构造组成及节点构造示意。

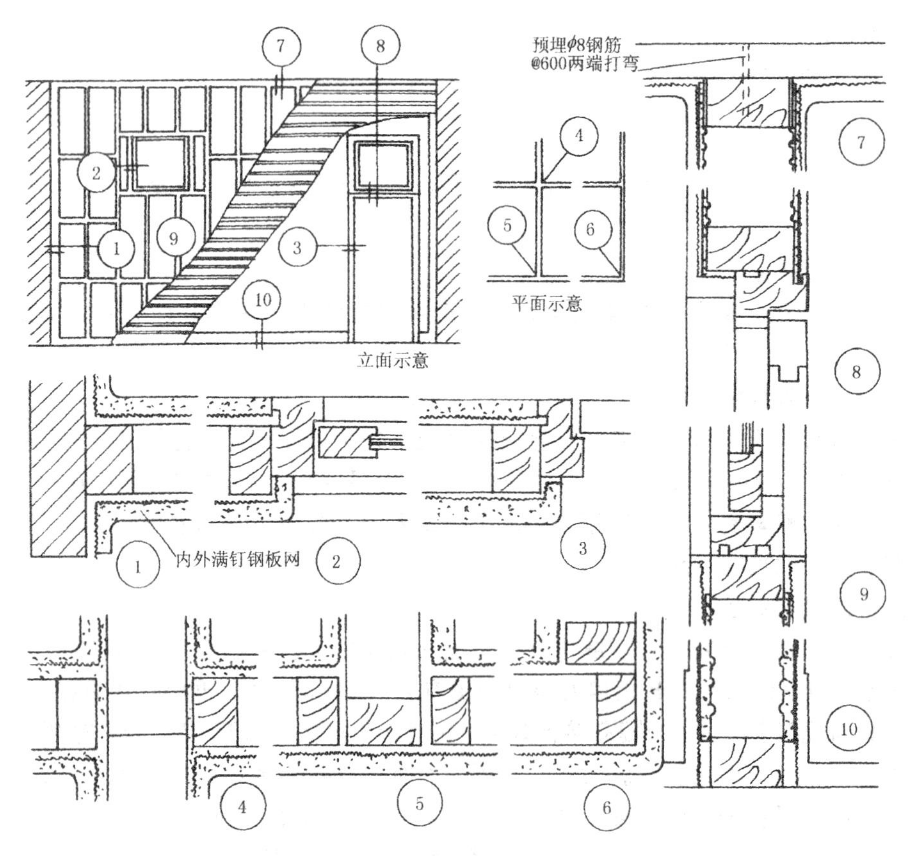

图 6－5　板条抹灰隔墙基本构造组成及节点构造示意

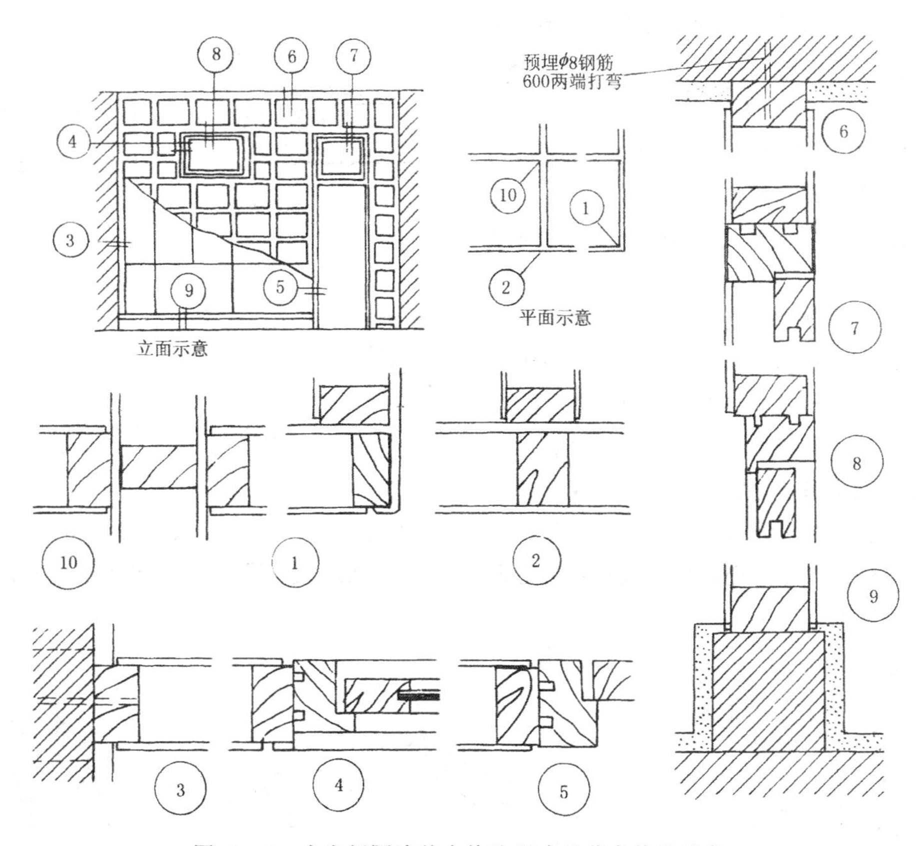

图 6-6 木夹板隔墙基本构造组成及节点构造示意

三、板材式隔墙

板材式隔墙系指那些不用骨架，而用比较厚的、高度等于隔墙总高的板材拼装成的隔墙（必要时可设置一些龙骨，以提高其稳定性）。如加气混凝土条板隔墙、石膏珍珠岩板隔墙、彩色灰板、石膏珍珠岩板、泰柏板，以及各种各样的复合板（如各种面层的蜂窝板、夹心板）。

板材式隔墙固定方法一般有三种：即将隔墙与地面直接固定、通过木肋与地面固定及通过混凝土肋与地面固定。图6-7

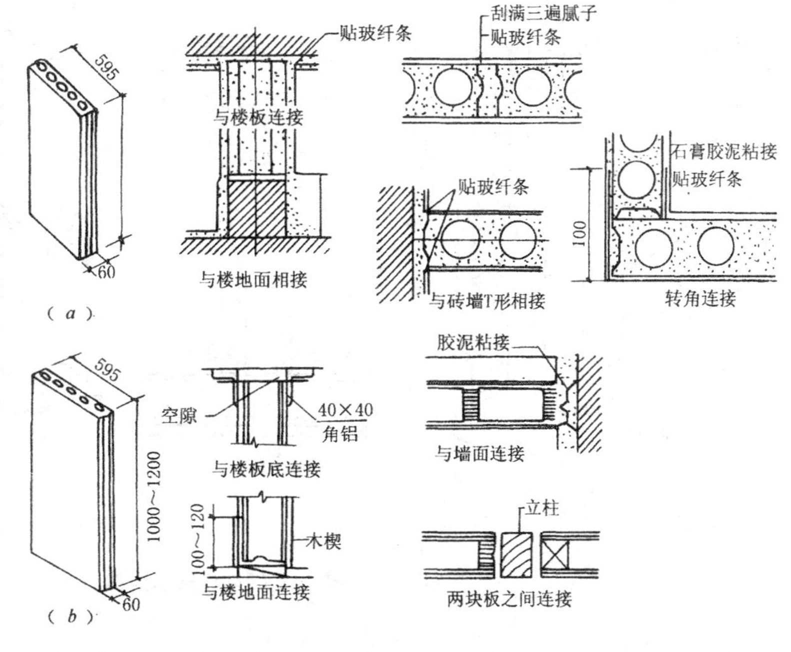

图 6-7 板材式隔墙的构造示意详图

(a) 石膏增强空心条板；(b) 水泥玻纤空心条板

所示为石膏增强空心条板隔墙和水泥玻纤空心条板隔墙构造示意详图。为了保证隔墙能够固定稳固，通常使用木楔在地面和板材底面之间楔紧，以使板材顶部能够与平顶或是沿顶龙骨紧靠连接。

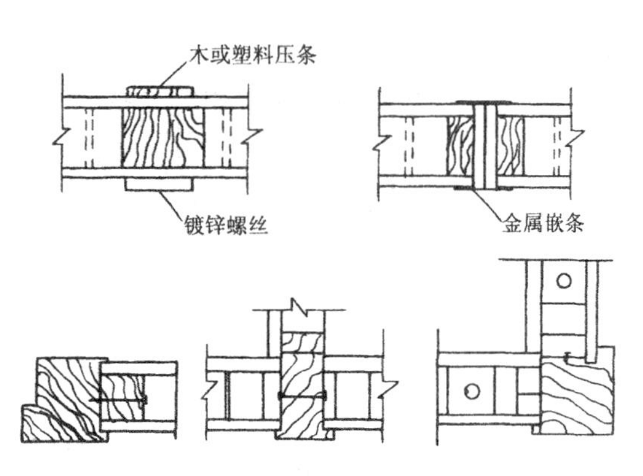

图 6-8 板材式隔墙连接的细部处理

一般板材式隔墙的连接细部处理参阅前述及图 6-8 所示方法。泰柏板是由阻燃性泡沫板条和焊接网状钢丝笼组成的轻质板材，具有良好的保温、隔热和隔声性能，空间网格状的钢丝笼有较高的强度和刚度，是一种很好的隔墙板材。泰柏板是板状坯材，可在其表面先用水泥砂浆打底形成坚固的基层，再进行表面装饰。图 6-9 是泰柏板隔墙构造示意图。泰柏板拼接缝处需采用角形连接网覆盖补强，与其他墙体、楼地面及顶棚连接，需加压板、U 形码用膨胀螺栓牢固连接，以加强整体性。

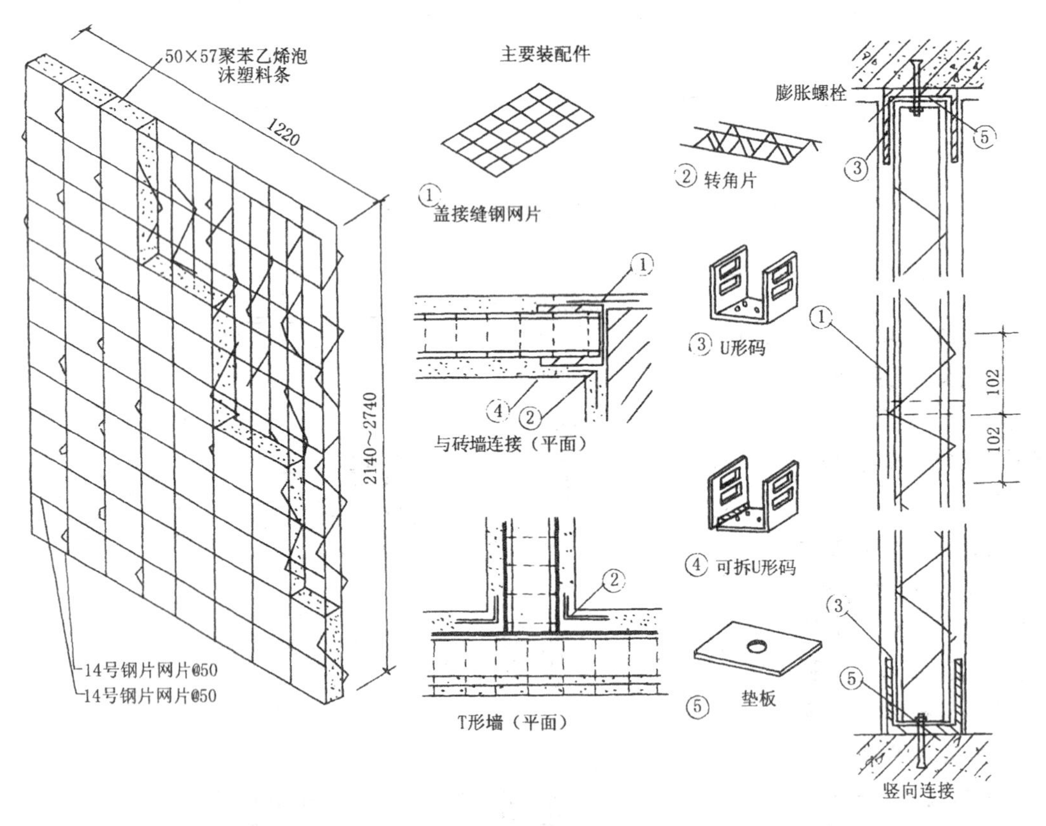

图 6-9 泰柏板隔墙构造示意图

上述砌块式隔墙、立筋隔墙及板材式隔墙墙面均可做喷浆、油漆、贴墙纸等多种饰面。

第3节　隔断的装饰构造

隔断的种类很多，从限定程度上来分，有空透式隔断和隔墙式隔断（含玻璃隔断）；从隔断的固定方式来分，则有固定式隔断和移动式隔断；从隔断启闭方式考虑，移动式隔断中有折叠式、直滑式、拼装式，以及双面硬质折叠式、软质折叠等多种。如果从材料角度来分，则有竹木隔断、玻璃隔断、金属隔断和混凝土花格隔断等。另外，还有诸如硬质隔断与软质隔断，家具式隔断与屏风式隔断等，如图 6 - 10 所示。本书按隔断的固定方式和构造特点介绍固定式隔断、帷幕式隔断和移动式隔断的构造要点。

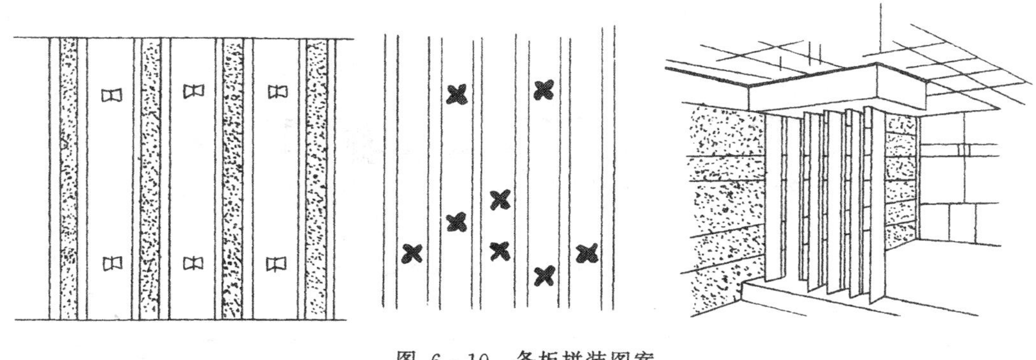

图 6 - 10　条板拼装图案

一、固定式隔断

固定式隔断包括花格、落地罩、飞罩、隔扇和博古架等各种花格隔断和玻璃隔断。这类隔断所用材料有木制、竹制、水泥制品、玻璃及金属制品等，故固定式隔断多具有空透的特性。这一特性使得固定式隔断的主要功能是划分和限定空间，增加空间的层次和深度，创造一种似隔非隔、似有非有、似断非断的虚实兼具的意境。固定式隔断广泛应用于各类建筑中。

预埋件连接，框架上镶嵌玻璃，玻璃四周可用压条固定，并采用密封胶封闭。图 6 - 11 为条板与花饰及梁板的连接，图 6 - 12 为一铝合金框架玻璃隔断构造示意。

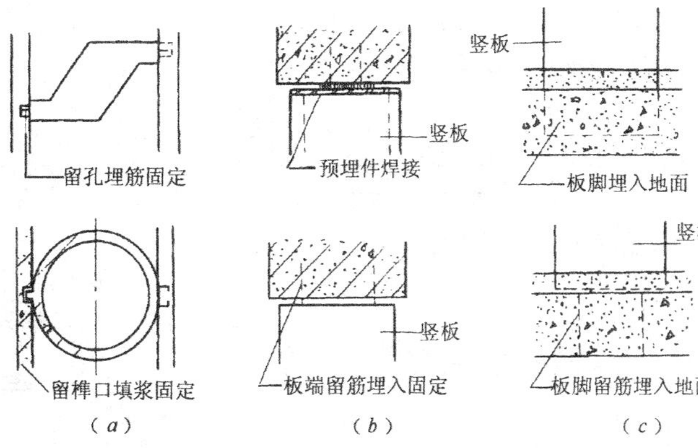

竖板
留孔埋筋固定
竖板
预埋件焊接
板脚埋入地面
竖板
留榫口填浆固定
竖板
板端留筋埋入固定
板脚留筋埋入地面
(a)　(b)　(c)

图 6 - 11　条板与花饰及梁板的连接

(a) 花饰与竖板连接；(b) 竖板与梁连接；(c) 竖板与地面连接

二、帷幕式隔断

帷幕式隔断又称软隔断，是利用布料织物作分隔物，分割室内空间。帷幕式隔断所分割的室内空间处于可分可合的机动状态。帷幕式隔断占地面积小，能满足遮挡视线的功能，使用方便，便于更新。

帷幕式隔断一般由帷幕、轨道、滑轮或吊钩、支架或吊杆、专门构配件等部分组成，支承固定方法较为简单，一般以墙壁和顶棚为固定支座。图 6 - 13 为某帷幕式隔断的构造详图。

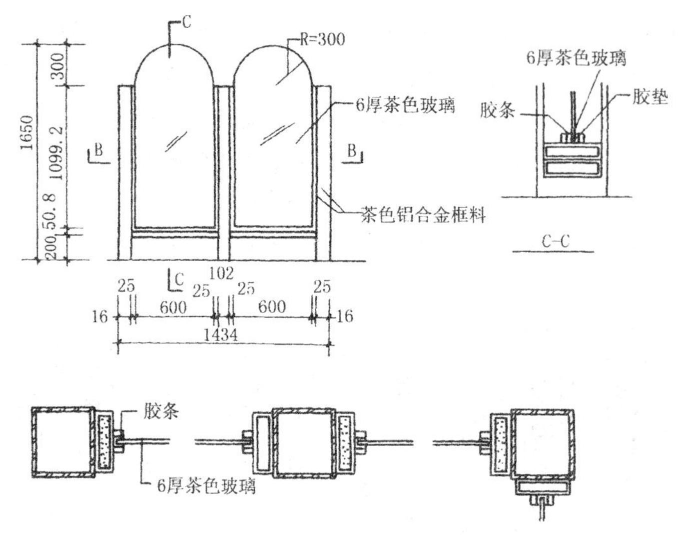

图 6 - 12　铝合金框架玻璃隔断构造示意

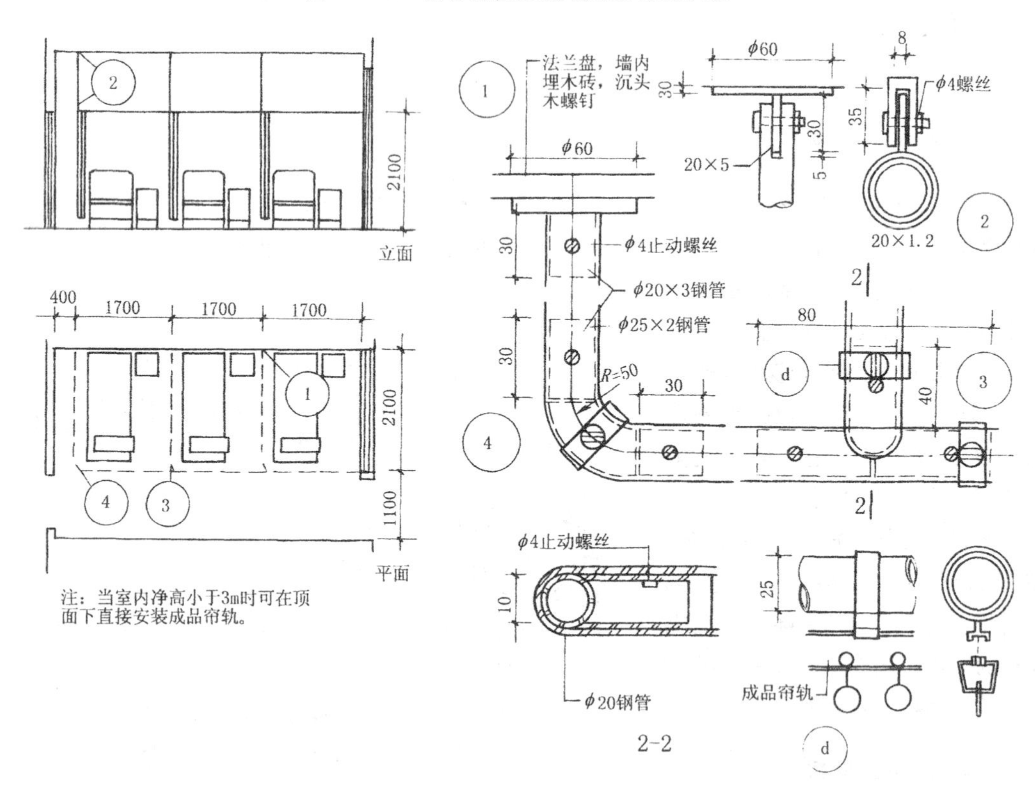

图 6 - 13　某帷幕式隔断的构造详图

三、移动式隔断

移动式隔断可以随意闭合或打开，使相邻的空间随之独立或合成一个大空间。这种隔断使用灵活，在关闭时，也能起到限定空间、隔声和遮挡视线的作用。移动式隔断按其启闭的方式可分为五类，即拼装式、直滑式、折叠式、卷帘式和起落式。图 6 - 14 为几种常见的启闭形式。

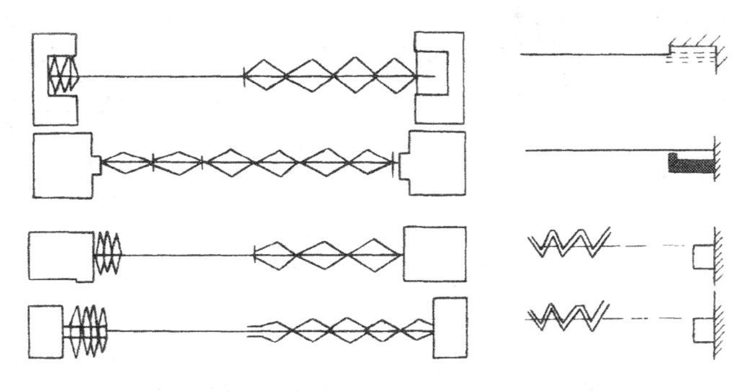

图 6 - 14　移动式隔断的启闭形式

1. 拼装式隔断

拼装式隔断由若干独立的隔扇拼装而成，如图 6 - 15 所示，不设滑轮和导轨。隔扇一般多用木框架，两侧贴木质纤维板或胶合板，在其上还可贴上一层塑料饰面或人造革。还可以在两层面板之间设置隔声层，两两相邻的隔扇之间做成企口缝相拼，使之紧密地咬合在一起达到隔声的目的。隔扇的下部一般需做踢脚。为装卸方便，隔断的上部应设通长的上槛，用螺钉或铅丝固定在平顶上，上槛一般有两种形式，一种为槽形；另一种是“T”形。采用槽形时，隔扇上部可以做成平齐的，当采用“T”形时，隔扇上部应设较深的凹槽，以使隔扇能够卡到“T”形上槛的腹板上，不论采用何种形式的上槛，均要使隔扇的顶面与平顶之间保持 50mm 左右的空隙，以便安装和拆卸。

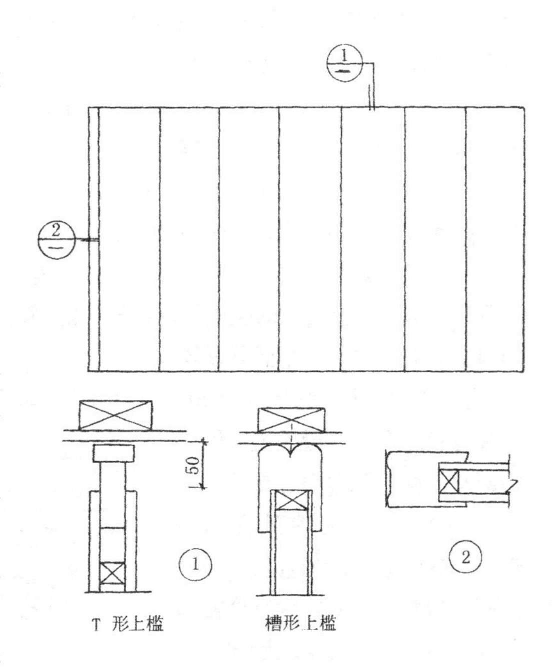

图 6 - 15　拼装式隔断立面与节点

隔断的一端与墙面之间的缝隙可用一个与上槛的大小和形状相同的槽形补充构件来掩盖，同时也便于安装和拆卸隔扇，隔扇的底部可加隔声密封条或直接将隔扇落在地面上，能起到较好的隔声效果。

2. 折叠式隔断

折叠式隔断可以随意展开和收拢。按其使用的材料不同，可分为硬质和软质两类。前者是由木隔扇或金属隔扇构成，隔扇之间的连接用铰链；后者用棉、麻织品或橡胶、塑料制品制作的。折叠式隔断主要是由轨道、滑轮和隔扇三部分组成。硬质隔断的隔扇是由木框架或框架，两面各贴一层木质纤维板或其他轻质板材，可以在两层板的中间夹隔声层而组成。图 6 - 16 为胶合板折叠式隔断构造示意。

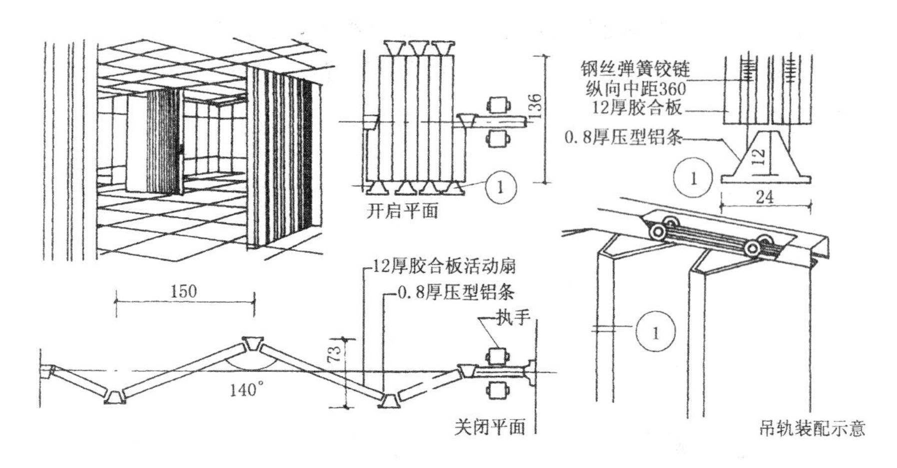

图 6-16 双面胶合板折叠式隔断示意

软质折叠移动式隔断大多是双面的，这种隔断的面层可为帆布或人造革，面层内加设内衬，软质隔断的内部一般设有框架，采用木立柱或金属杆，木立柱或金属杆之间设置伸缩架，面层固定于立柱或立杆上。

折叠移动式隔断根据滑轮和导轨的不同设置，又可分为悬吊导向式、支撑导向式和二维移动式三种不同的固定方式。

（1）悬吊导向式固定。这种固定方式，是在隔扇的顶面安设滑轮，并与上部悬吊的导轨相联，如此构成整个上部支承点。在隔扇的下端，一般是在楼地面上设置一轨道，这一轨道同时起导向和防止隔板在受到水平侧推力时倾斜的作用。需要注意的是，作为上部支承点，滑轮的安装应与隔扇的垂直保持能自由转动的关系，以便隔扇能随时调整改变自身的角度，另外，上部悬吊滑轮轨道的隔扇下端的导轨并不是必须设置的，是否需要，主要视上部滑轮的安装位置而定。当滑轮位于隔扇端部时，由于隔扇中心支承点不在同一条直线必须在地面加导轨，并在隔扇下端加置滑轮或导向杆，以维持隔扇的垂直位置和运动方向。当上部滑轮设在隔扇顶面中央部位时，一般不用在地面上设置轨道。这样不仅使构造更趋于简单，而且使楼面更为平整美观。当然，第2种情况下，对于隔扇与楼地面之间的缝隙，应采用适当的方法：一是在隔扇下端两侧设置橡胶密封刷；二是将隔扇下端加工成凹槽形，在此凹槽内分段设置密封槛。图 6-17

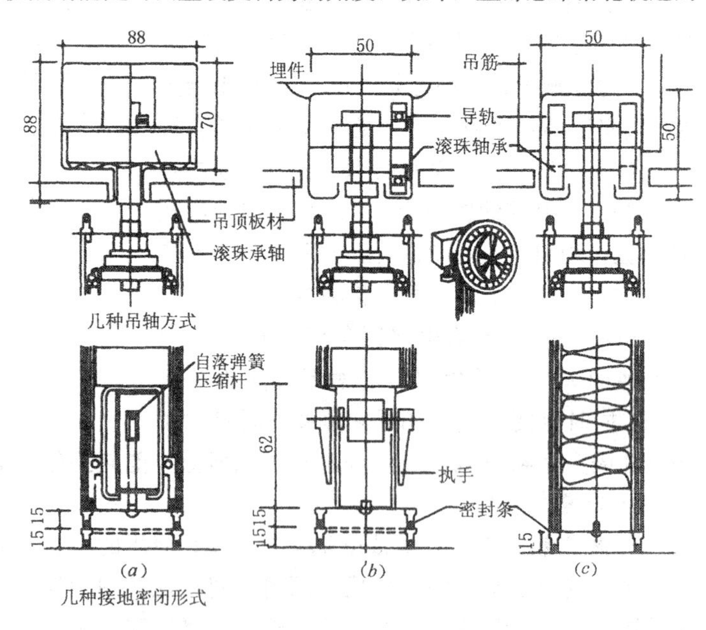

图 6-17 悬吊移动式隔断的顶部和底部构造示意
(a) 自落式；(b) 手动式；(c) 固定式

所示的是悬吊移动式隔断的顶部和底部构造。

(2)支撑导向式固定。这种固定方法与前述的悬吊导向式固定基本相似。所不同的是在这种支撑导向式构造中，滑轮是装于隔扇底面的下端，与楼地面的轨道共同构成下部支承点，起支承隔扇并保证隔扇移动与转动的作用。在隔扇的顶面上，则安装了导向杆，其目的是防止隔扇的晃动，以使隔扇在受到侧推力时能够保持稳定。显然，这种方式仅仅是将上述方式中滑轮、导向杆的位置作了调换，但由于可省掉悬吊系统，使构造更趋于简单，所以应用十分广泛，图 6-18 是这种固定方式的构造示意。由图可见，除在地面导向槽轨下方需加设钢筋脚码外，其他均可按悬吊导向式固定的原则处理。

(3)二维移动式固定。这种活动隔断安设方法的优点是，不仅可象一般的移动式隔断一样在某一特定的位置通过线性运动对空间进行分隔，而且可以根据需要变动隔断的位置，从而使空间的划分更加灵活。换句话说，它既具有移动式隔断的稳定性好、装饰性强和限定度较高的特点，又具有屏风式隔断的可移性和灵活性高的优点。因此，近年来这种隔断设置方法在大空间，尤其是内部的活动常常发生变动的大空间中被广泛的采用。通过这种隔断的设置，可在同一空间中，根据不同时间不同活动的要求，对空间进行灵活的组织与划分。

从构造上说，这种隔断设置方法不过是将前述的移动式安设中的方法重复运用两次或更多次而已。具体地说，在移动式安设中在安装隔板的位置上，不安设隔板，代之以第二级滑轮，然后再从这级滑轨开始模仿移动式安设中的构造完成即可。图 6-19 所示的是这种方法的一个例子。

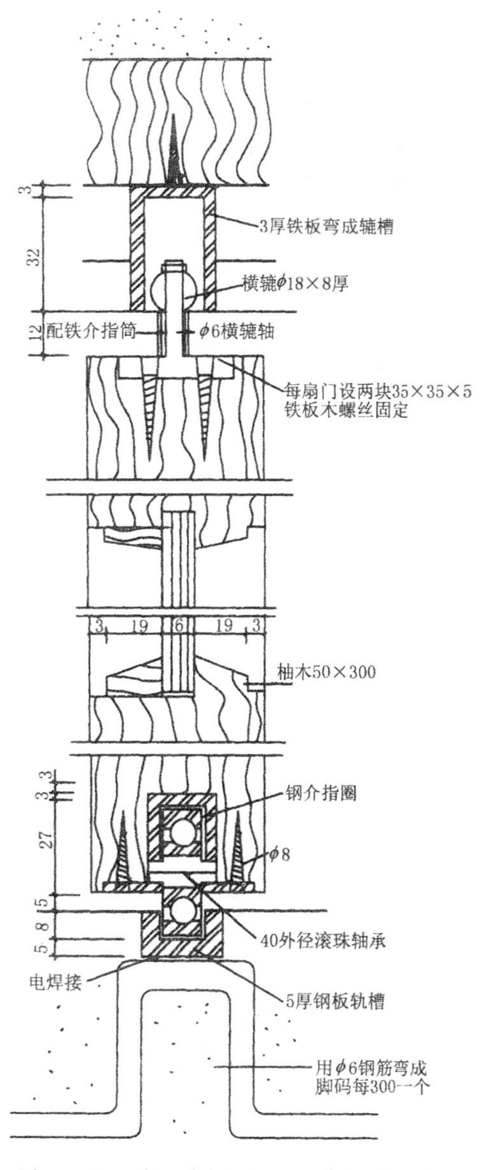

图 6-18 底部支撑移动式隔断构造示意

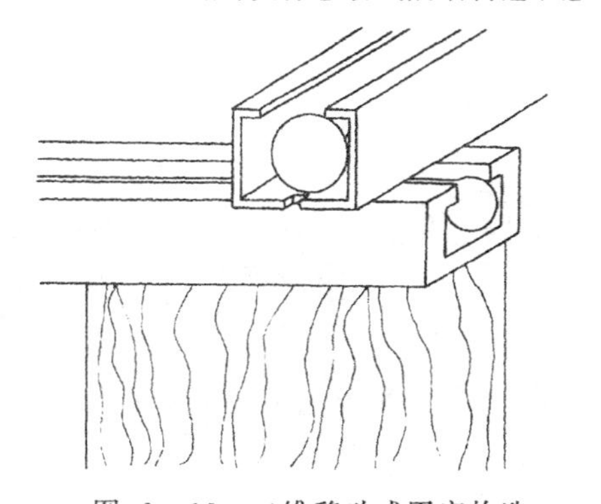

图 6-19 二维移动式固定构造

复习思考题

1. 简述隔墙和隔断的异同点。
2. 隔墙按构造方式可分为哪几种?
3. 简要说明砌块式隔墙的主要构造要点。
4. 用简图说明轻钢龙骨石膏板隔墙墙身及各连接节点的构造做法。
5. 用简图说明泰柏板隔墙的构造做法。
6. 隔断按外形和构造方式可分为哪几种?
7. 用简图说明铝合金玻璃隔断各连接节点的构造做法。
8. 折叠移动式隔断按滑轮和导轨的不同，可分为哪几种形式?

第7章　其他构配件装饰

第1节　内墙配件装饰构造

一、窗帘盒

用于隐蔽和吊挂窗帘的构件称窗帘盒。窗帘盒的长度以窗帘拉开之后不遮挡窗口为准，一般每侧伸过窗口150mm，有时为了整体性要求，采用沿墙通长设置。其开口宽度往往与所选用窗帘的厚薄和窗帘的层数有关，一般为140～200mm，而开口深度则以能遮盖窗帘轨道及附件为准，一般为100～150mm。

窗帘盒根据所挂窗帘的重量和层数分为轻型与重型两类。轻型窗帘盒多为单层窗帘，采用绸布等薄型料子作窗帘布；重型窗帘盒要求吊挂两层以上的窗帘。其中至少一层窗帘采用丝绒等较厚的窗帘料子。

窗帘盒根据吊挂窗帘的构造分为以下两种：

1. 棍式

采用ϕ10钢筋、铜棍、铝合金棍或ϕ18～22mm不锈钢管等作窗帘杆，吊挂窗帘布，当跨度不大时，这种方式具有较好的刚性，适合于1.5～1.8m跨度的窗子，当跨度增加时需在中间增加支点，如图7-1所示。除金属窗帘杆外，目前市面上还有一种采用优质硬木制成的车木窗帘杆，这种窗帘杆直径约25～35mm左右，有较好的刚度，其配件均具有一定的装饰性，故可起到较好的装饰作用，采用这种木制窗帘杆不设窗帘盒。

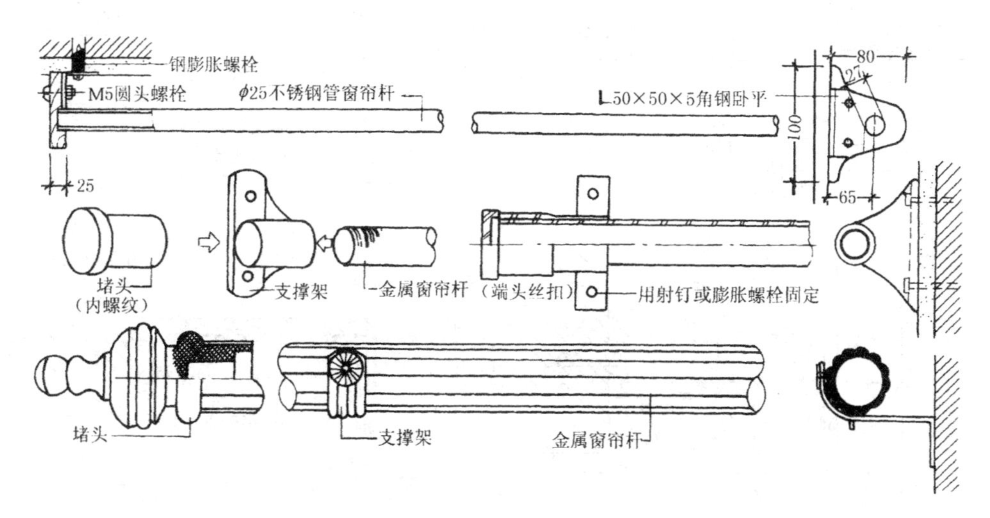

图7-1　窗帘杆形式

2. 轨道式

采用铜或铝合金制成的小型轨道，具有良好的刚度，尤其适用于大跨度的窗子。轨道断面有多种形式，由于轨道上装有铜质或尼龙小轮。故拉扯窗帘十分轻便。各种轨道如图 7-2 所示。

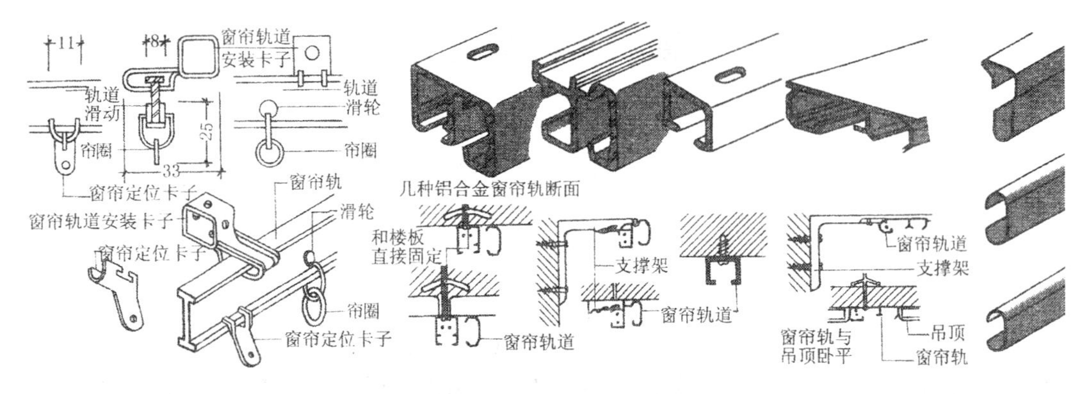

图 7-2 金属轨道形式

窗帘盒一般均为木制，根据有无吊顶及吊顶的高低情况，又可分为明式窗帘盒和暗式窗帘盒。明式窗帘盒一般是固定在金属支撑架上的，而支撑架应固定在窗过梁上或其他结构构件上，以确保窗帘盒能有效地传递荷载。当窗帘盒紧挨着楼板设置时（如住宅），则窗帘盒可以直接固定在楼板上。当窗帘盒与吊顶结合设置时，常做成暗式窗帘盒，此时，窗帘盒还应与吊顶相连接，窗帘盒的连接固定如图 7-3 所示。

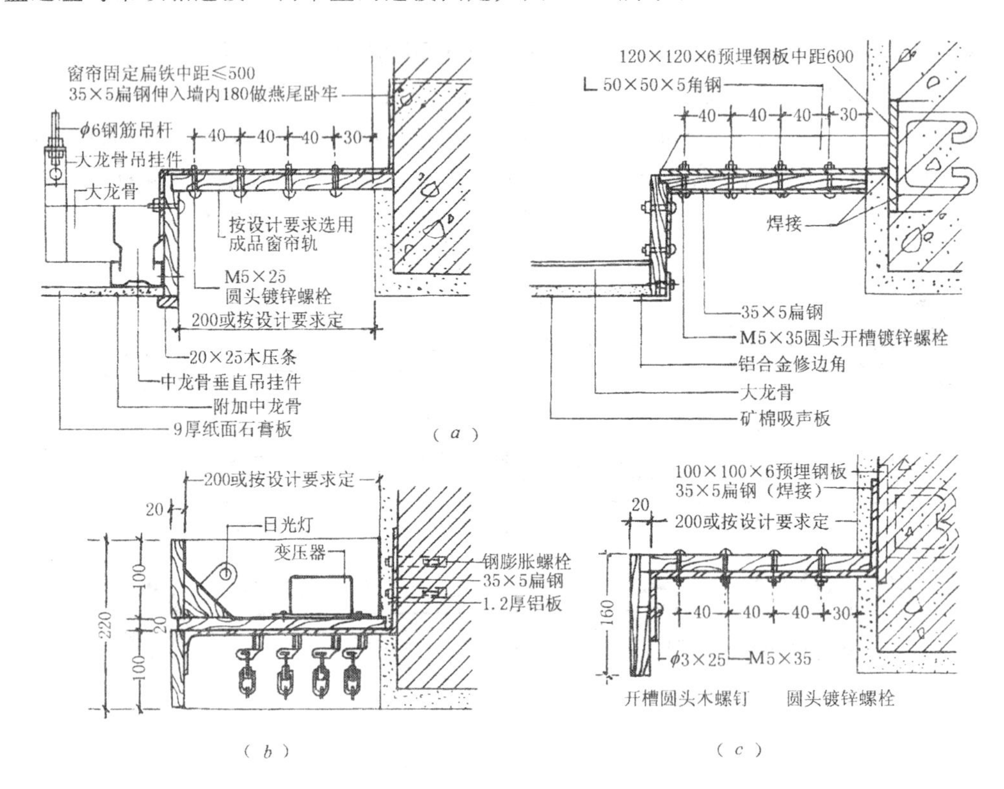

图 7-3 窗帘盒的连接固定

(a) 暗式窗帘盒；(b) 灯光窗帘盒；(c) 普通明式窗帘盒

二、暖气罩

采暖地区设置暖气罩的作用主要是用来遮掩暖气片，防止人们烫伤，并同时要保证热空气能均匀散发以调节室内空气。暖气片或诱导器常设在窗前和沿墙脚。因此，暖气罩常与窗台或护壁组织在一起，其布置形式可分为窗台下式、沿墙式、嵌入式和独立式，如图 7-4 所示。由于暖气罩对室内装饰会产生影响，因此，在设计时应注意美观问题，使其发挥装饰作用，同时还应注意方便设备的检修。暖气罩的做法主要有木质暖气罩和金属暖气罩两种。

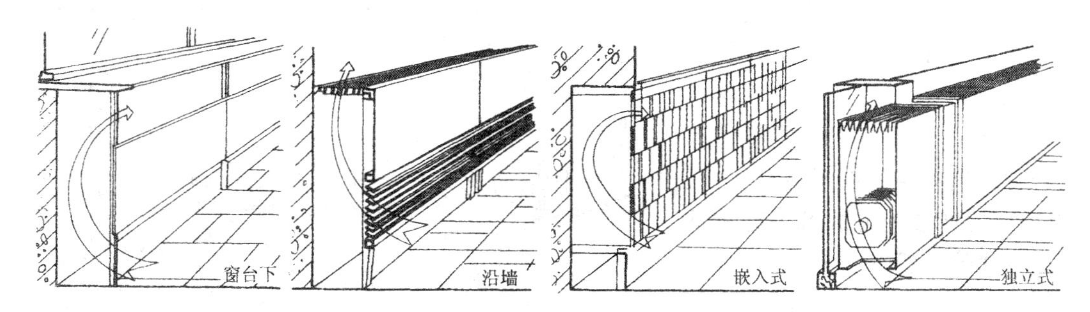

图 7-4　暖气罩布置形式

1. 木制暖气罩

木制暖气罩可采用硬木条、胶合板、硬质纤维板等做成格片，或上下留空的形式。木制暖气罩舒适感较好，且加工方便，同时也易于和室内木扶壁相协调，如图 7-5 所示。

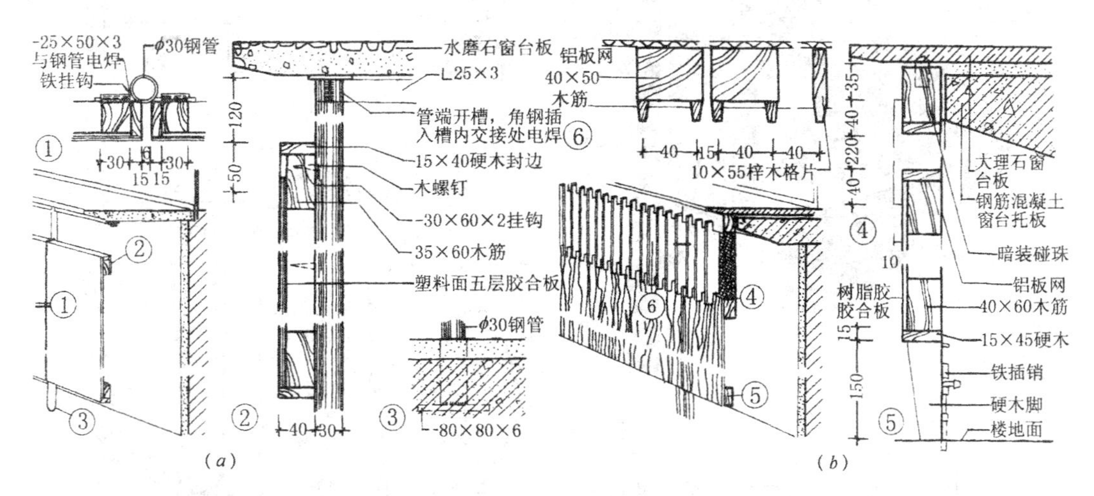

图 7-5　木制暖气罩构造

(*a*) 上部留空的木暖气罩；(*b*) 上部为格片的木暖气罩

2. 金属暖气罩

采用钢或铝合金等金属板冲压打孔，或采用格片的方式制成暖气罩，其性能良好，坚固耐用。钢板暖气罩表面可做成漂亮的烤漆或搪瓷面层，铝合金板表面则依赖其氧化处理形成光泽与色彩，起到装饰作用。金属暖气罩可采用挂、插、钉、支等构造方法，如图 7-6 所示。

三、扶手护墙板

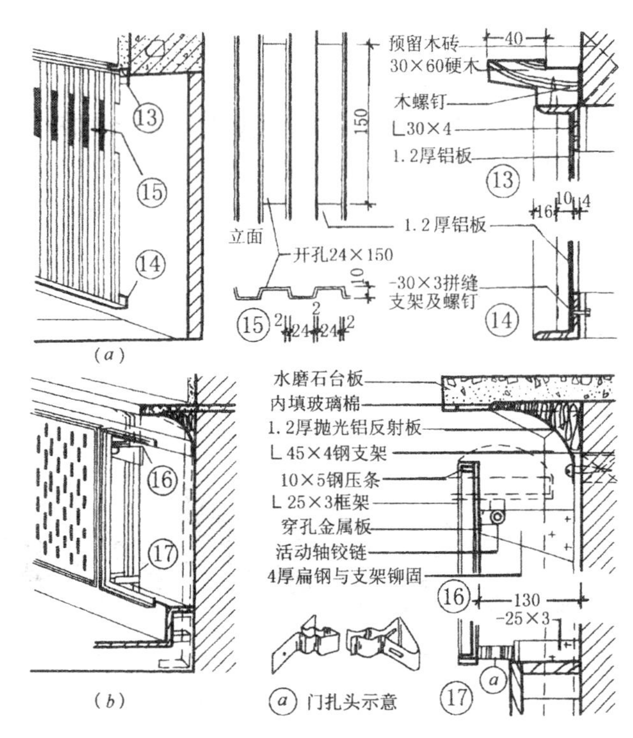

图 7-6 金属暖气罩构造

(*a*) 压型板材暖气罩；(*b*) 冲孔金属板暖气罩

在公共建筑的大厅、公共走道或服务台等处，常设置扶手护墙板，其作用是便于行走安全和保护墙体饰面。扶手距地高度一般为1000mm，扶手材料应有利于装饰且手感好，目前常采用的材料有硬塑PVC、硬木、不锈钢及人造革软包面等。为保证使用时的舒适感，扶手的断面应满足扶握的手感要求，即要有一定的圆角，扶手的尺度还要与所在空间的尺度相协调。扶手与墙面之间应留出一定的间隙，其间隙一般不小于40mm。扶手的固定多采用金属支架与墙体连接，如图7-7所示。

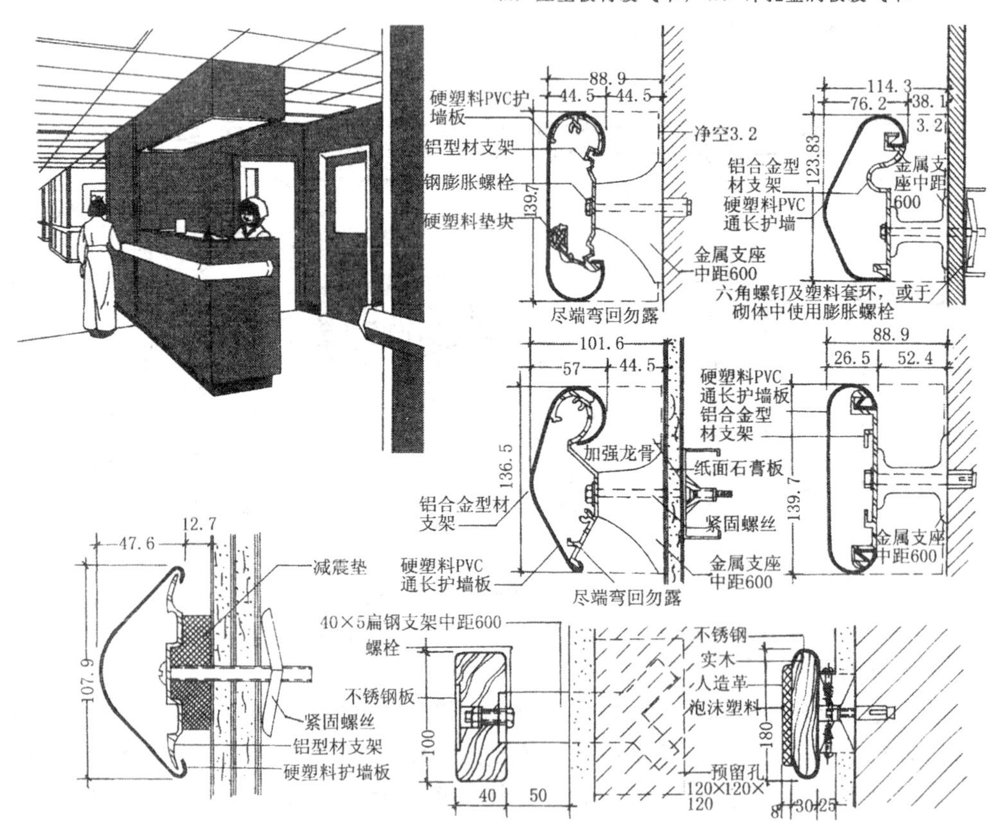

图 7-7 扶手护墙板的连接

第2节　楼梯、电梯装饰构造

楼梯、电梯是建筑物垂直交通设施，也是装饰设计的重要内容。楼梯与电梯在整个建筑室内空间中起组织交通流线的作用和装饰作用。因此，现代建筑装饰中常将楼梯、电梯列为重点装饰对象。楼梯的装饰内容主要有栏杆、栏板、扶手及踏步。栏杆、栏板是楼梯装饰风格、装饰样式和装修标准的集中表现。

电梯的装饰对建筑物来说，主要是电梯的门套装饰。

一、楼梯装饰

1. 楼梯扶手

楼梯栏杆或栏板顶部的扶手，其材料要求表面光滑、手感好，坚固耐久。扶手要沿楼梯段及休息平台全长设置。扶手可采用木材、金属管材、塑料制品等制作。栏板的扶手也可用石材板进行装饰。

(1) 木扶手

木扶手为传统装饰制作工艺，由于温暖感好且美观大方，所以应用较为广泛。用于木扶手的树材品种很多，高级木装饰常采用水曲柳、柞木、黄菠萝、榉木、柚木等高档硬木，而普通装饰则使用白松、红松、杉木等质地较软的树材。制作木扶手的木材含水率应符合设计要求，木料要求粗细一致、通长顺直、不弯曲、无裂痕和节疤等。作清漆饰面的硬木扶手，还应考虑木料纹理、色泽的一致性。木扶手的断面形式很多，应根据楼梯的大小、位置及栏杆的材料与式样来选择，如图7-8所示。

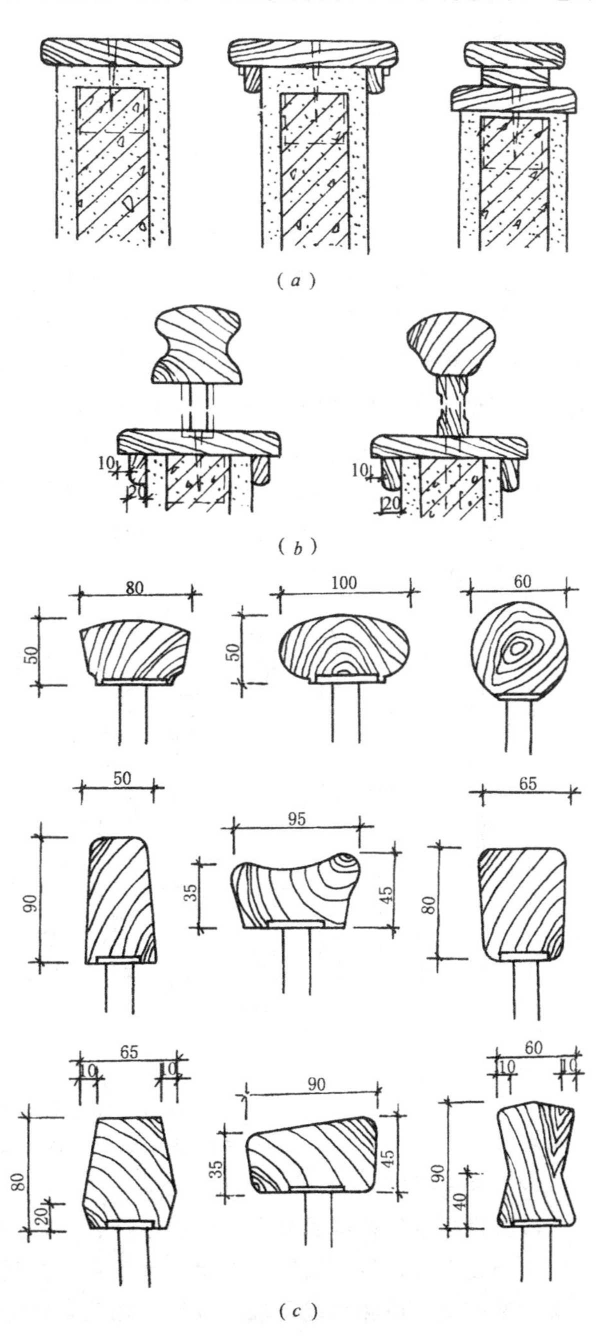

图7-8　木扶手形式

(a) 木板扶手；(b) 花木扶手；(c) 条木扶手

(2) 金属管扶手

金属管扶手包括普通焊管、无缝钢管、铝合金管、铜管和不锈钢管。转角弯头、装饰件、法兰均为工厂生产的产品。金属管扶手均需要现场焊接安装。

钢管扶手表面采用涂漆处理，铜、不锈钢扶手表面采用抛光处理。

(3) 石板材扶手

石板材扶手主要是指用大理石、花岗石、水磨石等板材镶贴成的扶手饰面。板材可按设计要求在工厂加工，用水泥砂浆粘贴在混凝土栏板上，如图7-9所示。

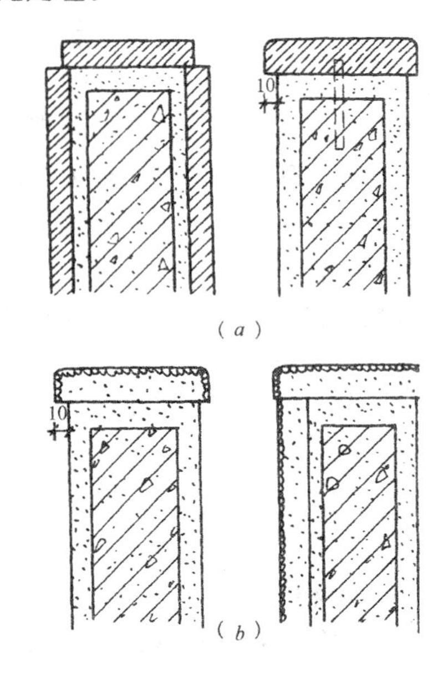

图7-9 石板材扶手形式

(a) 大理石扶手；(b) 水磨石扶手

2. 楼梯栏杆与栏板

楼梯栏杆按材料分，有木栏杆、金属栏杆、铁栏杆等。楼梯栏板中装饰性较强的主要为玻璃栏板。栏杆与栏板起安全围护和装饰作用。因此，既要求美观大方，又要求坚固耐久。

(1) 木栏杆

木栏杆由木扶手、拉柱或车木立柱、梯帮三部分组成，形成木楼梯的整体护栏。车木立柱是木栏杆中起装饰作用的主要构件，其形式如图7-10(*a*)所示。立柱上端与扶手、立柱下端与梯帮均采用木方中榫连接。木扶手转角木(弯头)依据转向栏杆间的距离大小，来确定转角木采用整体连接还是分段连接。通常情况下，栏杆为直角转向时，多采用整只转角木连接，栏杆为180°转向且栏杆间距大于200mm时，一般采用断开做的转角木进行分段连接，如图7-10(*b*)所示。

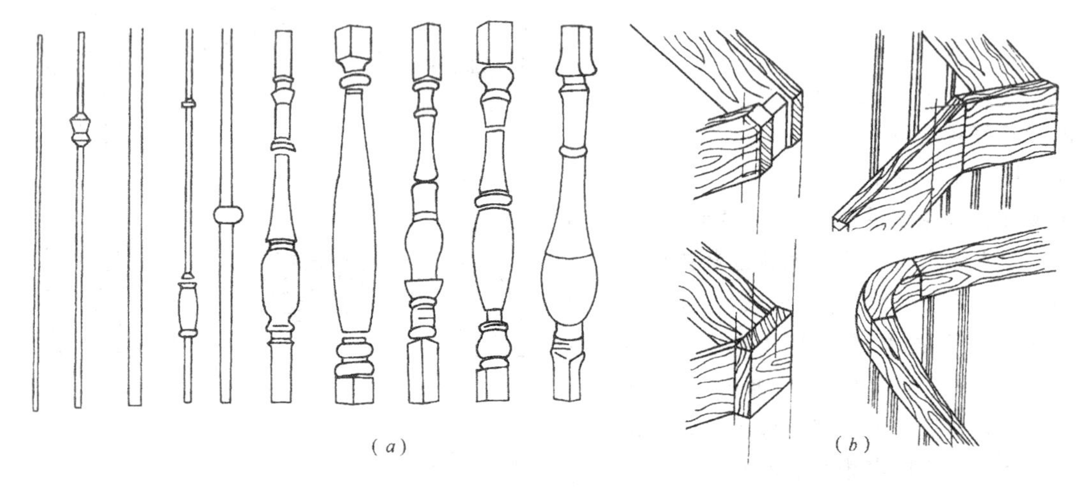

图7-10 木栏杆形式

(a) 车木立柱的形式；(b) 木扶手转弯处的连接

(2) 金属栏杆

金属栏杆按材料组成分为全金属栏杆、木扶手金属栏杆、塑料扶手金属栏杆三种类型。常用的金属立柱材料有圆钢、方钢、圆钢管、方钢管、扁钢、不锈钢管、铜管等，栏杆式样应根据安全适用和美观要求来设计，如儿童经常使用的楼梯，必须采取安全措施，栏杆应采用不易攀登的构造，垂直杆件间的净距不应大于110mm。栏杆形式举例如图7-11所示。

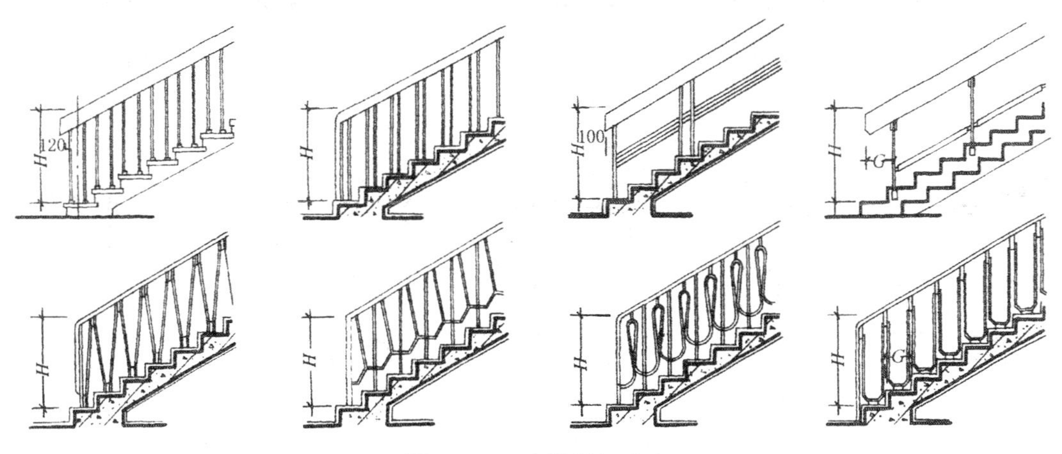

图 7-11 金属栏杆形式

金属栏杆除了采用型材制作以外，还可以采用古典式铸铁件，与木扶手相配合，从而获得古朴典雅的装饰效果。古典式铸铁栏杆如图 7-12 所示。金属栏杆与楼梯踏步的连接

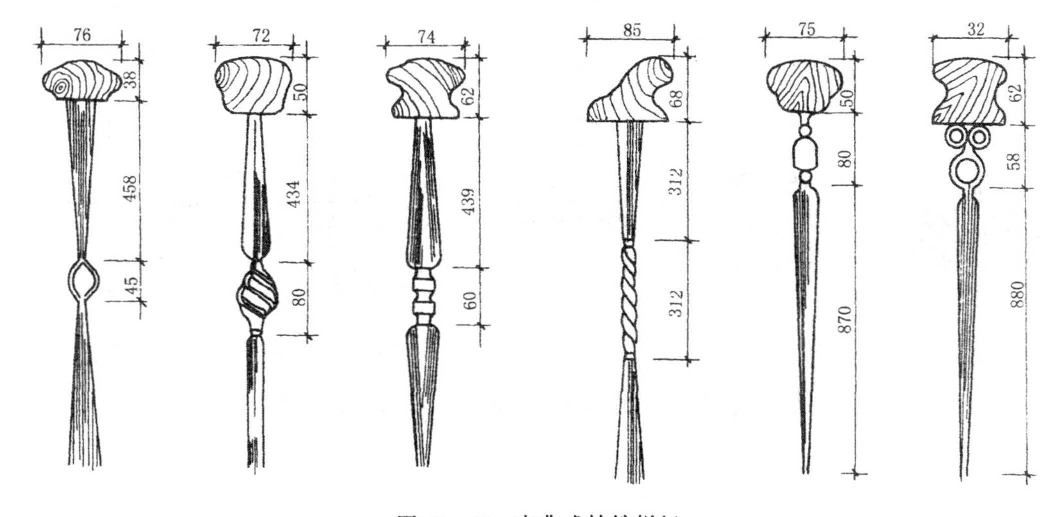

图 7-12 古典式铸铁栏杆

方式有多种，可采用焊接的方式与踏步内的预留铁件进行连接，预埋钢板应有足够的厚度，一般应不小于 6mm，也可将金属栏杆插入预留洞内，再用干硬性水泥砂浆灌实，还可以用钢质膨胀螺栓固定，栏杆与踏步的连接实例如图 7-13 所示。

（3）玻璃栏板

楼梯玻璃栏板有两种构造类型。一种是完全采用 10～14mm 的平板玻璃、钢化玻璃代替常用的金属立柱；另一种是分段设立金属管立柱，只将玻璃装嵌在两金属立柱之间。前一种方式玻璃起立柱的承力作用，故又称为玻璃栏河。而后一种方式玻璃仅起围护和装饰作用。图 7-14 为采用玻璃栏板的楼梯立面。

当采用玻璃栏河时，扶手是玻璃栏河的收口，其材料的质量不仅对使用功能影响较大，同时对整个玻璃栏河的立面效果产生较大影响。所以，扶手的造型和材质，一般应同室内

设计一同考虑。目前所使用的材料有不锈钢管、抛光黄铜管、镀铜钢管以及硬木扶手。

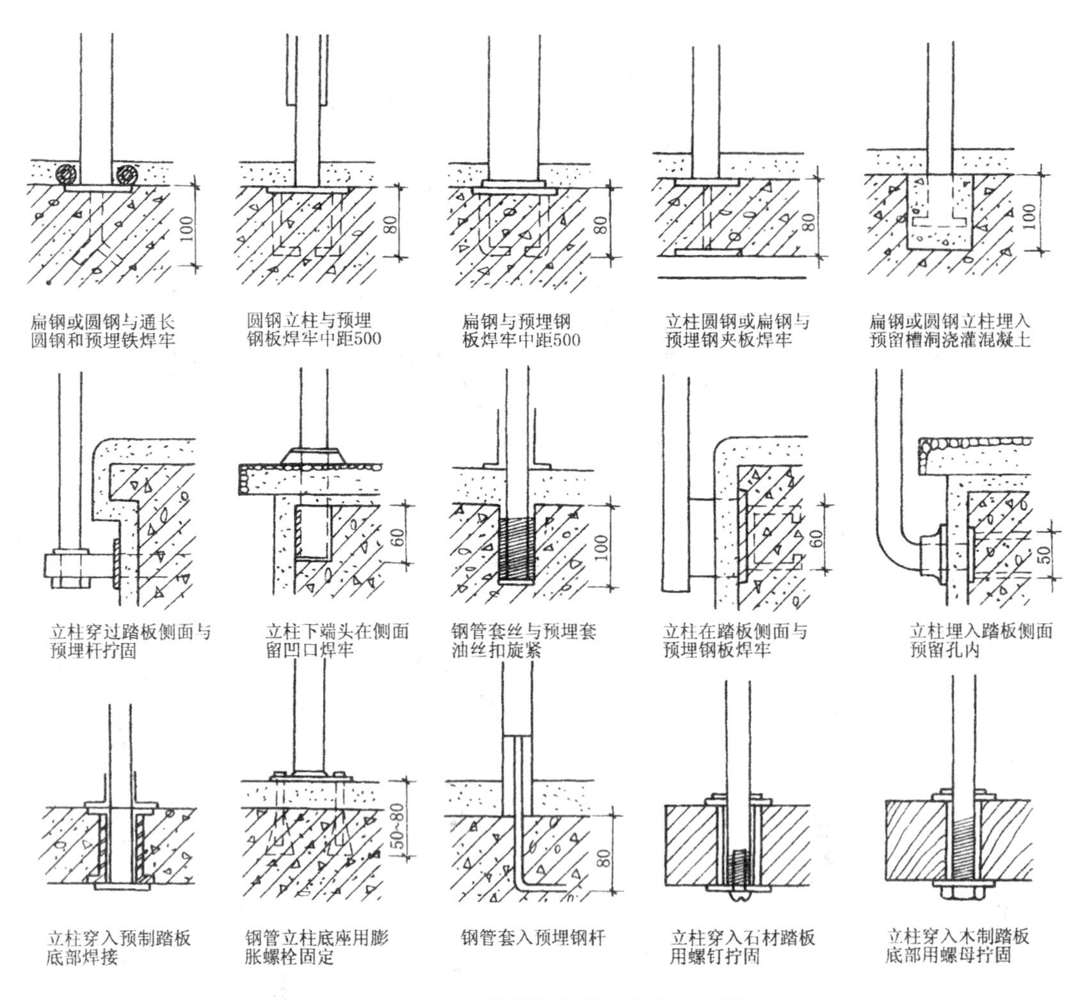

图 7-13 金属栏杆与踏步的连接实例

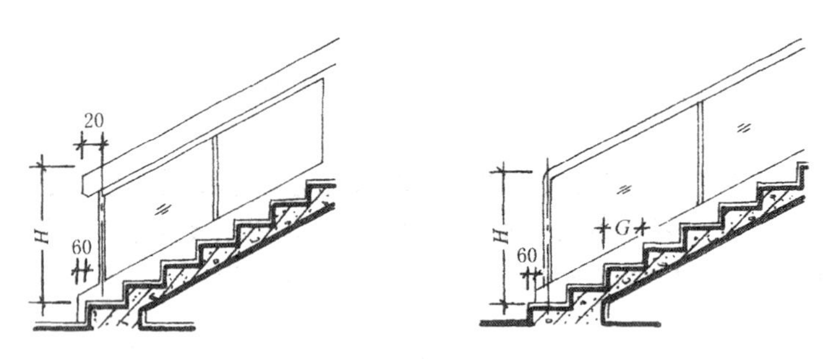

图 7-14 楼梯玻璃栏板立面

不锈钢扶手，从表面光泽分，有镜面抛光和一般抛光两种，常用直径为 ϕ75～105mm，管壁的厚度根据计算选定。玻璃栏河应采用 10mm 以上厚度的安全玻璃。常用的有钢化玻璃、夹丝玻璃、夹层钢化玻璃。半玻璃金属立柱栏板可以使用 6～10mm 厚的普通平板玻璃。

木扶手用于玻璃栏河，其材质高，纹理要美观，且要不易变形，如柚木、水曲柳等。目前，木扶手不如不锈钢、铜扶手使用得多，主要是高档大块木料较缺所致。

全玻璃无立柱栏板的固定，主要包含扶手与玻璃上端的固定以及玻璃下端与底座的固定。如果采用不锈钢、铜一类的扶手，出于经济上的考虑，管壁不可能做得较厚。所以，为了提高扶手刚度及满足安装玻璃栏板的需要，常在圆管内部加设型钢，型钢与外圆管焊成整体。玻璃栏板的底座，主要是解决玻璃固定和踢脚部位的饰面处理。玻璃的固定多采用角钢焊成的连接铁件，固定玻璃的铁件高度应不小于100mm，铁件的中距不宜大于450mm。玻璃的下面，不能直接落在金属板上，而是用氯丁橡胶块将其垫起，玻璃两侧的间隙，可以用氯丁橡胶块将玻璃夹紧，上面再注入硅硐密封胶。玻璃栏板构造举例如图7-15（*b*）所示。圆管扶手，有的在成形时，将镶嵌玻璃的凹槽一次加工成形。这样可减轻现场的焊接工作量，如图7-15（*c*）所示。

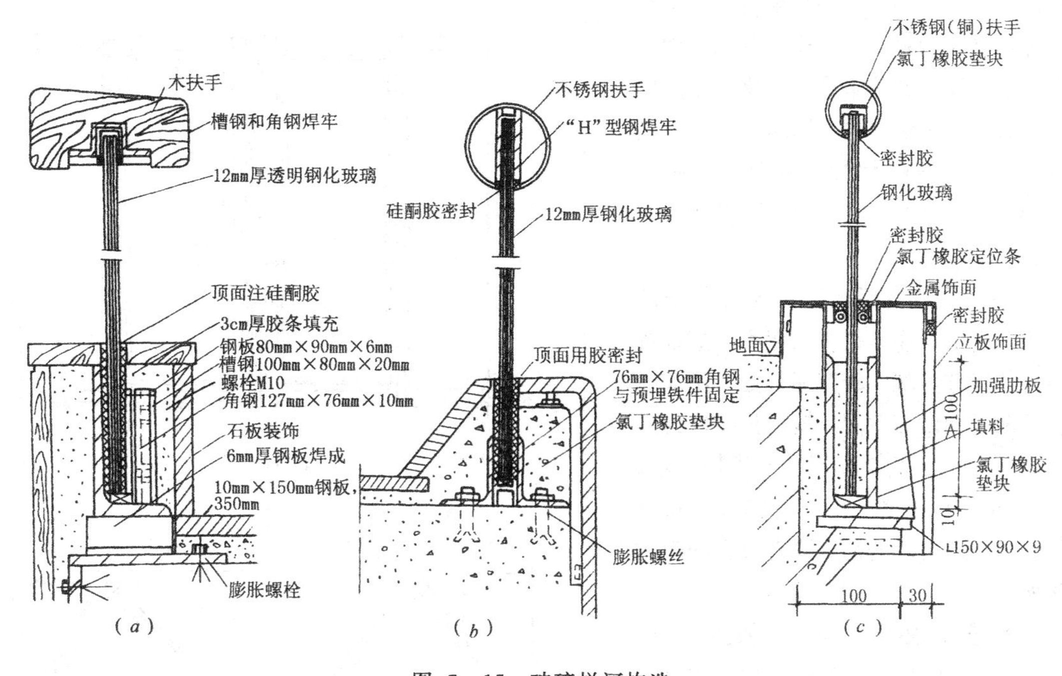

图 7-15 玻璃栏河构造

(*a*) 木扶手玻璃栏河；(*b*)、(*c*) 不锈钢扶手玻璃栏河

二、电梯门套

电梯厅、电梯间门套的装饰标准不应低于电梯厅的装饰标准，其构造做法应与电梯厅的装饰协调统一。目前常用的有大理石、花岗石、木装饰以及金属装饰，金属装饰可选用镜面不锈钢或亚光不锈钢板作饰面。低档的也可用钢板门套（属于电梯厂配件成品）。电梯门套构造如图7-16所示。

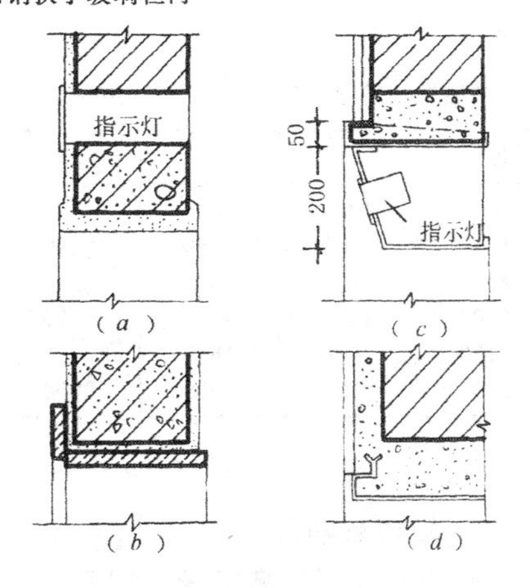

图 7-16 电梯门套构造

(*a*)水泥砂浆门套；(*b*)大理石门套；(*c*)、(*d*)金属门套

第 3 节　特种装饰门窗

一、旋转门

1. 普通转门

普通转门为手动旋转结构，旋转方向通常为逆时针，门扇的惯性转速可通过阴尼调节装置按需要进行调整。转门起到控制人流通行量、防风保温的作用。其结构严密，构造复杂。

普通转门接材质分为铝合金、钢质、钢木三种类型。铝合金转门采用转门专用挤压型材，由外框、圆顶、固定扇和活动扇四部分组成。氧化色常用仿金、银白、古铜等色。钢结构和钢木结构中的金属型材为 20 号碳素结构钢无缝异型管，经加工冷拉成不同类型转门和转壁框架。

转门不适用于人流较大且集中的场所，更不可作为疏散门使用。如设置转门的地方为唯一疏散通行处，则应在转门两旁加设疏散门。转门只能作为人员通行用门，其结构不适于货物运输。转门的加工制作、组合安装精度和材料、人工造价均较高，通常仅在必需的场所使用。

普通转门的平、立面，如图 7 - 17 所示，标准尺寸见表 7 - 1，构造实例如图 7 - 18 所示。

普通转门的标准尺寸(mm)　　表 7 - 1

直径(B_1)	B	A	A_1
1800	1200	1520	
1980	1350	1550	2200
2030	1370	1580	2200
2080	1420	1600	2400
2130	1440	1650	2400
2240	1520	1695	2600

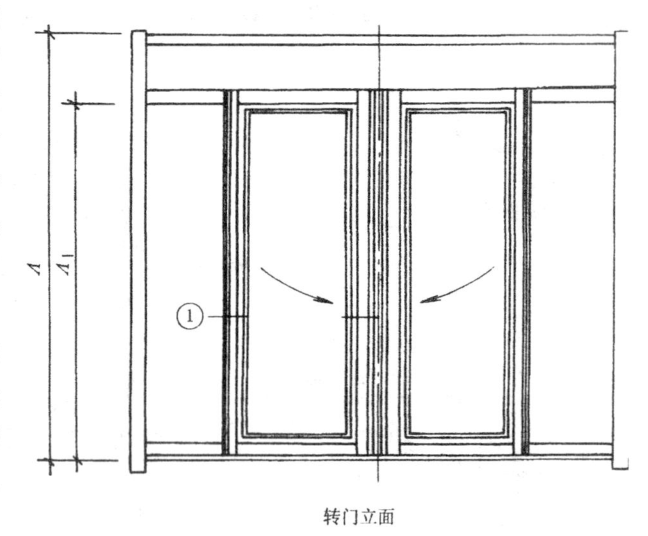

转门立面

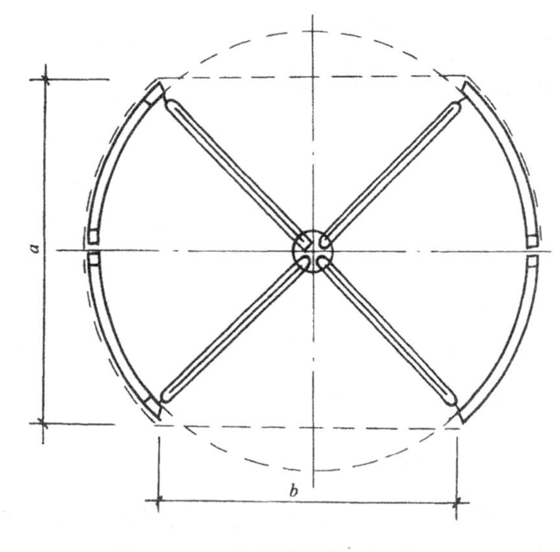

图 7 - 17　普通转门平、立面

2. 旋转自动门

旋转自动门属高级豪华用门，又称圆弧自动门，采用声波、微波或红外传感装置和电脑控制系统，传动机构为弧线旋转往复运动，旋转自动门有铝合金和钢质两种，目前多采

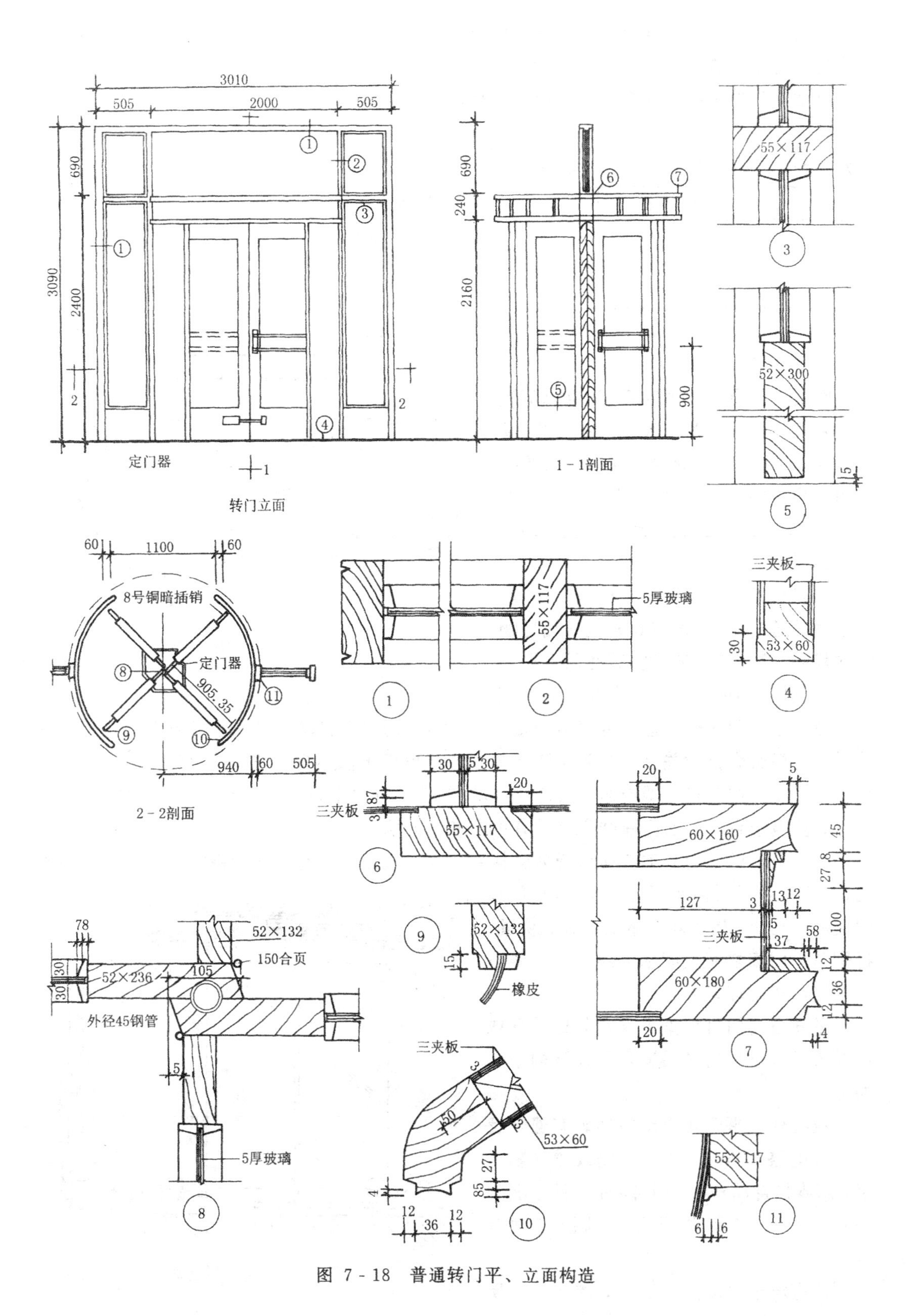

图 7-18 普通转门平、立面构造

用铝合金结构，活动扇部分为全玻璃结构。这种门与普通转门相比，其隔声、保温和密闭性能更加优良，具有两层推拉门的封闭功效。

自动转门的平面，如图 7 - 19 所示，标准尺寸见表 7 - 2。

自动旋转门的标准尺寸(mm)　　表 7 - 2

A	A_1	B_1	B_2
2275	1925	2400	2350
2375	2025	2500	2450
2475	2125	2700	2650

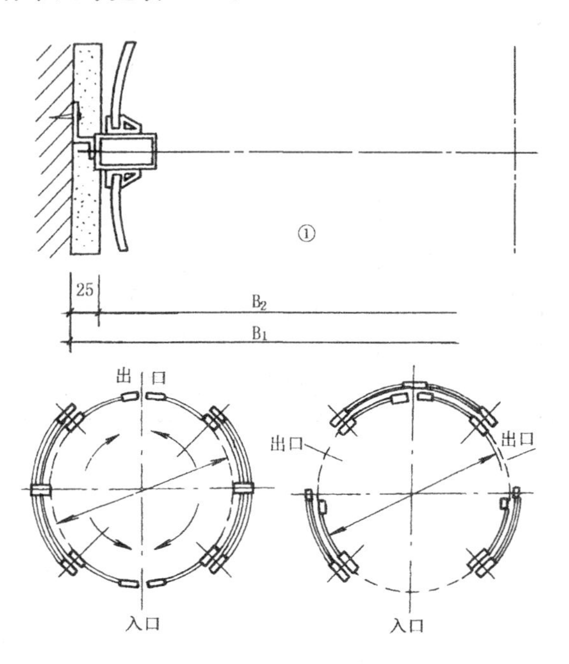

图 7 - 19　自动转门平面

3. 感应电子自动门

电子自动门是利用电脑、光电感应装置等高科技手段发展起来的一种新型、高级自动门。按其感应原理不同可分为微波传感、超声波传感和远红外传感三种类型；按感应方式有探测传感器装置和踏板传感器装置。

微波和光电感应器属自控探测装置，其原理是通过微波、声波和光电来捕捉物体的移动，这类装置通常安装在门上框居中位置，使门前能形成一定半径的圆弧探测区域。当人和通行物进入传感器的感应区域时，门扇便自动打开，当通行者离开感应范围时，门扇又会自动关上。为防止通行者或通行物静止在感应区域而使门扇开启失控，还配备有静止时控装置，即当通行者静止不动在 3～5 秒以上时，门扇也会自动关闭。

感应电子自动门的门扇开启方式有推拉和平开两种。

推拉自动门扇的电动传动系统为悬挂导轨式，地面上装有起止摆稳定作用的导向性轨道，加之有快慢两种速度自动变换，使门扇的起动、运动、停止均能做到平稳、协调。特别是当门扇快速关闭临近终点时，能自动变慢，实现轻柔合缝。

平开自动门可根据需要安装成外开或内开方式，这种门是最适合于人流的单向通道。

推拉式、平开式自动门均装有遇阻反馈自控电路，遇有人或障碍物或被异物卡阻，门体将自动停止。同时，还设计了遇到停电时门扇能手动开启的机械传动装置。

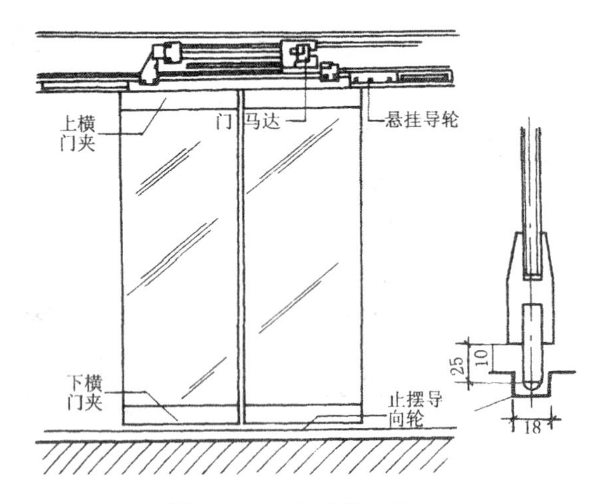

图 7 - 20　自动门立面

感应电子自动门立面，如图 7 - 20 所示。

二、全玻璃无框门

全玻璃无框门，又称厚玻璃装饰门。通常采用10mm以上厚度的平板玻璃、钢化玻璃板，按一定规格加工后直接用作门扇的无扇框的玻璃门。这种门扇具有玻璃整体感强、光亮明快，不遮挡视线、美观通透的优点。多用于建筑物主入口，当建筑外立面为落地玻璃幕墙时，为了达到增强室内外的通透感和玻璃饰面整体效果的目的，选择这种全玻璃无框门尤为合适。

全玻璃无框门按开启功能分为手动门和自动门两种。手动门采用门顶枢轴和地铰链人工开启；电动门安装门马达和感应装置自动开启。

全玻璃无框门按开启方式分，有平开式和推拉式两种，平开门分单扇开启和双扇开启，开启角度分90°单向开和180°自由开；推拉门分为单扇推拉门和双扇推拉门，均采用悬吊支承系统，由马达、光电感应装置自动开启。门扇的最大高度为2500mm，门扇最大宽度为1200mm。

全玻璃无框门的门框有铝合金门框和型钢构架门架式门框两种，前者与普通铝合金门类似，可有边框、上框、中横框、中竖框等。后者仅有边框与上框，且边框与上框常采用数根$L30$以上角钢构成矩形断面的构架。边框（构架柱）、上框（构架梁）的断面尺寸根据受力要求和立面美观要求确定。边框构架柱的下部应锚固于地面或与地面预埋件焊牢。这种门架式门框的表面一般采用不锈钢板作饰面，可选用仿金、抛光或亚光等色泽。

全玻璃无框门门扇玻璃的种类、规格及性能见表7-3。

门扇玻璃的种类、规格及性能指标 表7-3

种类	规格（mm）	性能指标
平板玻璃	1200×2000 1300×2000 1600×2000 1500×2000 1500×2200 2000×2500 厚度：8、10、12、15、19	抗压强度：863～912MPa 抗弯强度：39～59MPa 导热系数：0.76～0.82W/（m·K） 密　　度：2.5kg/m³ 隔 声 性：6～8mm厚32dB 软化温度：720～730℃ 透 光 率：6～8mm厚>82%

全玻璃无框门的门扇玻璃的裁割尺寸：扇宽应小于实际尺寸2～3mm，扇高应小于3～4mm。当玻璃钻孔孔眼直径大于25mm时，可用玻璃刀划割法，若所钻孔眼小于20mm，应采用钻头加金刚砂研磨法。门扇玻璃还应进行磨边处理，以达到安全和装饰的要求。

全玻璃无框门的门扇还可以做成带上下金属门夹的构造形式。有门夹的形式利于保护玻璃。因此，推拉玻璃门以及多数平开玻璃门均采用这种构造。

全玻璃无框门构造举例如图7-21所示。

三、金属防盗门

金属防盗门又称防盗钢门，一般多采用方钢、角钢等金属型材结构，并按现代和传统的装饰纹样组合造型，它是一种广泛用于居民住宅、工商企业的财务、机要等重要场所的专用保安用门。这种门目前多为成品，选购很方便。

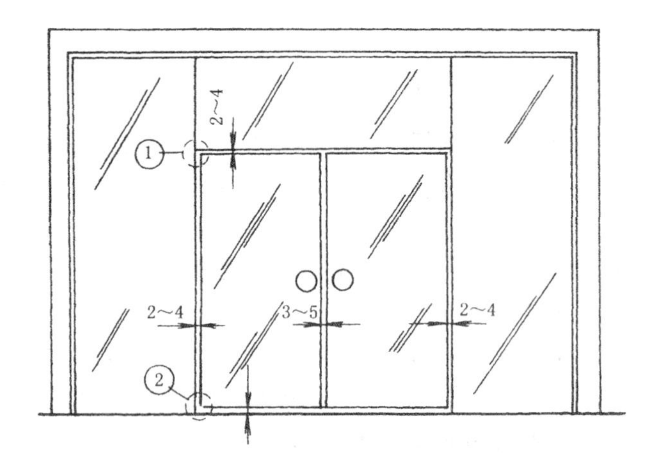

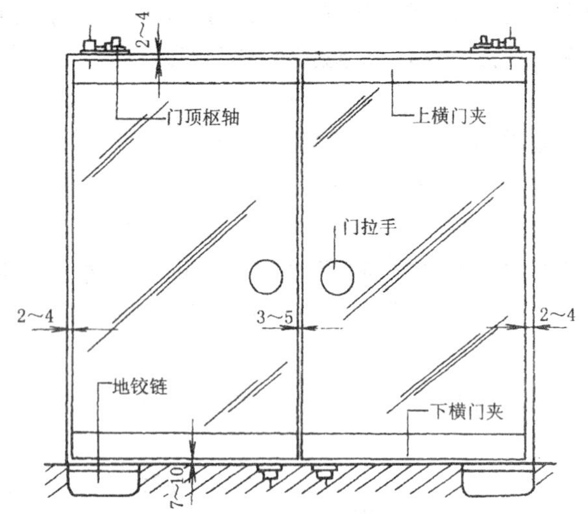

图 7 - 21　全玻璃无框门

金属防盗门有钢结构平开式和钢结构拉闸式（又称推拉式）两种。拉闸式通过安装的导向轮可伸缩启闭，不占使用空间，是一种防护性的栅栏门。拉闸门的竖向支承骨架一般由薄壁钢质型材制成。

目前，新型的防盗门有塑钢浮雕防盗门和多功能豪华防盗门。塑钢浮雕防盗门为金属防盗框，面板为高密度板与塑钢浮雕门皮压制而成，其表面光滑光亮，不需油漆。多功能豪华防盗门，为冷扎钢板整体冲压而成，表面采用静电喷涂处理。这种门具有防撬、防砸、防卸、防凿的优点，并具有全方位锁闭、门铃传呼及密码报警的功能。

防盗钢门的安装，通常是直接将钢门框焊接在洞口预埋件上，焊接前，先将门框用木楔临时固定，并用线坠和水平尺调整垂直度和门框水平。洞口无预埋件时，可用 12mm 钻头在洞口两侧上下打三个以上的孔，用膨胀螺栓固定，并与钢门焊牢。

防盗门的式样举例，如图 7 - 22 所示。

四、橱窗

橱窗是商业建筑用以展示商品的陈列空间。橱窗有敞开式、半敞开式，可根据陈列物品的性质确定其构造形式。橱窗的尺寸选择，除了考虑陈列品本身尺寸以外，还应考虑视觉效果的因素，图 7 - 23 为橱窗最佳陈列面分布图。橱窗陈列品展览面高度以离地 800mm 为最佳，一般为 300～450mm，深度 600～1200mm。

橱窗要考虑防雨、遮阳、通风、采光及橱窗玻璃对凝结水的处理以及灯光布置等问题。封闭式橱窗应设小门，小门尺寸一般为 700mm×1800mm，小门设在橱窗侧面为好。

沿街橱窗一般依两柱或砖墩间设置，也可设于外廊内，橱窗框料一般为木、钢、铝合金和不锈钢四种。玻璃一般采用 6mm 厚以上，玻璃的最大宽度可超过 2m。玻璃间为平接，

图 7-22 金属防盗门式样

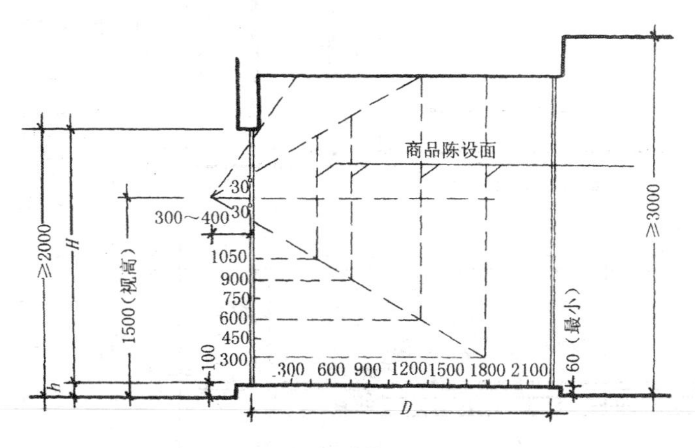

图 7-23 橱窗最佳陈列面分布图

过高可用铜或其他金属夹逐段相连，也可以设中槛(横档)分隔。玻璃较大时，宜采用硅胶填缝，以增加其透明度，为便于橱窗的安装，砖墩、钢筋混凝土柱、过梁内应逐段设置预埋木砖或铁件或螺母套管。橱窗构造及节点做法，如图 7-24 所示。

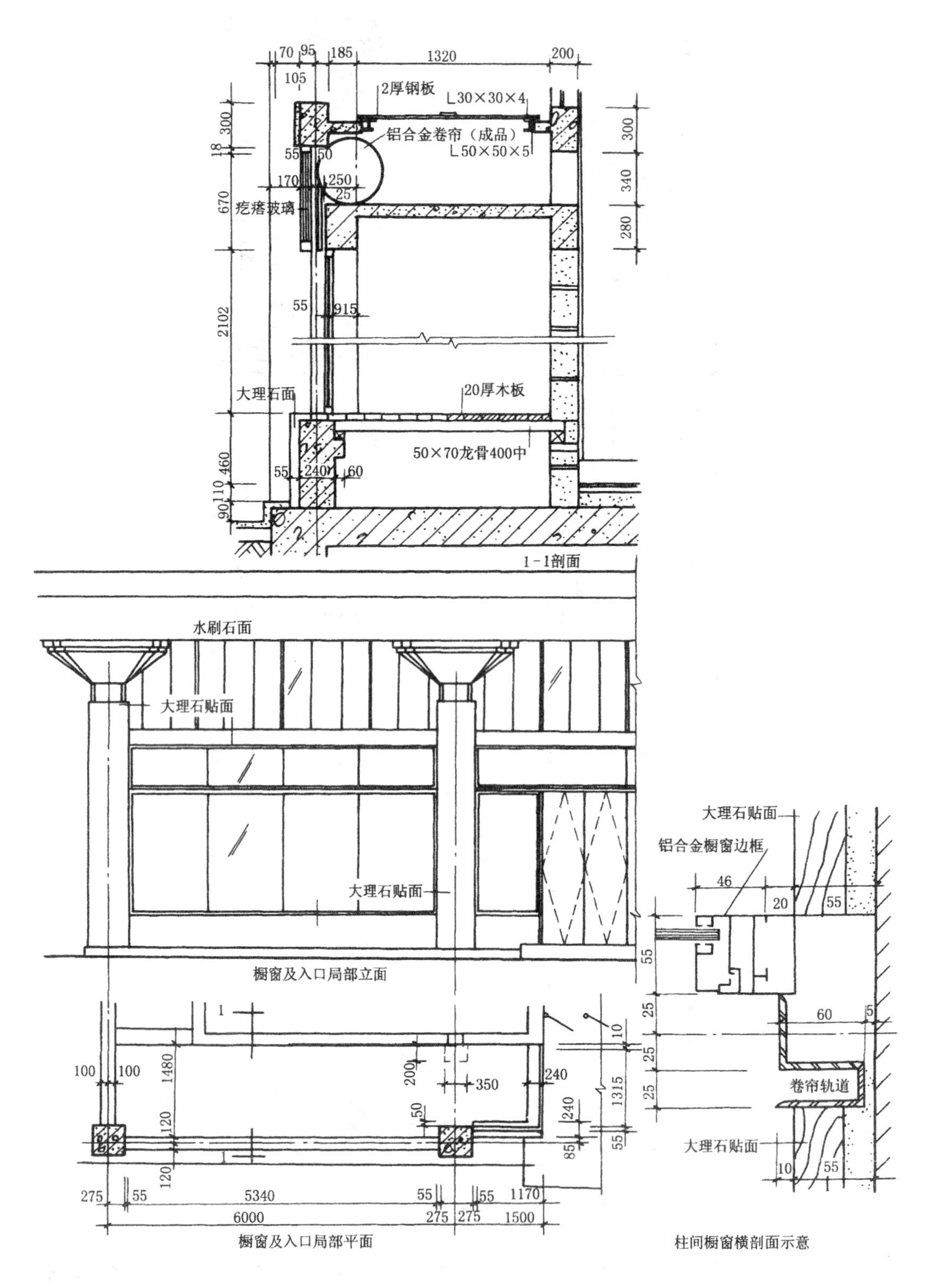

2厚钢板
L30×30×4
铝合金卷帘（成品）
L50×50×5
疙瘩玻璃
20厚木板
大理石面
50×70龙骨400中
1-1剖面
水刷石面
大理石贴面
大理石贴面
橱窗及入口局部立面
橱窗及入口局部平面
大理石贴面
铝合金橱窗边框
卷帘轨道
大理石贴面
柱间橱窗横剖面示意

图 7-24 橱窗构造举例

复 习 思 考 题

1. 窗帘盒按吊挂窗帘的构造分为几种形式?
2. 扶手护墙板常用哪些材料? 其尺寸有何要求?
3. 楼梯栏杆可用哪些材料? 这些材料各有哪些装饰特点?
4. 玻璃栏河的构造有几种类型? 玻璃与其他构件是如何连接的?
5. 普通转门与自动旋转门有什么差别? 构造上有何特点?
6. 橱窗的尺寸有何要求? 橱窗构造要考虑哪些问题?

第8章　建筑装饰构造设计与表达

建筑装饰构造设计涉及很多工程技术，是装饰工程设计中不可缺少的重要内容之一。一方面，装饰构造设计可以对将要实现的装饰初步设计目标与内容进行可行性论证；另一方面，装饰构造设计又是对装饰初步设计的进一步细化与深化，同时也是装饰施工及工程造价管理不可缺少的基本依据之一。一个全面而细致的装饰构造设计必将为建筑装饰工程达到预期的装饰设计效果、营造预期的环境气氛、满足使用要求所预期的各项技术性能指标（如防火、卫生、经济、耐久、安全、舒适、节能、防虫、防腐等）提供一系列基本的技术保障、保证措施。

建筑装饰构造做法及技术措施的设计与选用，因不同部位、不同空间、不同性质的工程而有很大差异。本章列举了建筑入口、建筑门厅、建筑中庭采光顶、建筑幕墙、大厅式建筑顶棚这五个典型工程的主要装饰构造设计，介绍它们的装饰构造设计做法及技术措施，旨在让读者系统地了解装饰施工图的表达方法、表达内容、表达深度，同时掌握某些特殊装饰工程所涉及的特殊建筑技术与构造处理方法。

一、某建筑入口装饰工程设计与构造

某建筑入口装饰工程由柱支撑式坡形玻璃透光雨篷、钢化玻璃隔断、自动玻璃门、不锈钢格栅防护门、不锈钢门柱等几部分组成。入口光亮显眼、引人注目，装饰效果高贵气派、别致典雅。

本工程的构造设计与技术要点如下：

1. 双坡形雨篷结构布置

本工程雨篷支承柱的间距较大，采用了H型钢结构制作雨篷骨架结构，以减少结构层厚度和自重，保证结构安全和正常使用的要求。

2. 雨篷顶面处理

透光部分钢骨架支承玻璃，其他部分采用不锈钢覆面。屋面采用有组织排水，雨水汇集至包嵌在门柱内的雨水管下排。

3. 雨篷立面装饰处理

采用玻璃加镜面不锈钢线条修饰，由于玻璃尺寸较大，经计算分析，采用了8mm厚白玻璃，木压条周边固定。成型不锈钢线条采用树脂胶粘贴固定在夹板木压条上。

4. 不锈钢包柱

本工程采用2.0mm厚镜面不锈钢包方形柱，分段夹间1.5mm厚成型发纹不锈钢板条。图8-1、图8-2为入口立面、平面，雨篷立面、平面布置及大样图。图8-3～图8-5为各连接节点构造详图。

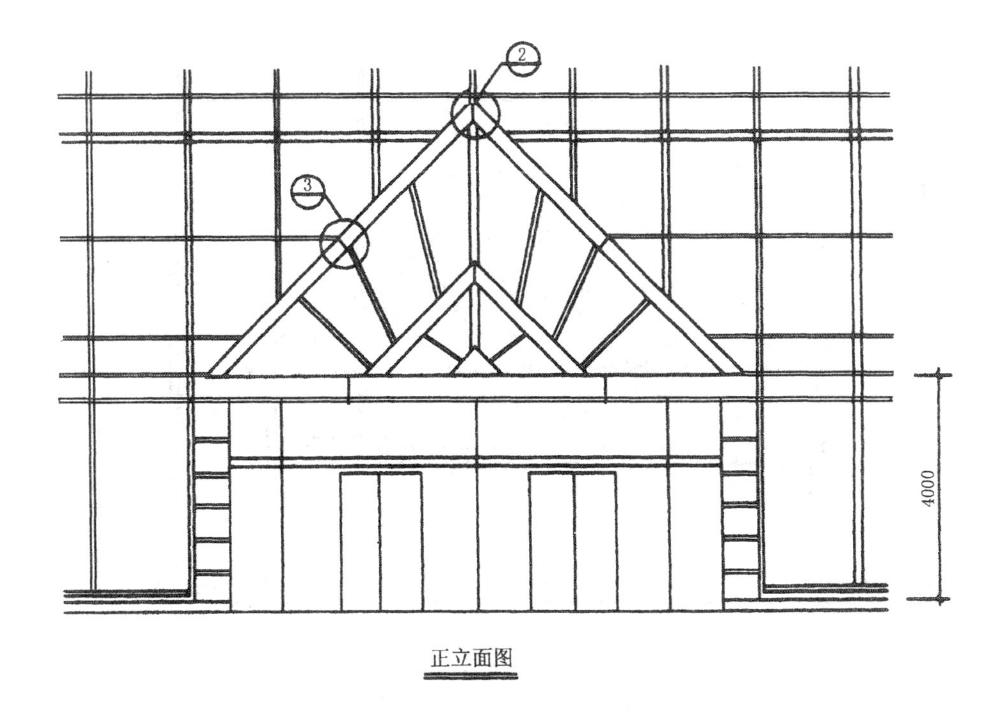

正立面图

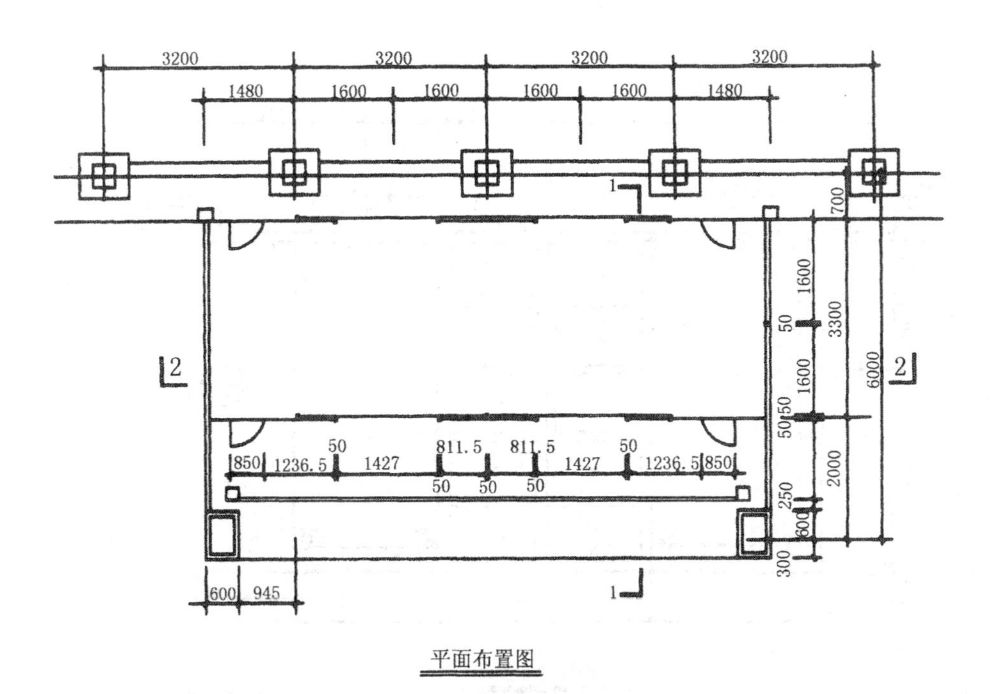

平面布置图

图 8-1

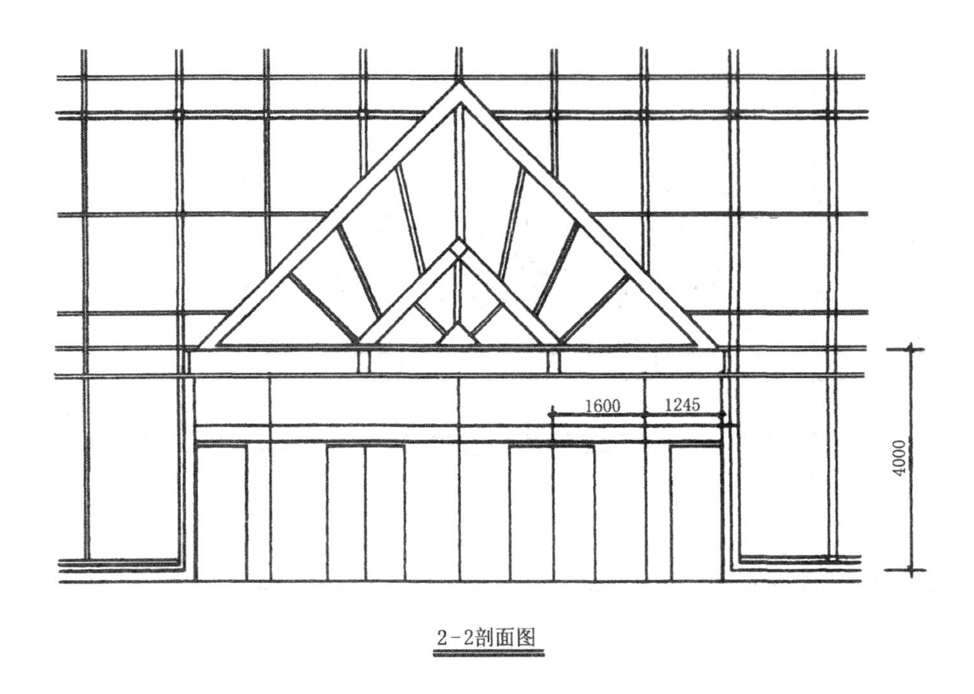

2-2剖面图

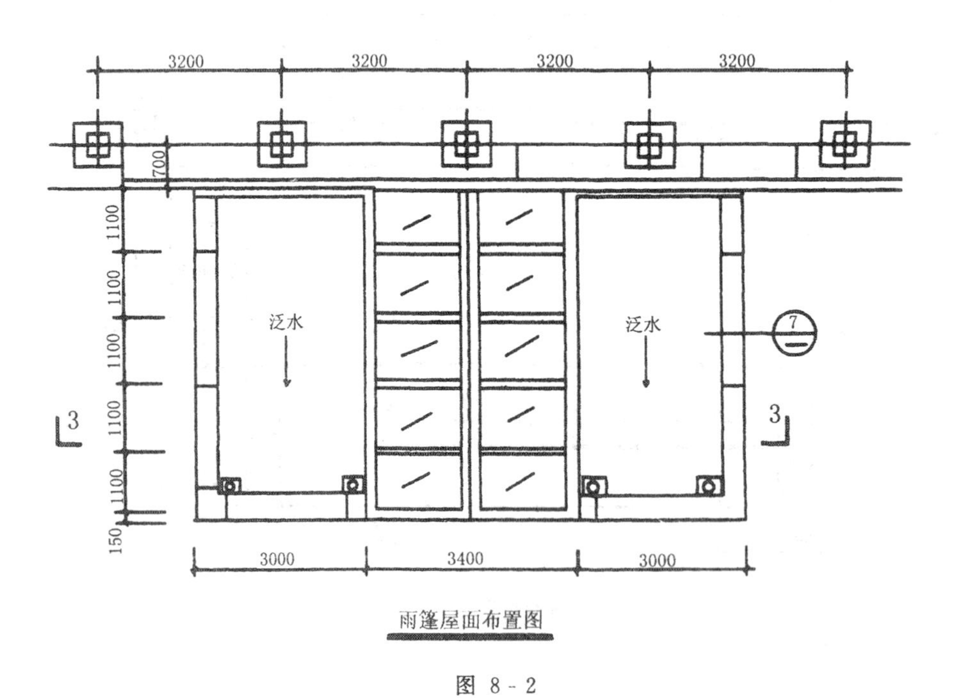

雨篷屋面布置图

图 8-2

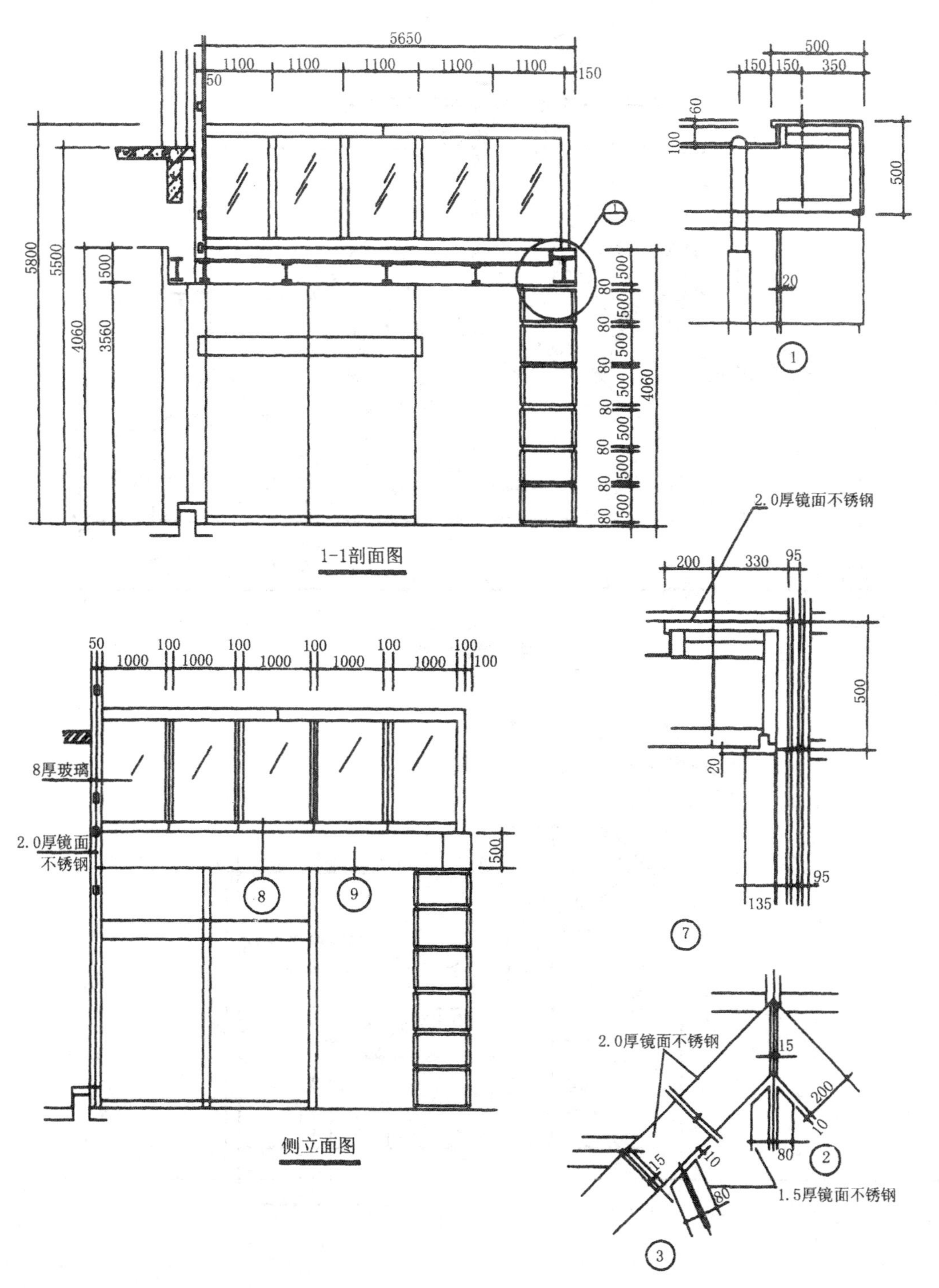
5650
1100
1100
1100
1100
1100
150
50
5800
5500
4060
3560
500
500
80
4060
1-1剖面图
500
150
150
350
60
100
500
20
1
2.0厚镜面不锈钢
200
330
95
500
20
95
135
7
50
100
1000
8厚玻璃
2.0厚镜面
不锈钢
8
9
侧立面图
2.0厚镜面不锈钢
15
200
10
80
2
1.5厚镜面不锈钢
3

图 8-3

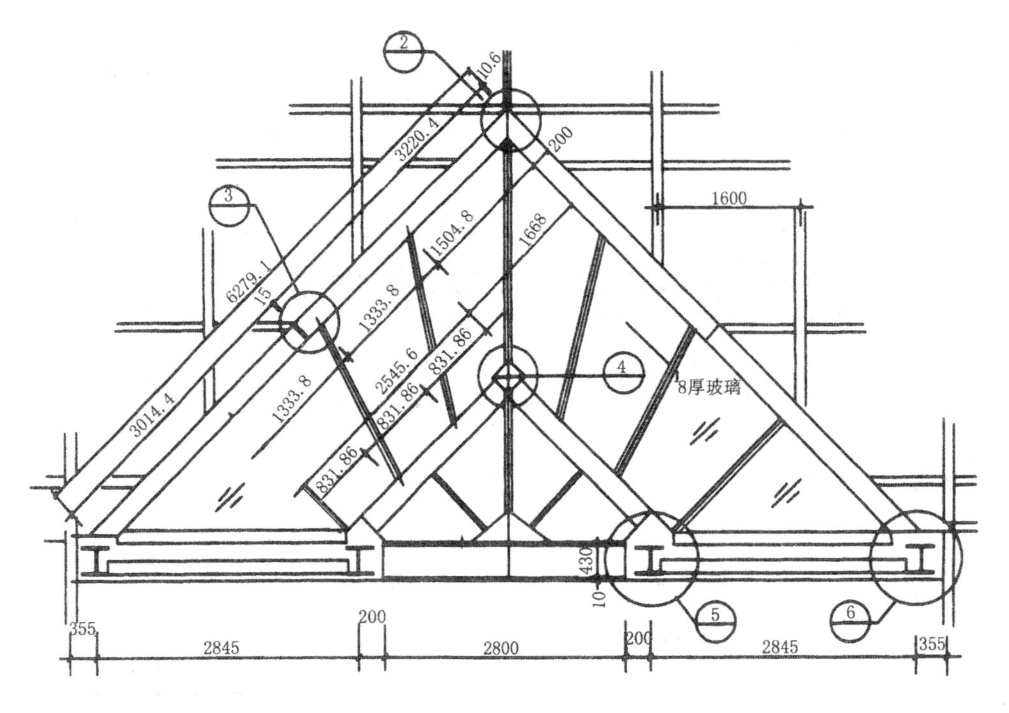

2
10.6
3220.4
200
1600
3
6279.1
15
1504.8
1668
1333.8
2545.6
831.86
4
8厚玻璃
3014.4
1333.8
831.86
831.86
430
10
5
6
355
200
2845
2800
200
2845
355

3-3剖面（局部）

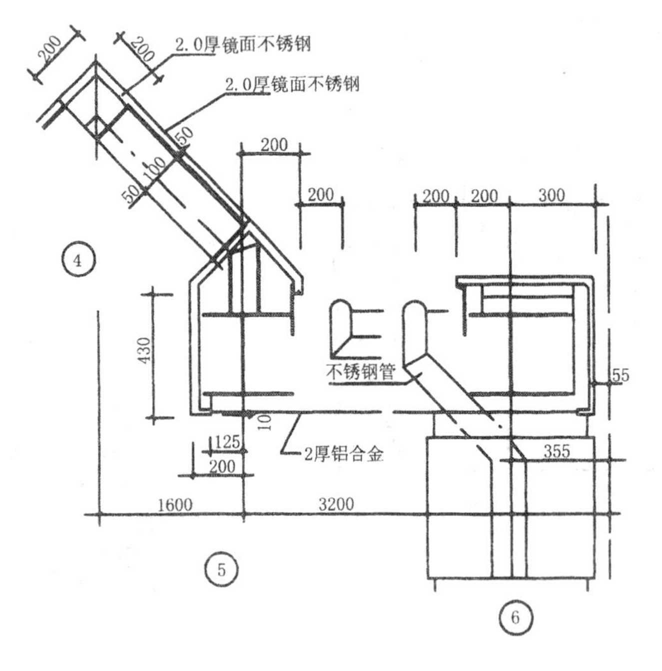

200
200
2.0厚镜面不锈钢
2.0厚镜面不锈钢
50
100
50
200
200
200
200
300
4
430
不锈钢管
55
10
125
2厚铝合金
355
200
1600
3200
5
6

图 8-4

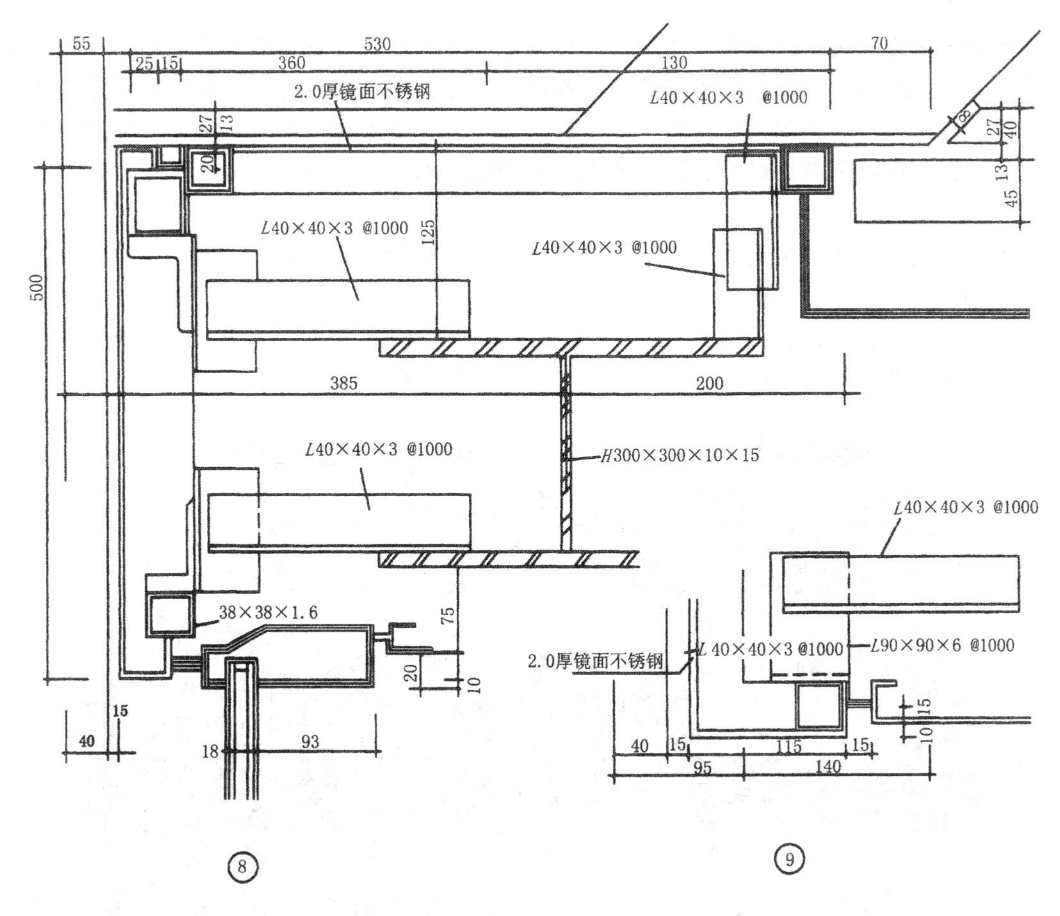

图 8-5

二、某酒店建筑大堂装饰工程设计与构造

本例为某旅游酒店建筑大堂装饰工程，该酒店设计为星级标准。本工程大堂由入口大门区、总服务台、休息服务区、和楼梯、电扶梯四部分组成。这四部分的组合要求有机而生动，使大堂既是通向各功能空间的交通枢纽，又是多种功能兼容并蓄的过渡空间或中心空间，既组织人流在其间运动，又容纳人流在此停留小憩。这就要求建筑装修在作为酒店建筑的重要组成部分的大堂空间，营造某种特定装饰效果，以达到大堂的设计使用要求。

本工程大堂空间部分贯穿两个楼层，其室内陈设、装修材料和做法的设计与选用基本符合《评定旅游涉外饭店星级的规定和标准》，装饰构造设计主要技术要点如下：

1. 墙面

主要墙面采用25mm厚大理石饰面。服务台一侧墙面配有大型金属壁画装饰。大理石饰墙面的分块尺寸根据墙面尺度和实测尺寸等分确定，为加强立体光影效果，在横向板缝内夹间50mm宽凹线脚。所有石材均须采用“双保险”的方法挂贴，即铜丝穿孔绑扎，浆膏灌贴。

2. 地面

地面主要采用25mm厚花岗岩块材铺设，局部采用25mm厚美术水磨石修边。中间水池地面采用花岗岩和白矾石子相间铺设。

3. 顶棚

顶棚采用迭级造型，并布设大型吊灯和其他灯具配合，营造了丰富的空间层次感。顶棚饰面为白色泡砂岩状喷砂。平整部分的基层采用铝合金龙骨石膏板，弧形部分的基层采用木龙骨多层夹板。为保证饰面质量，基层要求十分平整光洁。自动喷淋头、烟感器位置应按建筑设备图纸配置。灯具、风口节点处理参见本书第 4 章有关内容选用。

4. 室内陈设

本大堂内设有较多家具设施——如服务台、休息沙发茶几、售货架等；和装饰陈设物品——如水池、雕塑、棕榈树、铁窗花。

图 8-6 为大堂吊顶平面图；图 8-7 为大堂各向立面图；图 8-8～图 8-14 为地面、墙面、顶棚等各节点构造详图和家具、设施、装饰构件大样详图。

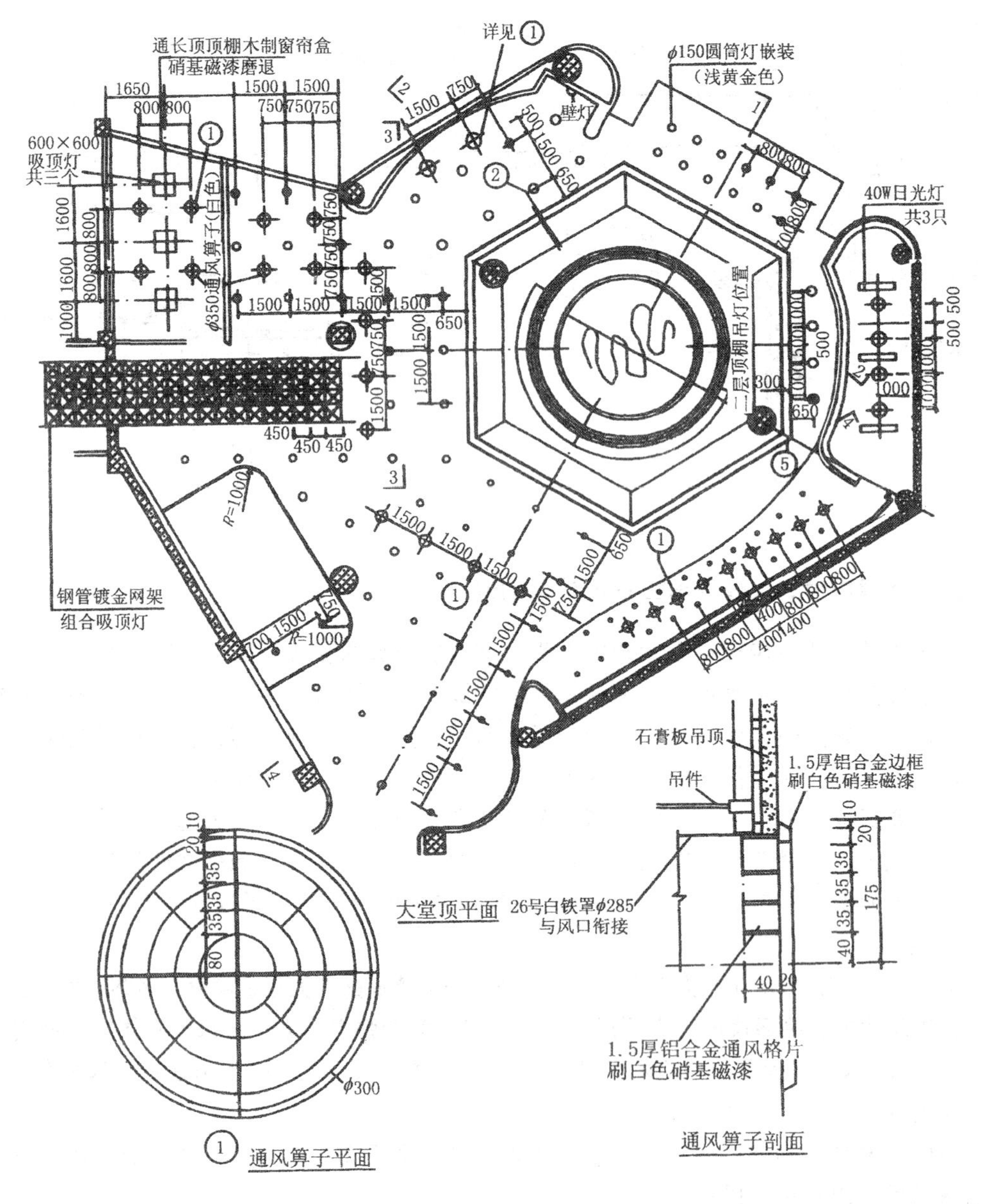

图 8-6

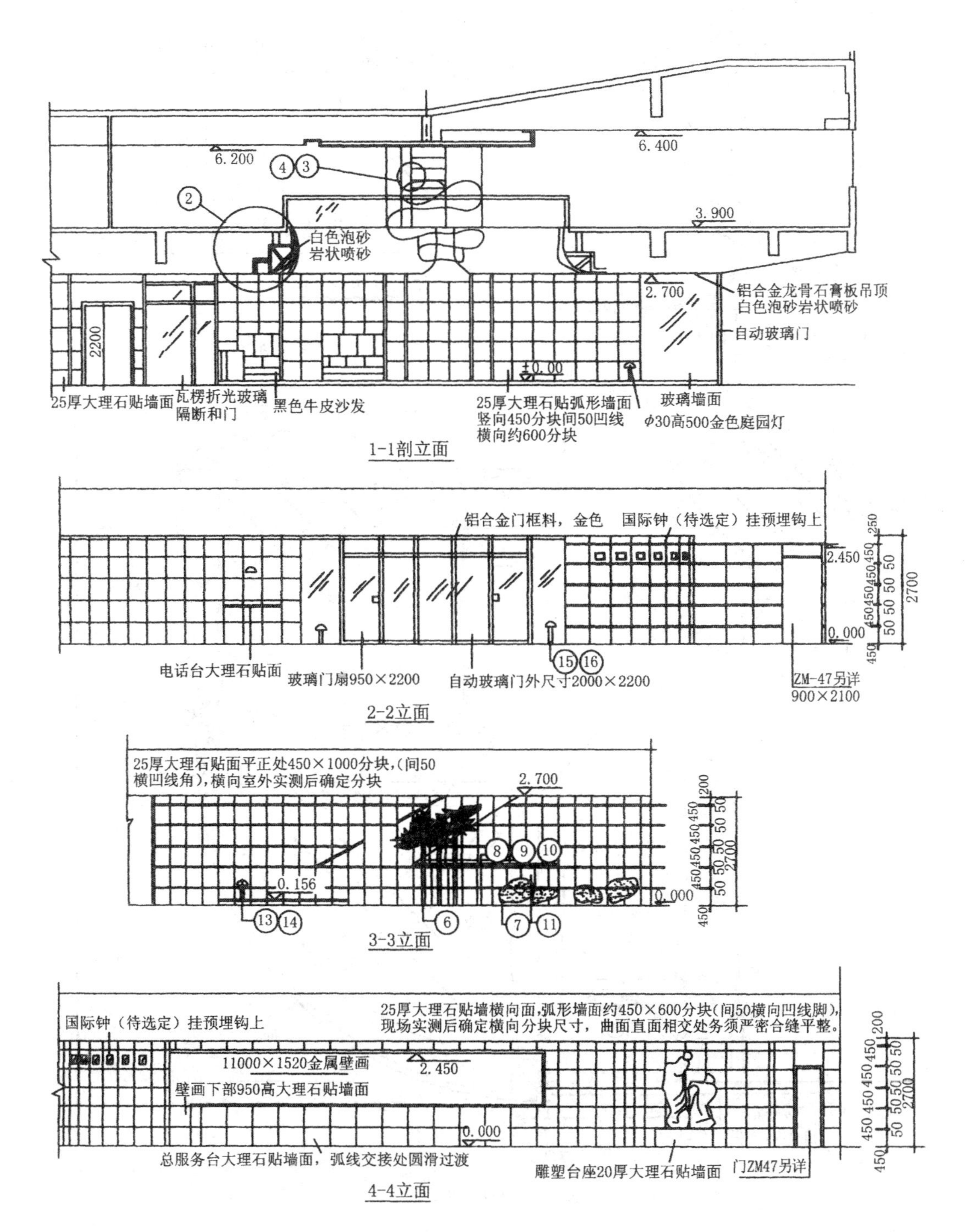
6.200
6.400
3.900
2.700
白色泡砂
岩状喷砂
铝合金龙骨石膏板吊顶
白色泡砂岩状喷砂
自动玻璃门
2200
±0.00
25厚大理石贴墙面
瓦楞折光玻璃
隔断和门
黑色牛皮沙发
25厚大理石贴弧形墙面
竖向450分块间50凹线
横向约600分块
玻璃墙面
φ30高500金色庭园灯
1-1剖立面
铝合金门框料，金色
国际钟（待选定）挂预埋钩上
2.450
0.000
2700
电话台大理石贴面
玻璃门扇950×2200
自动玻璃门外尺寸2000×2200
ZM-47另详
900×2100
2-2立面
25厚大理石贴面平正处450×1000分块,(间50
横凹线角),横向室外实测后确定分块
2.700
0.156
0.000
2700
3-3立面
国际钟（待选定）挂预埋钩上
25厚大理石贴墙横向面,弧形墙面约450×600分块(间50横向凹线脚),
现场实测后确定横向分块尺寸，曲面直面相交处务须严密合缝平整。
11000×1520金属壁画
2.450
壁画下部950高大理石贴墙面
0.000
2700
总服务台大理石贴墙面，弧线交接处圆滑过渡
雕塑台座20厚大理石贴墙面
门ZM47另详
4-4立面

图 8-7

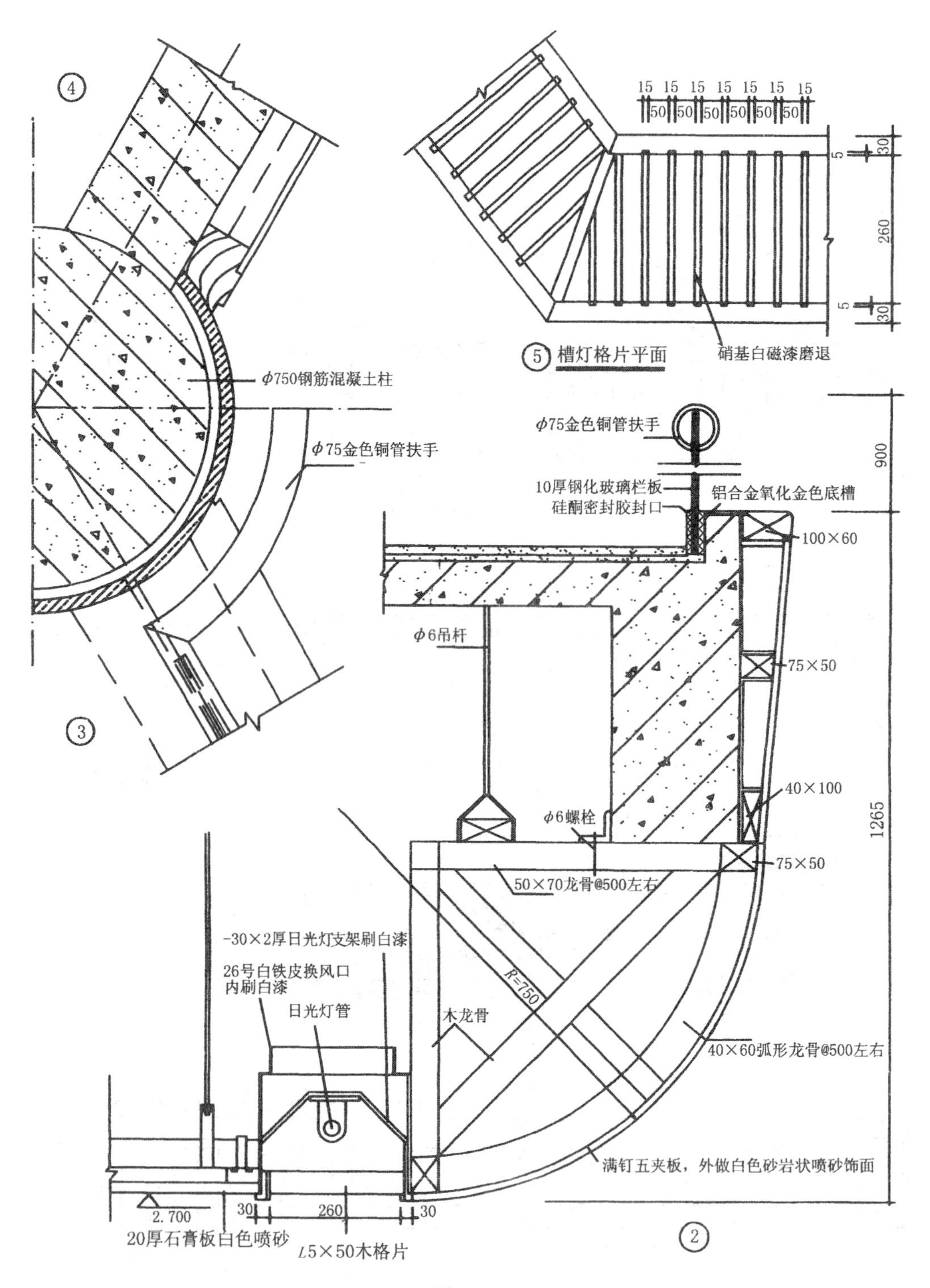
④
③
φ750钢筋混凝土柱
φ75金色铜管扶手
15 15 15 15 15 15 15
50 50 50 50 50 50
5
30
260
5
30
⑤ 槽灯格片平面
硝基白磁漆磨退
φ75金色铜管扶手
900
10厚钢化玻璃栏板
硅酮密封胶封口
铝合金氧化金色底槽
100×60
φ6吊杆
75×50
40×100
1265
φ6螺栓
75×50
50×70龙骨@500左右
-30×2厚日光灯支架刷白漆
26号白铁皮换风口
内刷白漆
日光灯管
R=750
木龙骨
40×60弧形龙骨@500左右
满钉五夹板，外做白色砂岩状喷砂饰面
2.700
30
260
30
20厚石膏板白色喷砂
∠5×50木格片
②

图 8-8

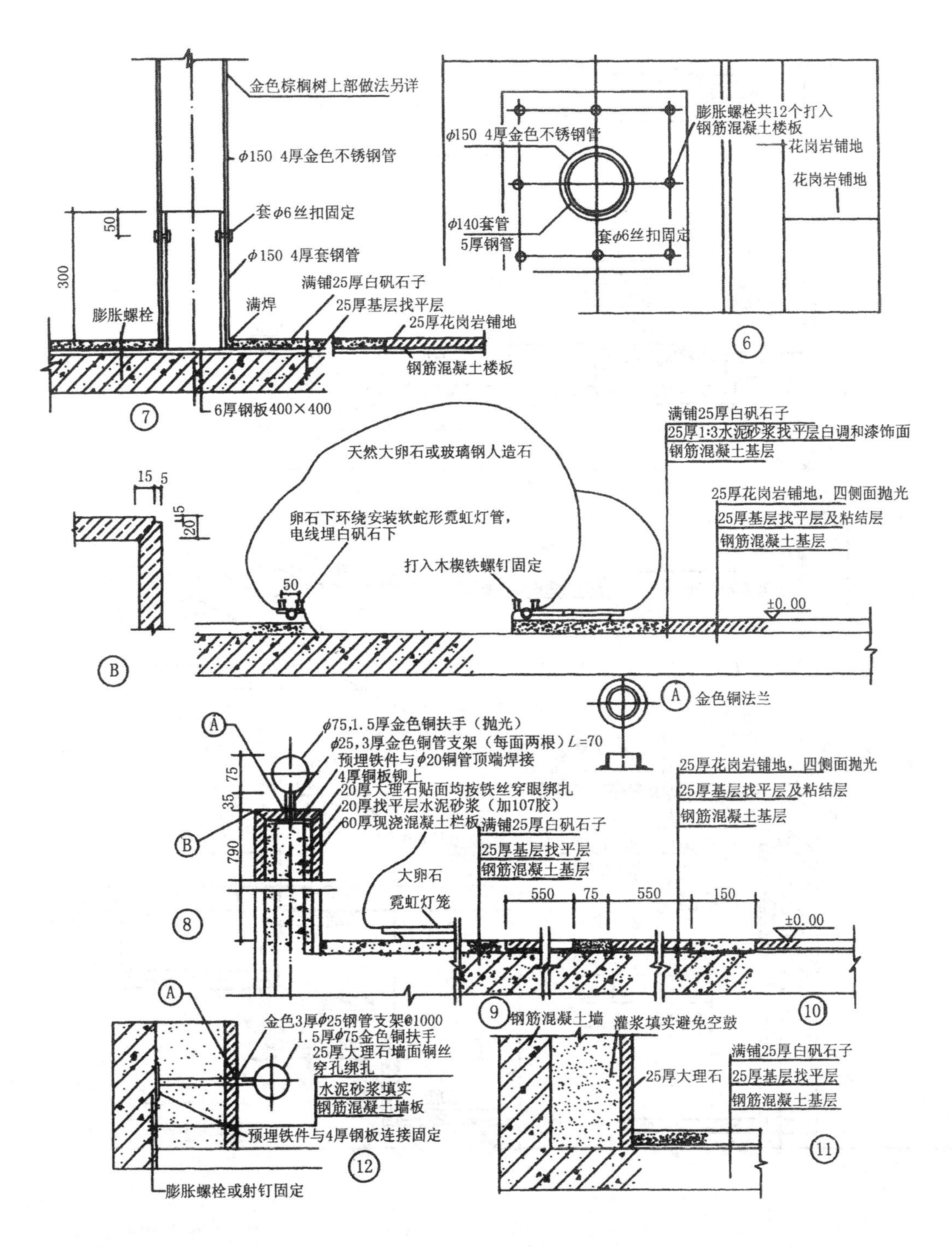

金色棕榈树上部做法另详
φ150 4厚金色不锈钢管
套φ6丝扣固定
φ150 4厚套钢管
满铺25厚白矾石子
25厚基层找平层
25厚花岗岩铺地
钢筋混凝土楼板
膨胀螺栓
满焊
6厚钢板400×400
膨胀螺栓共12个打入
钢筋混凝土楼板
花岗岩铺地
φ140套管
5厚钢管
天然大卵石或玻璃钢人造石
卵石下环绕安装软蛇形霓虹灯管，
电线埋白矾石下
打入木楔铁螺钉固定
25厚1:3水泥砂浆找平层白调和漆饰面
钢筋混凝土基层
25厚花岗岩铺地，四侧面抛光
25厚基层找平层及粘结层
金色铜法兰
φ75,1.5厚金色铜扶手（抛光）
φ25,3厚金色铜管支架（每面两根）L=70
预埋铁件与φ20铜管顶端焊接
4厚铜板铆上
20厚大理石贴面均按铁丝穿眼绑扎
20厚找平层水泥砂浆（加107胶）
60厚现浇混凝土栏板
大卵石
霓虹灯笼
钢筋混凝土墙
灌浆填实避免空鼓
25厚大理石
金色3厚φ25钢管支架@1000
1.5厚φ75金色铜扶手
25厚大理石墙面铜丝
穿孔绑扎
水泥砂浆填实
钢筋混凝土墙板
预埋铁件与4厚钢板连接固定
膨胀螺栓或射钉固定

图 8 - 9

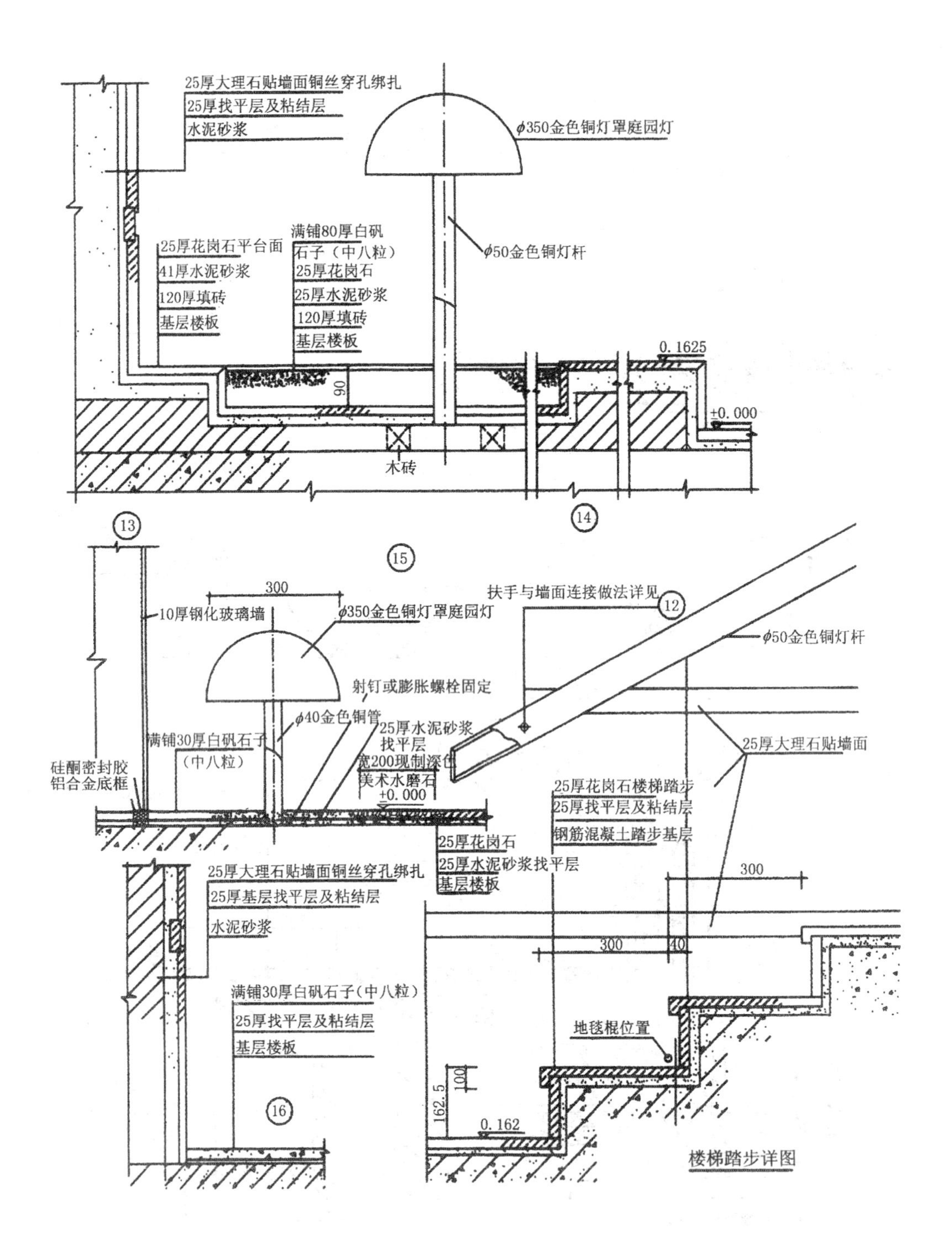

25厚大理石贴墙面铜丝穿孔绑扎
25厚找平层及粘结层
水泥砂浆
φ350金色铜灯罩庭园灯
满铺80厚白矾
石子（中八粒）
25厚花岗石
25厚水泥砂浆
120厚填砖
基层楼板
25厚花岗石平台面
41厚水泥砂浆
120厚填砖
基层楼板
φ50金色铜灯杆
0.1625
±0.000
90
木砖
13
14
15
300
10厚钢化玻璃墙
φ350金色铜灯罩庭园灯
扶手与墙面连接做法详见
12
φ50金色铜灯杆
射钉或膨胀螺栓固定
φ40金色铜管
25厚水泥砂浆
找平层
满铺30厚白矾石子
（中八粒）
宽200现制深色
美术水磨石
硅酮密封胶
铝合金底框
±0.000
25厚大理石贴墙面
25厚花岗石楼梯踏步
25厚找平层及粘结层
钢筋混凝土踏步基层
25厚花岗石
25厚水泥砂浆找平层
基层楼板
25厚大理石贴墙面铜丝穿孔绑扎
25厚基层找平层及粘结层
水泥砂浆
满铺30厚白矾石子（中八粒）
25厚找平层及粘结层
基层楼板
16
300
300
40
地毯棍位置
100
162.5
0.162
楼梯踏步详图

图 8 - 10

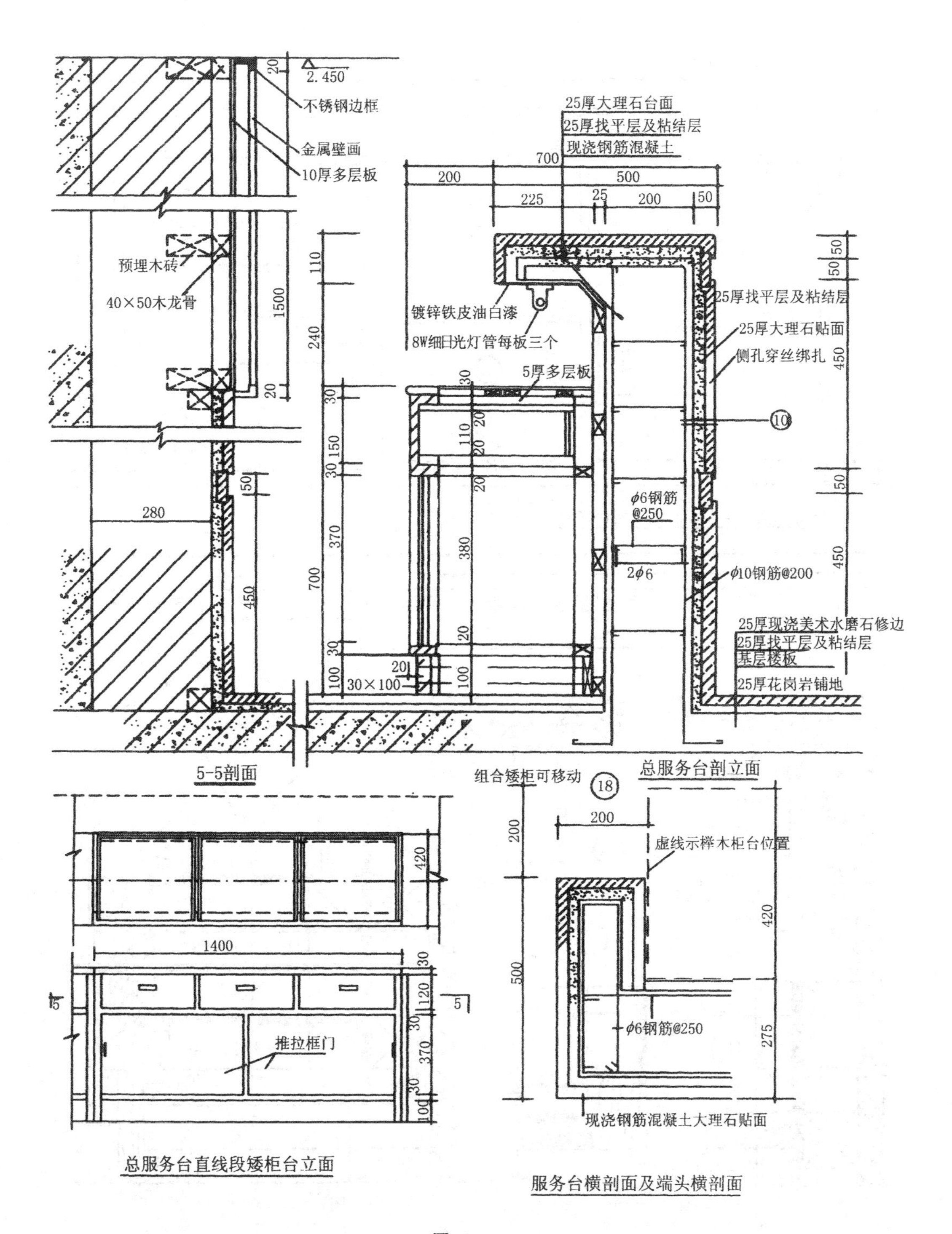

总服务台直线段矮柜台立面

服务台横剖面及端头横剖面

图 8－11

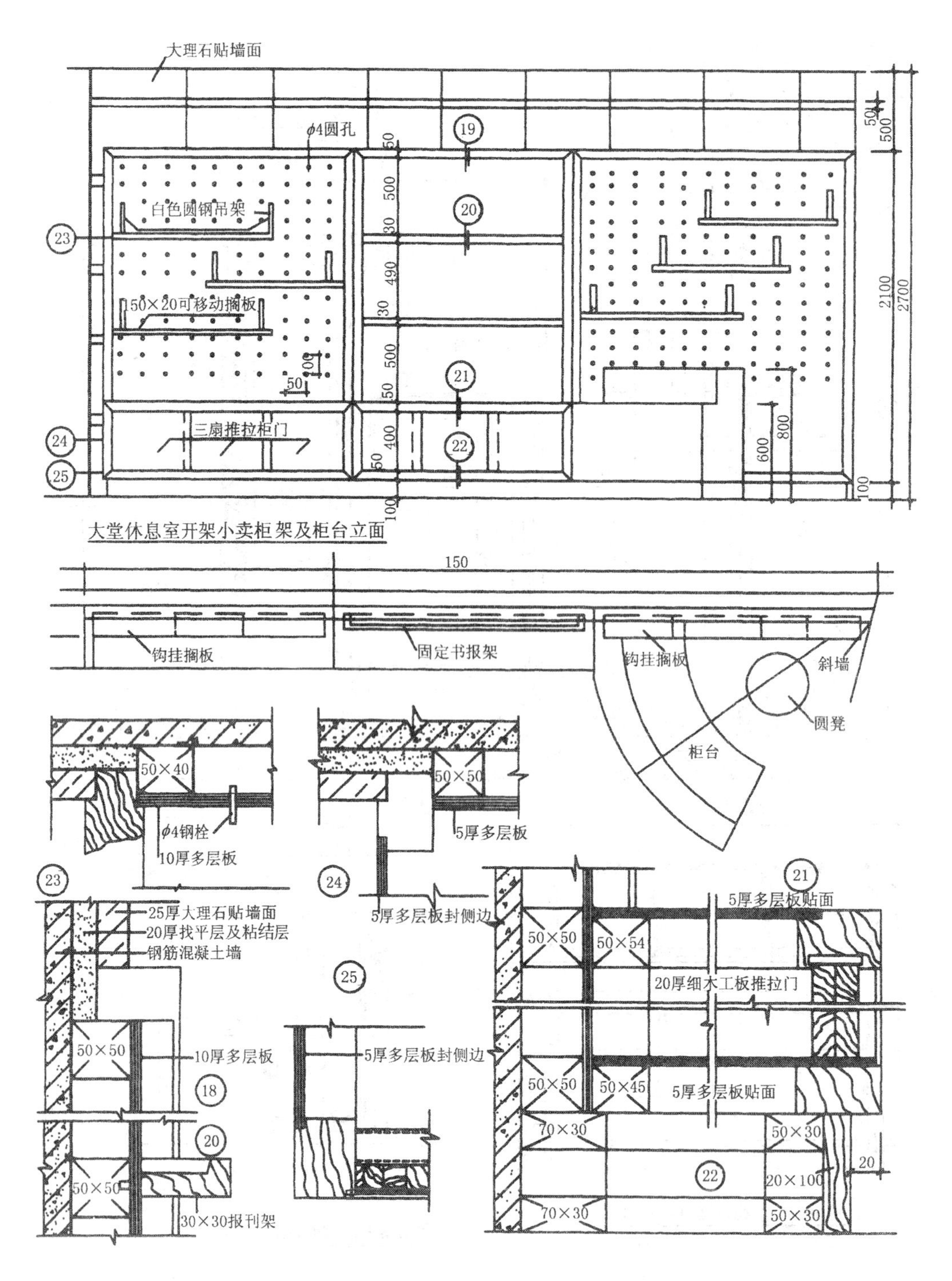
大理石贴墙面
φ4圆孔
白色圆钢吊架
50×20可移动搁板
三扇推拉柜门
大堂休息室开架小卖柜架及柜台立面
钩挂搁板
固定书报架
钩挂搁板
斜墙
圆凳
柜台
50×40
φ4钢栓
10厚多层板
50×50
5厚多层板
5厚多层板封侧边
25厚大理石贴墙面
20厚找平层及粘结层
钢筋混凝土墙
10厚多层板
30×30报刊架
5厚多层板封侧边
5厚多层板贴面
20厚细木工板推拉门
5厚多层板贴面

图 8-12

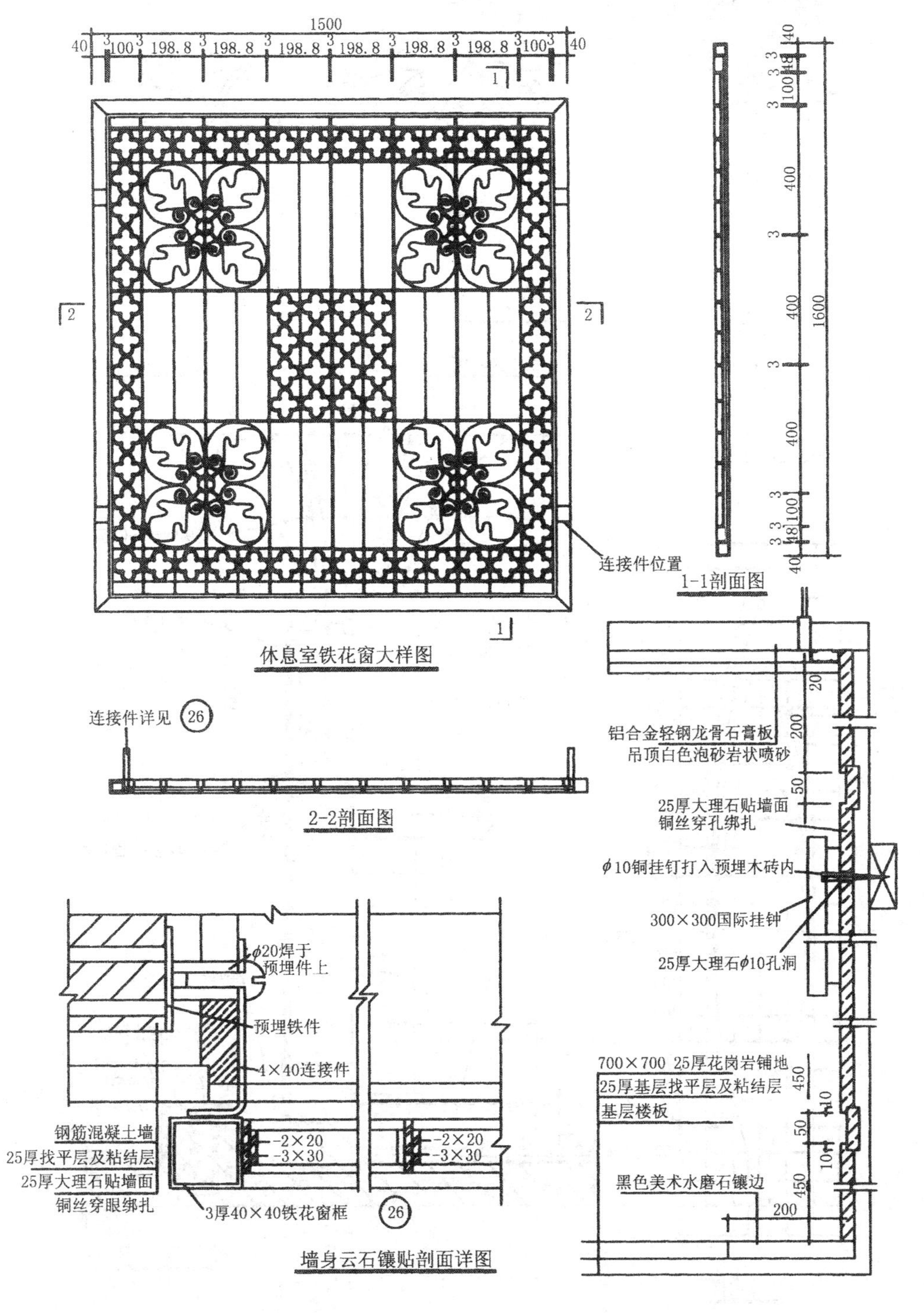
1500
40
100
198.8
100
3
休息室铁花窗大样图
连接件位置
1-1剖面图
1600
400
连接件详见 26
2-2剖面图
铝合金轻钢龙骨石膏板
吊顶白色泡砂岩状喷砂
25厚大理石贴墙面
铜丝穿孔绑扎
φ10铜挂钉打入预埋木砖内
300×300国际挂钟
25厚大理石φ10孔洞
φ20焊于
预埋件上
预埋铁件
4×40连接件
钢筋混凝土墙
25厚找平层及粘结层
25厚大理石贴墙面
铜丝穿眼绑扎
-2×20
-3×30
3厚40×40铁花窗框
700×700 25厚花岗岩铺地
25厚基层找平层及粘结层
基层楼板
黑色美术水磨石镶边
200
450
50
10
墙身云石镶贴剖面详图

图 8-13

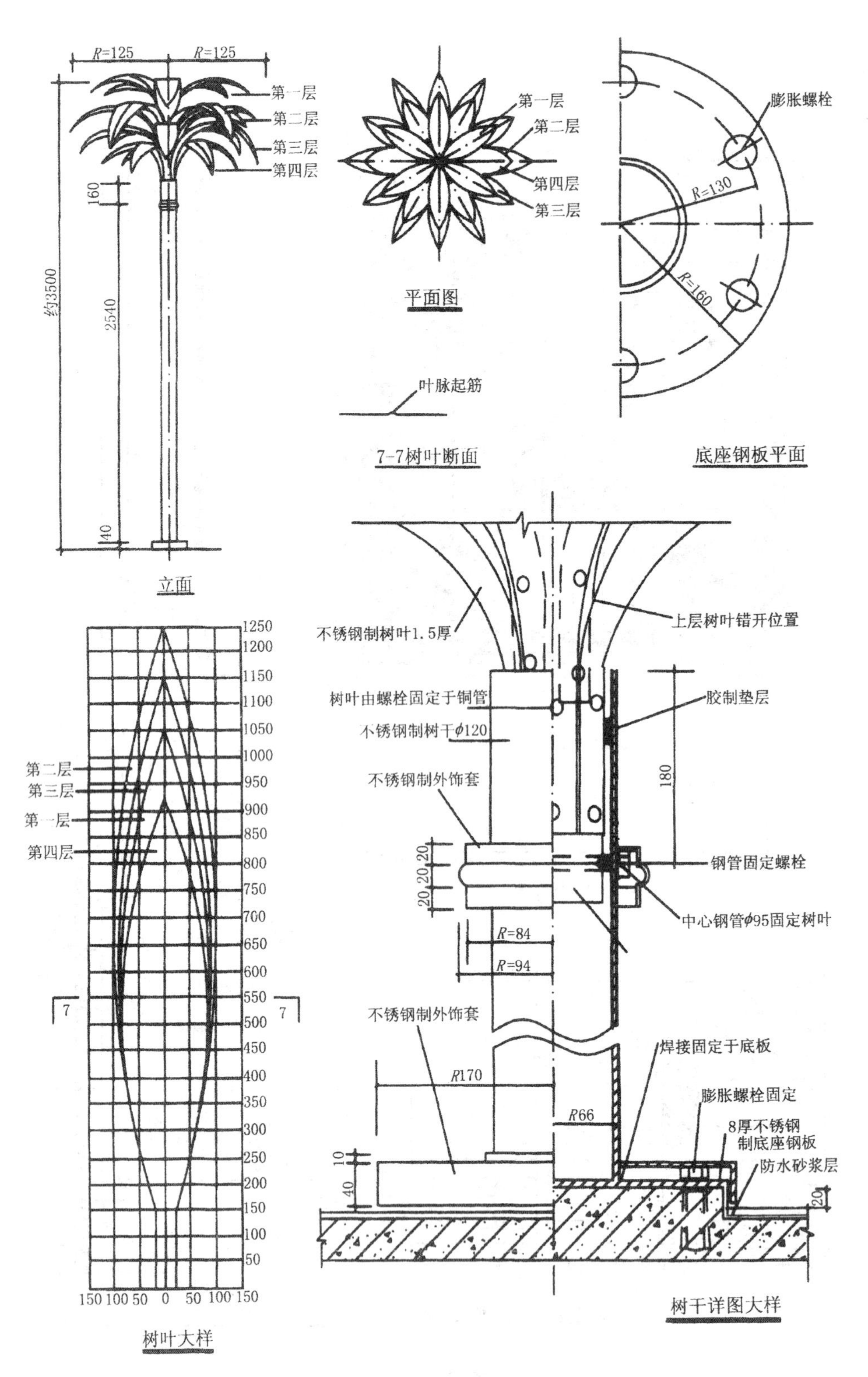
R=125
R=125
第一层
第二层
第三层
第四层
160
约3500
2540
40
立面
第一层
第二层
第四层
第三层
平面图
叶脉起筋
7-7树叶断面
膨胀螺栓
R=130
R=160
底座钢板平面
第二层
第三层
第一层
第四层
树叶大样
不锈钢制树叶1.5厚
上层树叶错开位置
树叶由螺栓固定于铜管
胶制垫层
不锈钢制树干φ120
不锈钢制外饰套
180
钢管固定螺栓
中心钢管φ95固定树叶
R=84
R=94
不锈钢制外饰套
焊接固定于底板
R170
膨胀螺栓固定
R66
8厚不锈钢制底座钢板
防水砂浆层
树干详图大样

图 8-14

三、典型幕墙工程设计与构造

幕墙以其独特的风格及优点为许多建筑所采用。但幕墙工程技术要求较高，要同时满足多方面的技术性能指标，需要付出较高代价。

幕墙构造技术处理措施有以下几点：

（1）幕墙的型材规格、分格尺寸，必须根据厂方提供的型材样本、玻璃的规格尺寸与性能、及建筑物的柱距、层高的实际尺寸经结构计算确定；

（2）玻璃与骨架应采用弹性支承，玻璃分格尺寸不宜过大，以免热应力集中过大，引起玻璃开裂；

（3）连接固定件应牢固可靠。

图 8 - 15 和图 8 - 16 介绍了 31m 以下明框玻璃幕墙的构造做法。采用这类构造做法的幕墙一般可具有表 8 - 1 所示的技术性能指标。

幕墙的性能指标　　表 8 - 1

性　能	固　定　窗	悬　窗	平　开　窗
耐风压	2000～2400N/m^2		2000N/m^2
水密性	100N/m^2	50N/m^2	35N/m^2
气密性	2m^3/（h・m^2）		8m^3/（h・m^2）
耐火性	耐火 60min（厚 35mm），耐火 30min（厚 20mm）		
耐震性	平面内变形 1/300		

图 8 - 17 为隐框玻璃幕墙的典型构造做法。隐框玻璃幕墙的技术要求比普通玻璃幕墙要高得多。隐框玻璃幕墙除须满足普通玻璃幕墙的技术要求外，由于其连接的特殊性，必须特别注意满足安全和耐久性的要求。

隐框玻璃幕墙构造技术处理措施有如下几点：

1. 玻璃的选用

玻璃宜采用优质高强镀膜玻璃，并应与所用结构胶作相溶性试验。

2. 玻璃的安装

玻璃应在室内标准环境下与铝合金副框粘贴牢固，达到预定强度后，方可移至施工现场安装。

3. 结构胶及胶缝处理

应选用优质结构硅胶，尤其注意应在保质期内使用。粘贴胶缝宽度应根据玻璃自重、热应力、风吸力、耐久性、抗震性能计算综合确定。

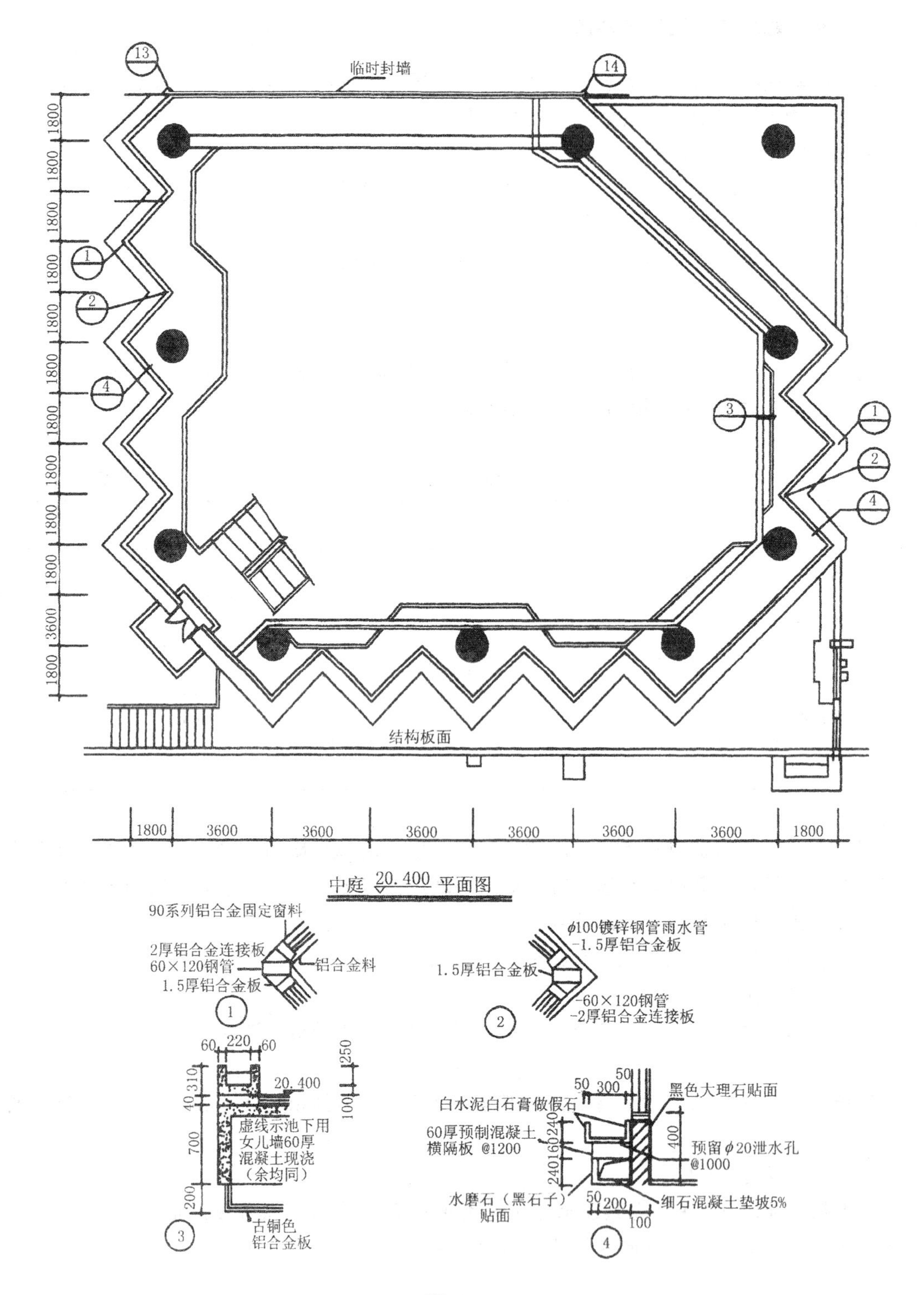

临时封墙
结构板面
中庭 20.400 平面图
90系列铝合金固定窗料
2厚铝合金连接板
60×120钢管
1.5厚铝合金板
铝合金料
φ100镀锌钢管雨水管
-1.5厚铝合金板
1.5厚铝合金板
-60×120钢管
-2厚铝合金连接板
20.400
虚线示池下用
女儿墙60厚
混凝土现浇
（余均同）
古铜色
铝合金板
白水泥白石膏做假石
60厚预制混凝土
横隔板 @1200
水磨石（黑石子）
贴面
黑色大理石贴面
预留φ20泄水孔
@1000
细石混凝土垫坡5%

图 8-15

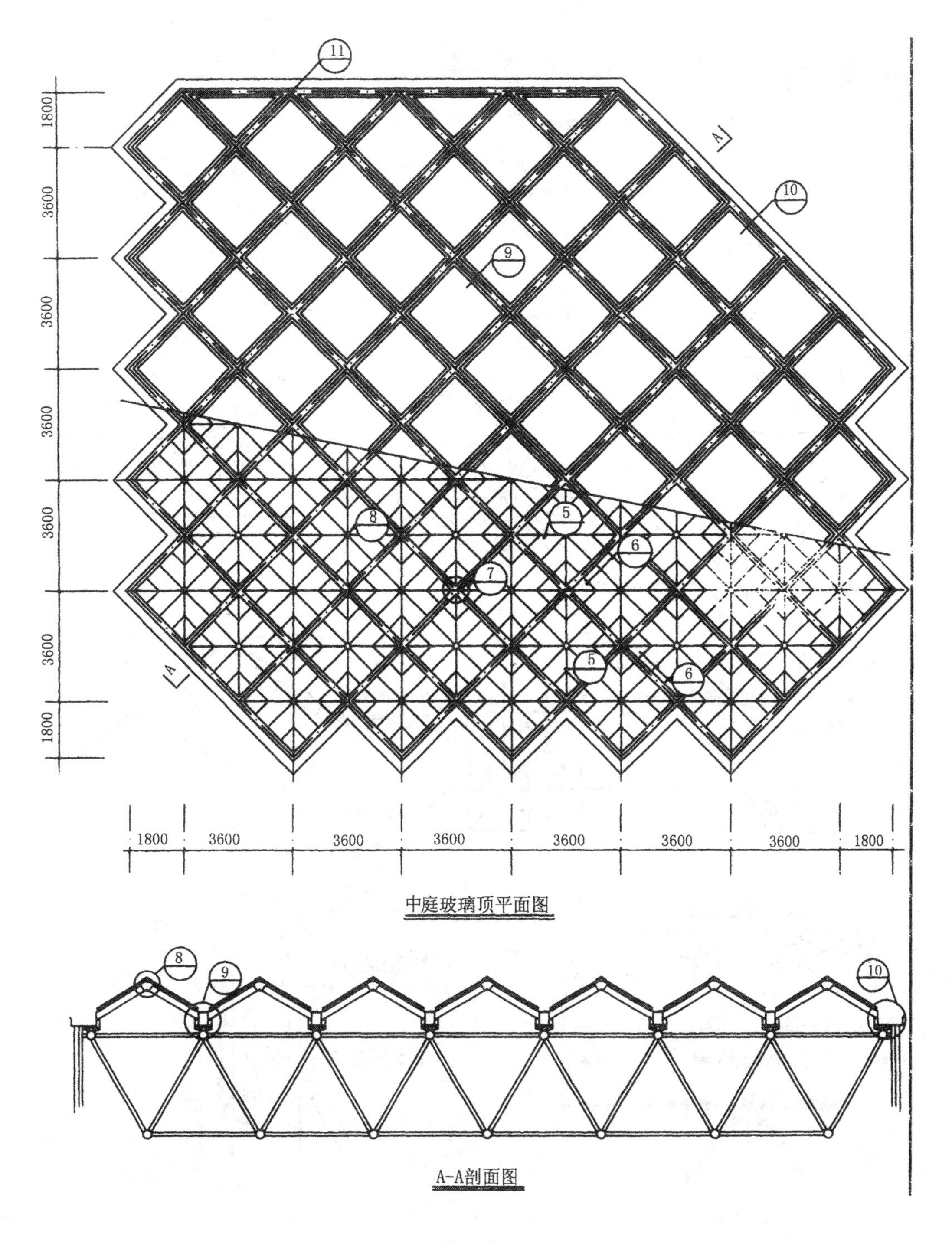

图 8-16

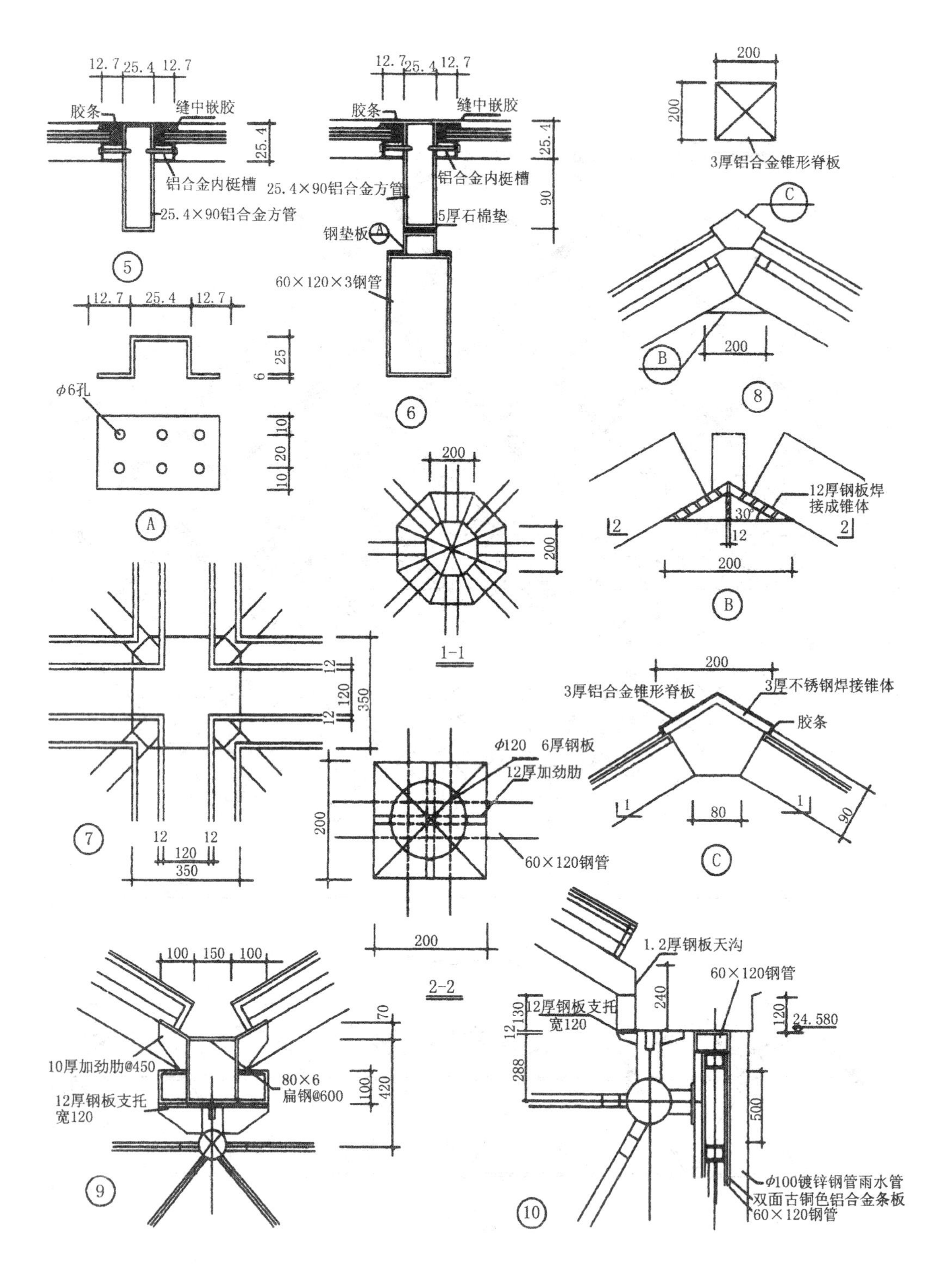

胶条
缝中嵌胶
铝合金内梃槽
25.4×90铝合金方管
5厚石棉垫
钢垫板
60×120×3钢管
φ6孔
3厚铝合金锥形脊板
12厚钢板焊接成锥体
3厚不锈钢焊接锥体
φ120 6厚钢板
12厚加劲肋
60×120钢管
10厚加劲肋@450
12厚钢板支托宽120
80×6扁钢@600
1.2厚钢板天沟
24.580
φ100镀锌钢管雨水管
双面古铜色铝合金条板
1-1
2-2

图 8-17

四、某建筑中庭采光顶工程设计与构造

本例介绍了某建筑中庭顶部平面布置及铝合金玻璃采光顶构造。

采光顶工程构造设计中有以下几点技术处理措施：

1. 骨架布置

采光顶骨架布置与建筑平面形状和网架结构相结合，确定网架与建筑主轴呈 45°斜放布置，网格平面投影尺寸为 2545mm×2545mm。采光顶单体为正四棱锥，这样可减少骨架及玻璃等构配件的种类。采光顶锥体采用铝合金方管骨架，局部采用方钢管加强。经结构计算可满足承载能力和正常使用要求。

2. 玻璃分格与选用

采光顶玻璃分格形式与平面尺寸符合方便裁切拼装、合理使用材料的原则。玻璃厚度为 5mm，品种为夹丝安全玻璃。

3. 屋面防漏措施

本工程采用专门制作的钢板天沟集排屋面雨水。玻璃接缝采用胶条嵌固、密封胶填嵌覆盖。

4. 特殊部位处理措施

(1) 采光顶锥顶及底部须采用特制支承和覆面配件，以满足锥体骨架结构稳定，使实际结构与静力计算模型相吻合。

(2) 骨架与玻璃之间设置特制连接固定件，以保证玻璃稳定牢固地与支承骨架连接。

(3) 采光顶与主体结构交接部位的内立面采用装饰板材饰面，以取得所需的装饰效果。

(4) 铝合金骨架与钢骨架之间采用石棉垫隔离，防止铝和钢两种材料之间发生电化腐蚀，影响骨架结构的耐久性和装饰效果。

图 8 - 18 为中庭顶部平面布置及部分节点构造。图 8 - 19 为采光顶平面网格尺寸及结构布置图、剖面图。图 8 - 20、图 8 - 21 所示为各连接节点及天沟大样构造。

五、大厅式房间顶棚工程设计与构造

大厅式房间因其特殊的使用要求其顶棚工程设计与普通房间有很大的区别。大厅式房间一般用作体育用房、观演用房、大型报告厅、候车(机)厅等，其特点是房间高度空间大，屋顶结构层厚度大，顶棚内部布置有照明、通风、消防、音响等设备和管线，往往还需满足保温、吸声等使用要求。这类顶棚设计技术要求较高，技术处理措施较为复杂。

图 8 - 22 为某体育馆大厅浮云式钢板吊顶。该工程屋顶采用网架结构，吊顶以网架结构下弦之间的正三角形为制作和安装单元。每单元由三个角钢支架与网架立柱连接，并设置花篮螺栓调整吊顶标高。吊顶钢板网采用 0.5mm 厚钢板穿孔，孔洞面积占钢板面积的 8%。钢板下部做油漆拉毛，上部铺 50mm 厚超细玻璃棉，玻璃棉外包玻璃丝布。该钢板吊顶声学技术参数之一——吸声系数见表 8 - 2。

钢板吊顶吸声系数 **表 8 - 2**

钢板吊顶吸声材料做法	频率 (Hz)					
	125	250	500	1000	2000	4000
0.5mm 厚钢板穿孔 8%拉毛，上部铺 50mm 厚细玻璃棉包玻璃丝布	0.21	0.46	0.90	0.87	0.93	0.77
0.5mm 厚钢板穿孔 8%拉毛	0.09	0.08	0.13	0.21	0.16	0.20

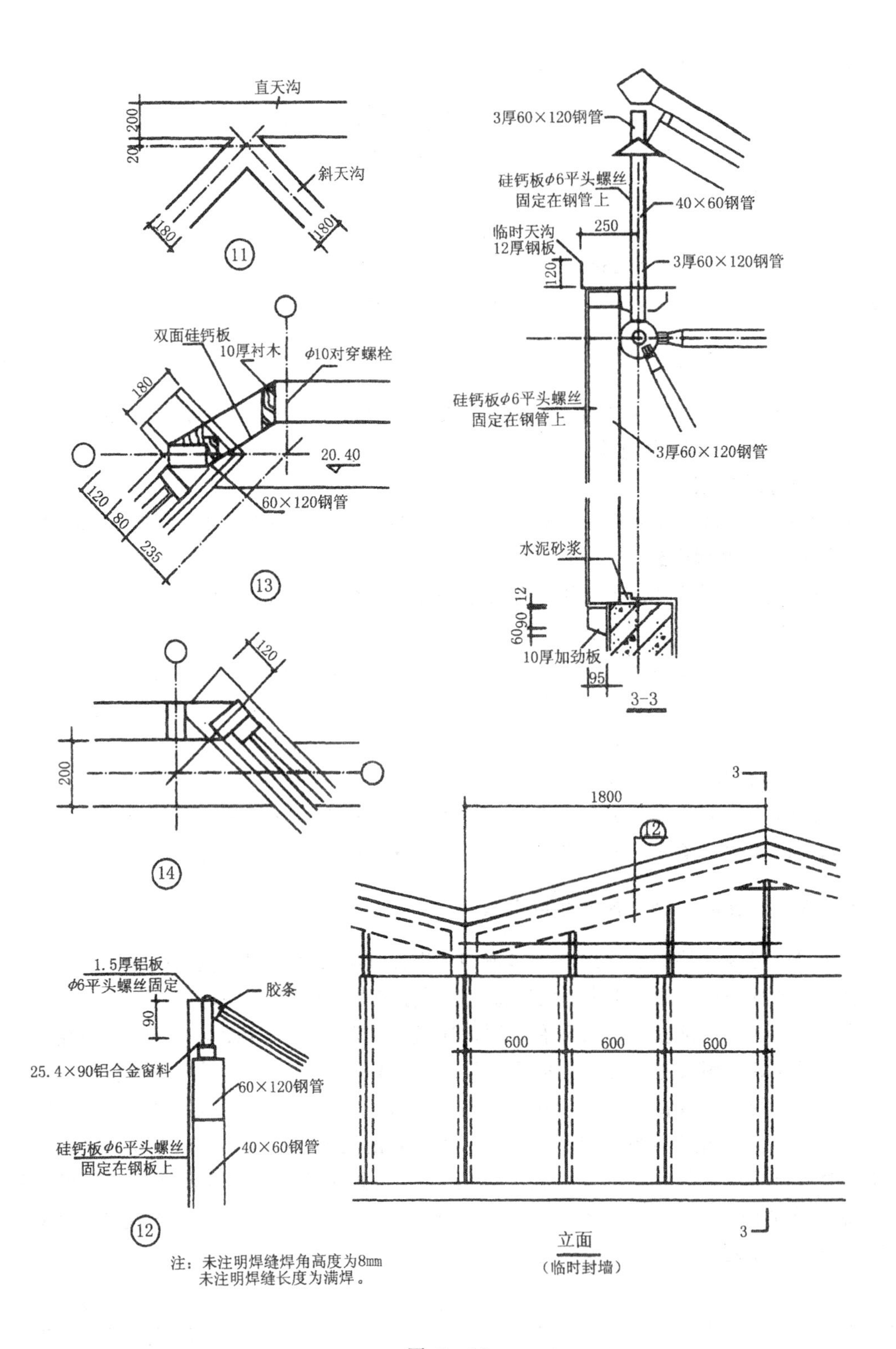

注：未注明焊缝焊角高度为8mm
未注明焊缝长度为满焊。

图 8-18

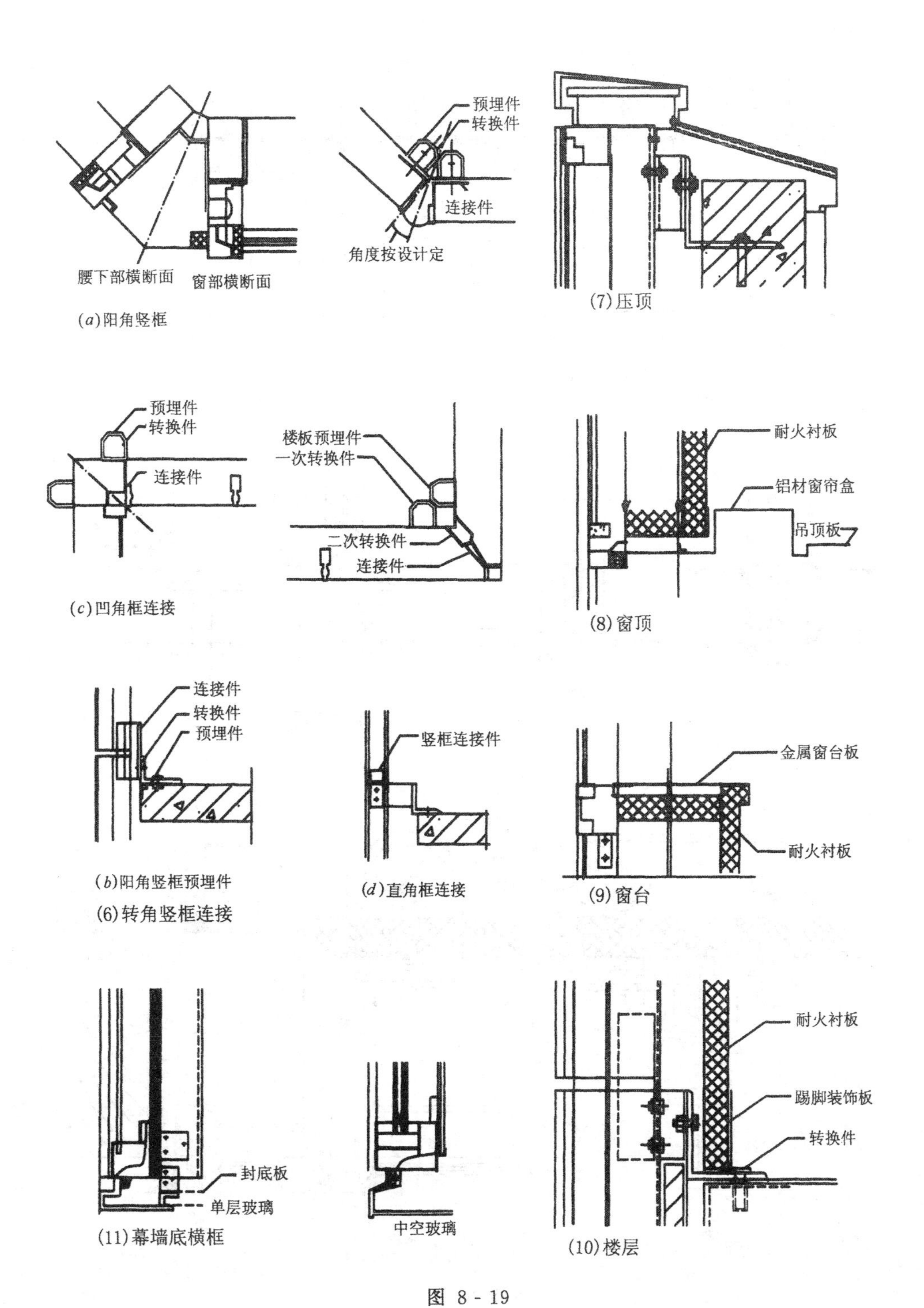
腰下部横断面
窗部横断面
(a)阳角竖框
预埋件
转换件
连接件
角度按设计定
(7)压顶
预埋件
转换件
连接件
(c)凹角框连接
楼板预埋件
一次转换件
二次转换件
连接件
耐火衬板
铝材窗帘盒
吊顶板
(8)窗顶
连接件
转换件
预埋件
(b)阳角竖框预埋件
(6)转角竖框连接
竖框连接件
(d)直角框连接
金属窗台板
耐火衬板
(9)窗台
封底板
单层玻璃
(11)幕墙底横框
中空玻璃
耐火衬板
踢脚装饰板
转换件
(10)楼层

图 8-19

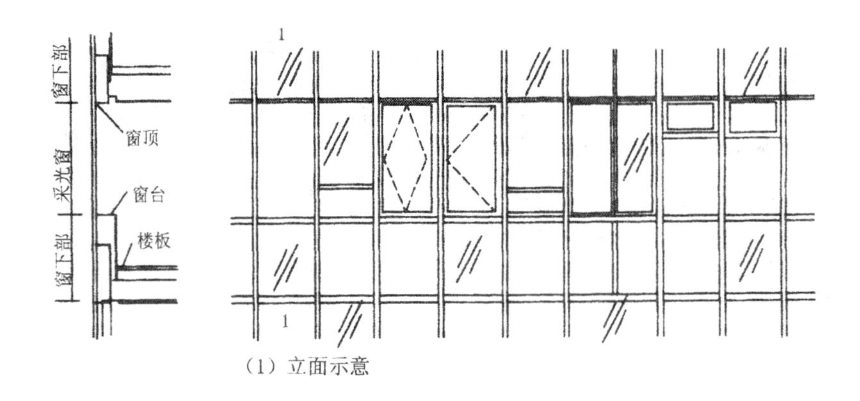

（1）立面示意

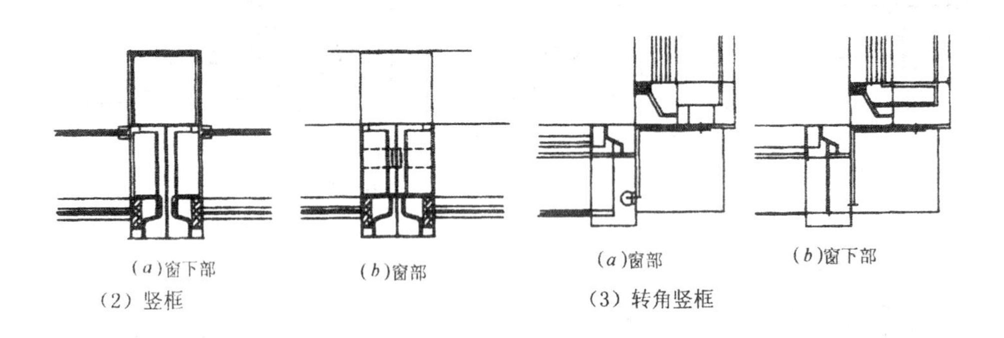

（2）竖框　（3）转角竖框

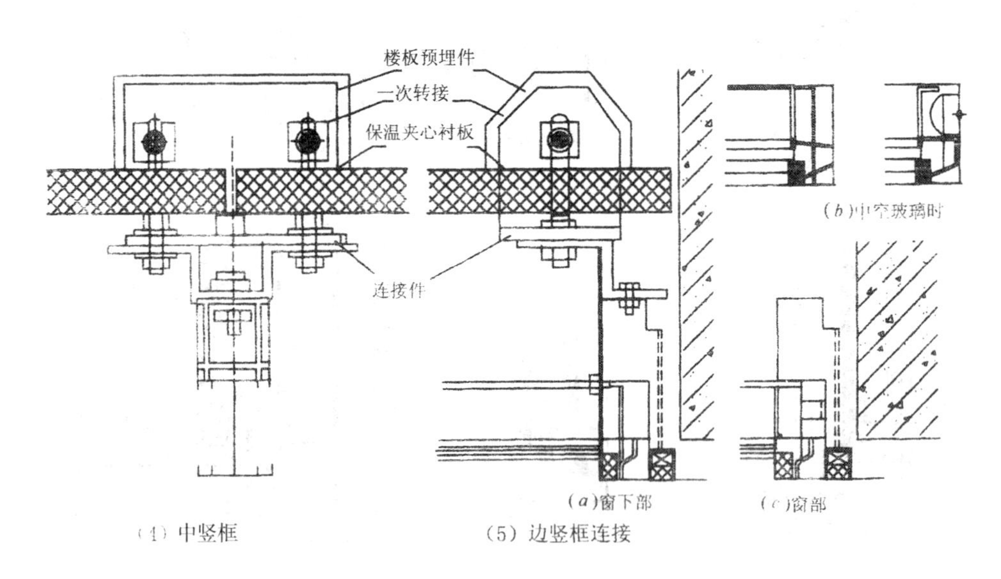

（4）中竖框　（5）边竖框连接

图 8－20

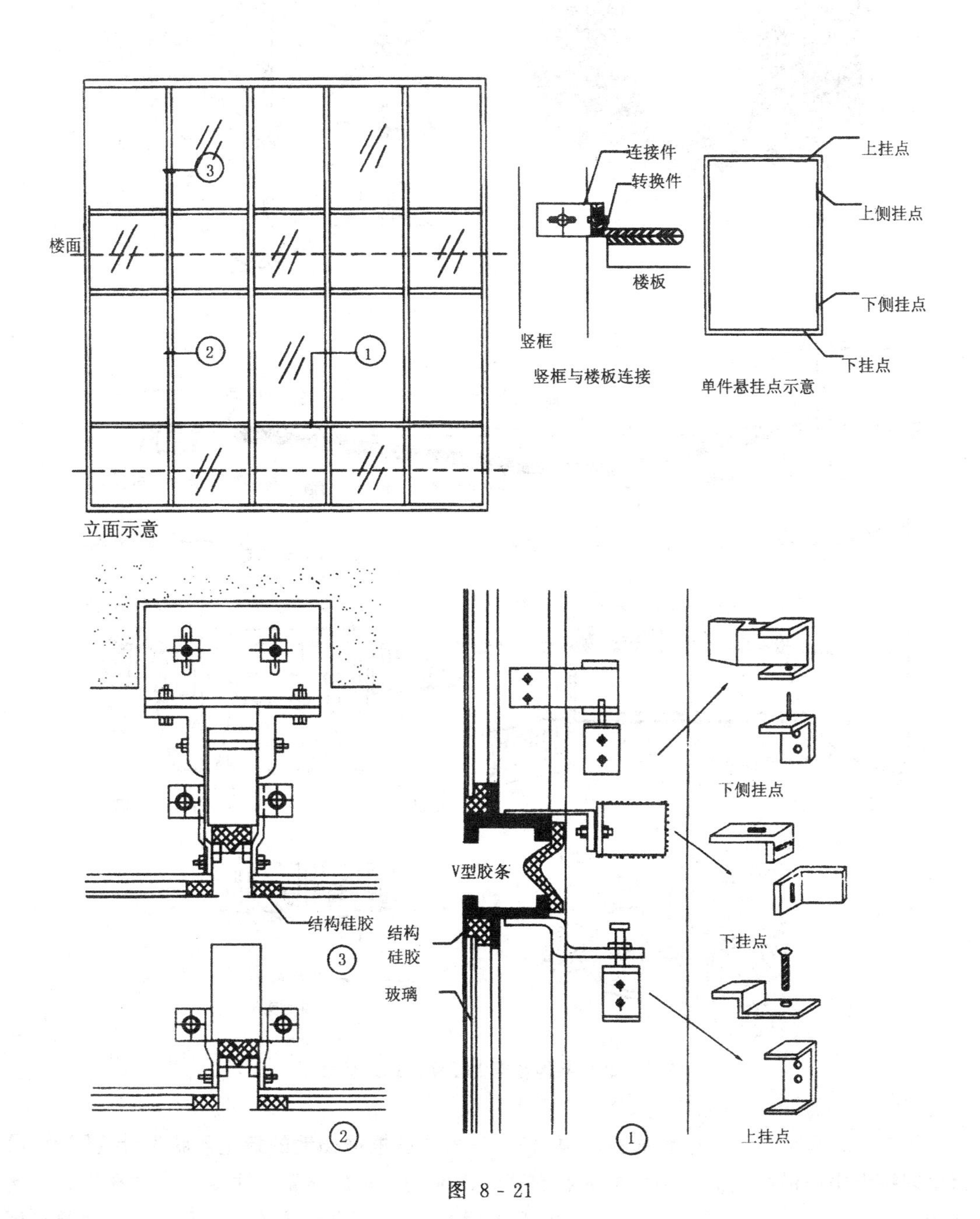

楼面
3
2
1
立面示意
连接件
转换件
楼板
竖框
竖框与楼板连接
上挂点
上侧挂点
下侧挂点
下挂点
单件悬挂点示意
结构硅胶
3
2
V型胶条
结构
硅胶
玻璃
1
下侧挂点
下挂点
上挂点

图 8-21

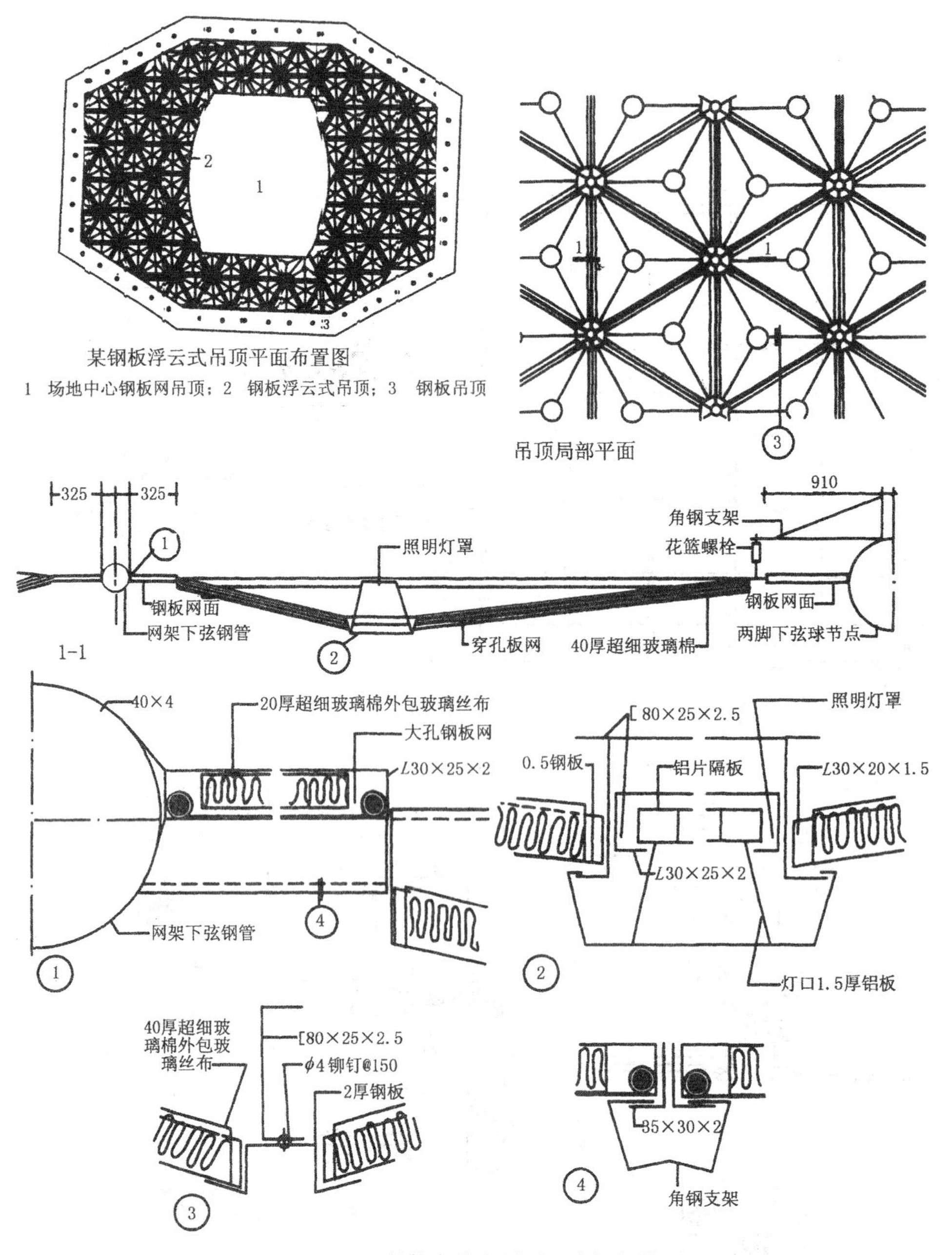

图 8-22　某体育馆大厅浮云式钢板吊顶

图8-23为某圆形大厅矿棉板吊顶。该工程吊顶已根据场地的特定形状设计为圆形，吊顶主搁栅由中心沿径向向周围呈放射状布置，次搁栅沿环向布置。主搁栅、次搁栅、小搁栅均自行制作，其中1号、2号、3号搁栅采用2.5mm厚钢板制作，4号、5号搁栅采用0.5mm厚钢板制作。钢搁栅可分单元在地面装配，安装好矿棉板然后整体吊装，也可不分单元，直接在吊顶上空装配。矿棉板制作安装方便，本构造设计方案能使矿棉板的安装、维修和更换都在吊顶上部进行。该矿棉板吊顶的吸声系数见表8-3。

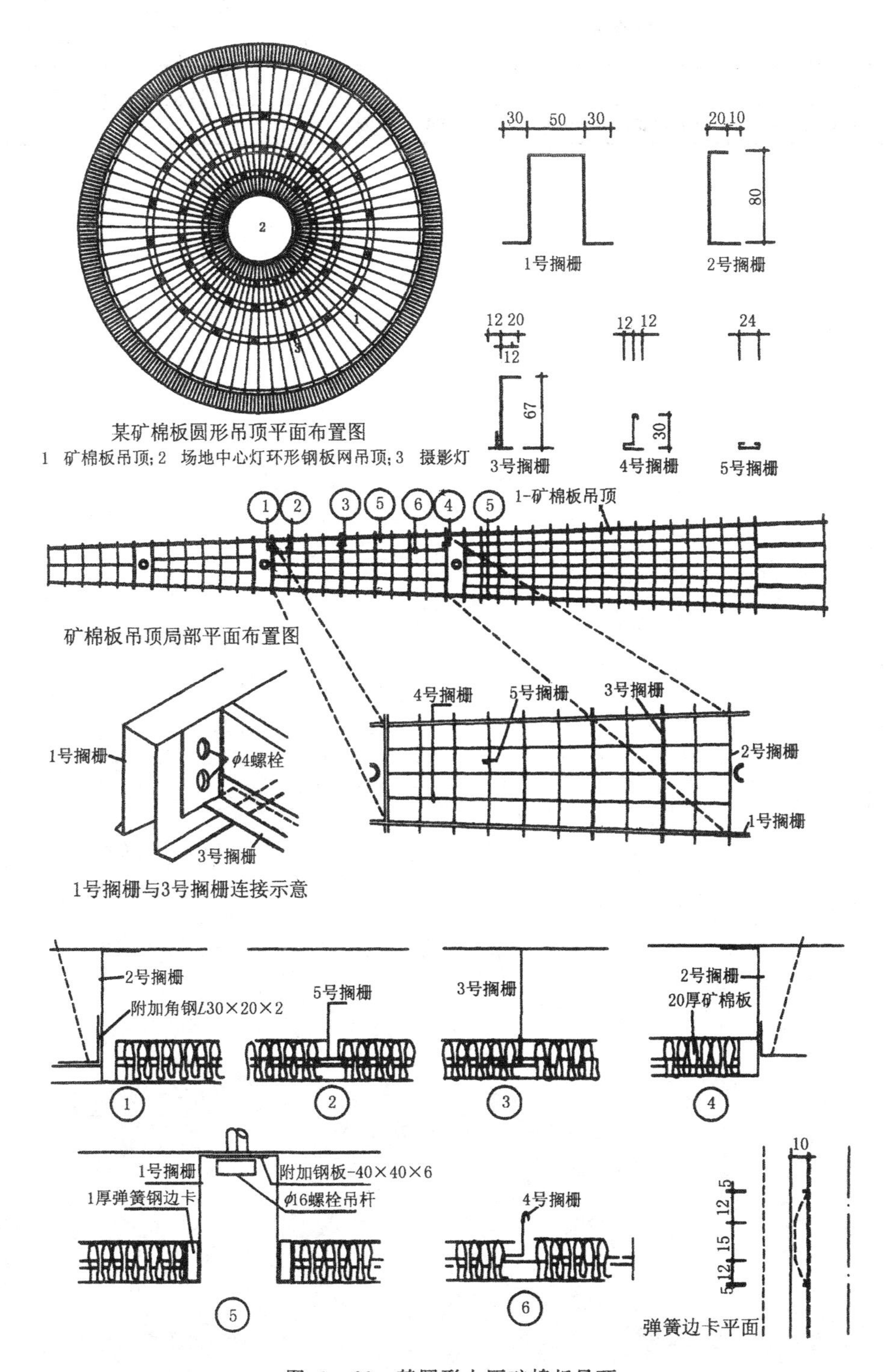

图 8-23 某圆形大厅矿棉板吊顶

矿棉板吊顶吸声系数 表8-3

吊顶吸声材料做法	频率（Hz）					
	125	250	500	1000	2000	4000
18mm 厚矿棉板	0.09	0.17	0.46	0.73	0.74	0.82
18mm 厚矿棉板穿孔，孔径为 0.7mm，孔深为 8mm，每平方米 8000 个	0.08	0.17	0.53	0.83	0.84	0.82

课程设计任务书

本课程设计是为了全面训练学生的设计能力，检验学生学习和运用建筑装饰构造知识的程度而设置的，其目的是培养学生全面掌握和灵活运用知识的能力，综合想象构思的能力，成熟而规范的图纸表达能力，以及分析问题、解决问题的能力，为以后的工作打下良好的基础。

题目一：某酒店中式包房

1. 设计条件

(1) 中式包房平面图、顶棚图及局部剖面图（由教师提供）。

(2) 中式包房墙身立面图（由教师提供）。

(3) 各部位所用材料按图示要求。

2. 完成内容及深度要求

(1) 画出1-1剖面图，并注明各层构造做法，该图比例为1∶20。

(2) 画出顶部指定部位的详图。

(3) 设计一玻璃磨花隔断，位置按图示要求。

(4) 用3号图纸，上墨完成，也可用电脑绘制，图纸应符合制图要求。

题目二：某酒店宴会厅

1. 设计条件

(1) 宴会厅平面布置图、地面图、顶棚图（由教师提供）。

(2) 宴会厅墙立面图（由教师提供）。

(3) 各部位所用材料按图示要求。

(4) 图中未注明尺寸可自定。

2. 完成内容及深度要求

(1) 将各种地面的构造做法用图表示出来。

(2) 画出顶部指定部位的详图。

(3) 用2号图纸，上墨完成，也可用电脑绘制，图纸应符合制图要求，绘图比例自定。